高等学校通用教材

初等数论

王丹华　杨海文　刘咏梅　编著

北京航空航天大学出版社

内 容 简 介

本书共分八章，内容包括整除理论、同余、不定方程、同余方程、二次同余方程、原根和指数、实数的表示以及初等数论应用举例。书中配有大量习题，书末附有答案与提示以及一些与数论相关的阅读材料。

本书积累了作者多年的教学经验，结合国内现有相关文献资料精心组织，编写时力求做到深入浅出、循序渐进、突出重点、结构严谨、例题典型、注重基础和强调适用。

本书可作为高等院校数学专业和计算机相关专业学生的教材，也可供高中数学教师教学参考。

图书在版编目(CIP)数据

初等数论/王丹华，杨海文，刘咏梅编著. —北京：北京航空航天大学出版社，2008.3

ISBN 978-7-81124-275-1

Ⅰ. 初…　Ⅱ. ①王…②杨…③刘…　Ⅲ. 初等数论　Ⅳ. O156.1

中国版本图书馆 CIP 数据核字(2007)第 192530 号

初等数论

王丹华　杨海文　刘咏梅　编著

责任编辑　宋淑娟

*

北京航空航天大学出版社出版发行

北京市海淀区学院路 37 号(100191)　发行部电话：(010)82317024　传真：(010)82328026

http://www.buaapress.com.cn　E-mail:bhpress@263.net

北京九州迅驰传媒文化有限公司印装　各地书店经销

*

开本：787×960　1/16　印张：13.5　字数：302 千字

2008 年 3 月第 1 版　2023 年 8 月第 11 次印刷　印数：18 221～18 520 册

ISBN 978-7-81124-275-1　定价：39.00 元

前　言

初等数论是数学的一个源远流长的分支。初等数论也称整数论，主要研究整数的性质和方程的整数解，数论中最经典和最基本的概念、方法及结论构成了初等数论的主要内容。初等数论不仅是数学思维的体操，在当前计算机时代和信息社会中，初等数论和其他离散数学分支(如组合数学、图论和近世代数等)一样，在计算机科学、通信工程、离散控制系统和代数编码等许多领域得到日益广泛的实际应用。初等数论不仅是数学工作者，而且也是许多从事应用和实际工作的工程技术人员不可缺少的数学基础知识。

本书介绍初等数论中整数的整除性、同余、不定方程、同余方程、二次同余方程、原根和指数、实数的表示以及初等数论的应用等内容。它不仅适合作为高等院校数学专业和计算机相关专业学生的教材，也可作为高中数学教师的教学参考书。

本书注重思维与兴趣的融合。每章开始通过引述部分达到各章之间的自然过渡；在章节内容叙述中，对重要方法给出必要的评注，达到深刻理解的目的；每章结尾给予概括性的小结；在本书最后，给出数论中几大经典问题的介绍，以增强教材的可读性。

本书适合教学和自学的双重需要，根据作者多年对初等数论的教学实践，结合高校初等数论课程的教学大纲编写而成，编写时力求做到深入浅出、循序渐进、突出重点、结构严谨、例题典型、注重基础和强调适用。书中在注重基本概念和基本方法的归纳总结的同时，也为每一节安排了丰富的实例和习题，为了减轻习题解题难度，还给出了参考答案或提示。本书第 1、4 和 8 章由杨海文执笔，第 2、3 章由刘咏梅执笔，第 5、6 和 7 章由王丹华执笔，附录由杨海文执笔，最后由王丹华和杨海文统纂定稿。本书中打“*”的章节，可视学时情况选讲或不讲。

本教材在编写过程中参考了较多国内现有相关文献资料，同时得到了井冈山大学、江西师范大学领导和北京航空航天大学出版社的大力支持，谨此致以衷心的谢忱。

限于作者水平，不妥之处在所难免，敬请广大读者不吝批评指教。

编　者

2007 年 9 月

目录

第1章　整除理论

本章介绍初等数论的最基础理论——整除理论. 因任何两个整数的和、差、积都是整数，但商却不一定是整数，由此对整数的整除性进行讨论. 整除理论包括整除、带余数除法、辗转相除法、最大公因数与最小公倍数、素数与合数以及算术基本定理，其中算术基本定理和最大公因数性质是整除理论的核心内容，带余数除法是整除理论的重要工具.

1.1　数的整除性

说到数，离不开数的代数运算. 已经知道，两个整数的和、差、积仍然是整数，但是用不等于零的整数去除另一个整数所得的商却不一定是整数. 为此，引入初等数论中的第一个基本概念——数的整除性. 下面从整除的概念、性质及应用来认识数的整除性.

定义　设 a,b 是两个整数，$b\neq 0$，如果存在整数 c，使得 $a=bc$，则称 ***a* 被 *b* 整除或 *b* 整除 *a***，记为 $b|a$. 并称 a 是 b 的**倍数**，b 是 a 的**因数**（或**约数**）. 如果不存在整数 c，使得 $a=bc$ 成立，则称 ***a* 不被 *b* 整除**或 ***b* 不整除 *a***，记为 $b\nmid a$.

显然，每个非零整数至少有 ± 1 和 $\pm a$ 作为它的因数，称它们为 a 的**平凡因数**；a 的异于 ± 1 和 $\pm a$ 的因数，称为 a 的**非平凡因数**，或 a 的**真因数**.

注　除特别声明外，本书中所用字母都表示整数.

由整除定义易推出如下结论.

定理 1.1.1　设 a,b,c 是整数，下面的结论成立：

（ⅰ）若 $b|c$，且 $c|a$，则 $b|a$.（整除传递性）

（ⅱ）若 $b|a$，且 $b|c$，则对任意整数 k,l，有 $b|(ka+lc)$.

　　一般，若 $b|a_i\,(i=1,2,\cdots,n)$，则 $b|(a_1x_1+a_2x_2+\cdots+a_nx_n)$，其中 $x_i\,(i=1,2,\cdots,n)$ 是任意整数.

（ⅲ）若 $b|a$，且 $c\neq 0$，则 $bc|ac$；反之亦然.

（ⅳ）若 $b|a$，$a\neq 0$，则 $|b|\leqslant|a|$；若 $b|a$，且 $|a|<|b|$，则 $a=0$；若 $b|a$，且 $a|b$，$a>0$，$b>0$，则 $a=b$.

证明　（ⅰ）由整除定义及 $b|c$，$c|a$ 知，存在两个整数 a_1，c_1 使得 $a=a_1c$，$c=c_1b$，因此 $a=(a_1c_1)b$，由于 a_1c_1 是整数，故 $b|a$.

（ⅱ）～（ⅳ）的结论类似可证.

证毕.

注　为了证明 $b|a$，最基本的方法是将 a 分解为 b 与某个整数之积，即 $a=bc$，其中 c 是整

数. 这样的分解,常常通过在某些代数式的分解公式中取特殊值而产生. 如:

(Ⅰ) 若 n 是正整数,则 $a^n-b^n=(a-b)(a^{n-1}+a^{n-2}b+\cdots+ab^{n-2}+b^{n-1})$;

(Ⅱ) 若 n 是正奇数,则在上式中以 $(-b)$ 代换 b,得

$$a^n+b^n=(a+b)(a^{n-1}-a^{n-2}b+\cdots-ab^{n-2}+b^{n-1})$$

例 1 证明 $1\underbrace{0\cdots0}_{50个0}1$ 能被 1 001 整除.

证明 由分解公式(Ⅱ),有

$$1\underbrace{0\cdots0}_{50个0}1=10^{51}+1=(10^3)^{17}+1=(10^3+1)[(10^3)^{16}-(10^3)^{15}+\cdots-10^3+1]$$

所以,$10^3+1=1\,001$ 整除 $1\underbrace{0\cdots0}_{50个0}1$. 证毕.

例 2 若 n 是奇数,证明:$8|(n^2-1)$.

证明 设 $n=2k+1(k\in\mathbf{Z})$,则 $n^2-1=(2k+1)^2-1=4k(k+1)$. 由于 k 和 $k+1$ 中必有一个是偶数,所以 $8|(n^2-1)$. 证毕.

注 由此得到一个重要且常用的结论:任何奇数的平方与 1 的差都能被 8 整除. 诸如此类的结论还有:任何整数的平方被 4 除的余数为 0 或 1,被 3 除的余数为 0 或 1;任何整数的立方被 9 除的余数为 0,1 或 8,等等. 解题后可及时总结归纳,并灵活运用这些性质.

例 3 设 $m>n\geqslant0$,证明:$(2^{2^n}+1)|(2^{2^m}-1)$.

证明 由于 $m>n\geqslant0$,故 $m-n-1\geqslant0$. 在分解公式(Ⅰ)中,令 $a=2^{2^{n+1}}$,$b=1$,则

$$2^{2^m}-1=(2^{2^{n+1}})^{2^{m-n-1}}-1=(2^{2^{n+1}}-1)[(2^{2^{n+1}})^{2^{m-n-1}-1}+\cdots+2^{2^{n+1}}+1]$$

所以 $(2^{2^{n+1}}-1)|(2^{2^m}-1)$. 又 $2^{2^{n+1}}-1=(2^{2^n}+1)(2^{2^n}-1)$,因此 $(2^{2^n}+1)|(2^{2^{n+1}}-1)$.

由定理 1.1.1 之(ⅰ)知 $(2^{2^n}+1)|(2^{2^m}-1)$. 证毕.

注 1 在例 3 中,形如 $F_n=2^{2^n}+1(n\in\mathbf{N})$ 的数称为**费马数**. 当 $m>n\geqslant0$ 时,费马数满足 $F_n|(F_m-2)$,即存在整数 t,使得 $F_m-2=t\cdot F_n$.

注 2 在例 3 中,直接证明 $(2^{2^n}+1)|(2^{2^m}-1)$ 不易入手,因此尝试选择适当的中间量 $(2^{2^{n+1}}-1)$,使之满足定理 1.1.1 之(ⅰ)的条件,再利用整除的传递性导出所证结论.

例 4 设正整数 n 的十进制表示为 $n=\overline{a_k\cdots a_1a_0}(0\leqslant a_i\leqslant9,0\leqslant i\leqslant k,a_k\neq0)$,且

$$S(n)=a_k+a_{k-1}+\cdots+a_1+a_0$$

证明:$9|n$ 的充分必要条件是 $9|S(n)$.

证明 由于

$$n=a_k\times10^k+\cdots+a_1\times10+a_0,\quad S(n)=a_k+a_{k-1}+\cdots+a_1+a_0$$

所以

$$n-S(n)=a_k(10^k-1)+\cdots+a_1(10-1)$$

对于所有的 $0\leqslant i\leqslant k$,有 $9|(10^i-1)$,故上式右端 k 个加项中的每一项都是 9 的倍数,由定理 1.1.1 之(ⅱ)知,它们的和也被 9 整除,即 $9|[n-S(n)]$,从而 $9|n\Leftrightarrow9|S(n)$. 证毕.

注 一个十进制整数被另一个正整数整除的条件(如例 4 及习题 1.1 的第 2 题),称为**整**

除的数字特征. 例 4 得出十进制正整数 n 被 9 整除的数字特征是:9 整除 n 的各位数字之和.

习题 1.1

1. 设 n 是奇数,证明:$16|(n^4+4n^2+11)$.

2. 设正整数 n 的十进制表示为 $n=\overline{a_k\cdots a_1a_0}(0\leqslant a_i\leqslant 9,0\leqslant i\leqslant k,a_k\neq 0)$,$n$ 的个位为起始数字的正、负交错之和 $T(n)=a_0-a_1+\cdots+(-1)^k a_k$,证明:$11|n$ 的充分必要条件是 $11|T(n)$.

3. 10 个男孩和 n 个女孩共买了 n^2+8n+2 本书,已知他们每人买的书本数量相同,且女孩人数多于男孩人数,问女孩人数是多少?

4. 证明:一个整数 a 既不能被 2 也不能被 3 整除,则 a^2+23 必能被 24 整除.

5. 已知整数 m,n,p,g 适合 $(m-p)|(mn+pq)$,证明:$(m-p)|(mq+np)$.

6. 若 a,b,c 为整数,且 $a^3+b^3+c^3$ 是 24 的倍数,求证:$(a^5+b^5+c^5)+4(a+b+c)$是 120 的倍数.

7. 设 $a_1,a_2,\cdots,a_n$是整数,且 $a_1+a_2+\cdots+a_n=0$,$a_1a_2\cdots a_n=n$,证明:n 必是 4 的倍数.

8. 设 $M=5^{2\,003}+7^{2\,004}+9^{2\,005}+11^{2\,006}$,求证:$8|M$. 将此题进行推广并证明你的结论.

1.2　带余数除法

对任意两个整数 $a,b(b\neq 0)$,a 未必能被 b 整除. 为了能在整数范围内研究除法,引入整数的除法算法——带余数除法,它是初等数论证明中最重要、最基本且最常用的工具. 本节中将介绍带余数除法及其简单应用. 一般约定,以 $\mathbf{Z}$ 表示所有整数的集合,$\mathbf{N}$ 表示所有正整数的集合. 除特别声明外,当涉及带余数除法时总假定除数是正整数.

定理 1.2.1(带余数除法)　设 a 与 b 是两个整数,$b\neq 0$,则存在唯一的一对整数 q 和 r,使得

$$a=bq+r\quad(0\leqslant r<|b|)\tag{1.1}$$

此外,$b|a$ 的充分必要条件是 $r=0$.

证明　存在性　若 $b|a$,则存在 $q\in\mathbf{Z}$,使得 $a=bq$,此时取 $r=0$,即式(1.1)成立.

若 $b\nmid a$,考虑集合 $A=\{a+kb|k\in\mathbf{Z}\}$. 在集合 A 中有无限多个正整数,由自然数的最小数原理知,A 中必有最小的正整数. 设这个最小的正整数为 $r=a+k_0b$,则必有结论:

$$0<r<|b|\tag{1.2}$$

事实上,若不然,就有 $r\geqslant|b|$. 因为 $b\nmid a$,所以 $r\neq|b|$,从而 $r>|b|$,故

$$r_1=r-|b|=a+k_0b-|b|>0$$

这样就有 $r_1\in A$ 且 $0<r_1<r$,这与 r 的最小性矛盾. 所以,式(1.2)成立. 取 $q=-k_0$,知式(1.1)成立. 存在性得证.

唯一性　假设存在两对整数 q',r'与 q'',r''都使得式(1.1)成立,即

$$a = q''b + r'' = q'b + r' \quad (0 \leqslant r', r'' < |b|)$$

于是

$$(q'' - q')b = r' - r'' \tag{1.3}$$

由此推出 $b|(r'-r'')$. 但 $0 \leqslant |r'-r''| < |b|$,故必须使 $r'-r''=0$,即 $r'=r''$,代入式(1.3)得 $q'=q''$. 唯一性得证.

当 $a=bq+r$ 时,$b|a \Leftrightarrow b|r$;而当 $0 \leqslant r < |b|$ 时,$b|r \Leftrightarrow r=0$. 故 $b|a \Leftrightarrow r=0$. 证毕.

注 自然数的最小数原理是:任何非空的自然数集合一定存在最小数.(证明略)

定义 式(1.1)中的 q 称为 a 被 b 除的**不完全商**,r 称为 a 被 b 除的**余数**,也称为**最小非负剩余**.

注 对于给定的正整数 b,可以按照被 b 除的余数将整数集分成 b 类,使得在同一类中的整数被 b 除的余数 r 相同. 这就使得关于全体整数的问题可以化归为对有限个整数类的研究. 此时,r 共有 b 种可能的取值,即 $0,1,\cdots,b-1$. 当 $r=0$ 时,即为"a 被 b 整除"的情形. 由此,整除问题往往可以化归为带余数除法问题来解决.

推论 1.2.1 设 a,b,d 是给定的整数,$b \neq 0$,则存在唯一的一对整数 q 和 r,满足 $a=bq+r$ $(d \leqslant r < |b|+d)$.

证明 考虑整数$(a-d)$及 b,由带余数除法知,存在唯一的整数对 q 和 r_0,使得 $a-d=bq+r_0$ $(0 \leqslant r_0 < |b|)$,所以 $a=bq+r$,其中 $r=r_0+d(d \leqslant r < |b|+d)$. 由 q 和 r_0 的唯一性得知 q 和 r 唯一存在. 证毕.

注 推论 1.2.1 也称为带余数除法,它是带余数除法的一种更为灵活的形式.

例如,当 $2|b$ 时,取 $d=-\dfrac{|b|}{2}$;当 $2\nmid b$ 时,取 $d=-\dfrac{|b|-1}{2}$,则

$$a = bq + r, \quad 其中\begin{cases} -\dfrac{|b|}{2} \leqslant r < \dfrac{|b|}{2}, & 2 \mid b \\ -\dfrac{|b|-1}{2} \leqslant r < \dfrac{|b|+1}{2}, & 2 \nmid b \end{cases}$$

这种带余数除法中的余数 r 叫做**绝对最小余数**. 有时使用这种余数可使计算相对简化.

例 1 设 $a_1,a_2,\cdots,a_n$ 为不全为零的整数,以 y_0 表示集合

$$A = \{y \mid y = a_1x_1 + \cdots + a_nx_n, x_i \in \mathbf{Z}, 1 \leqslant i \leqslant n\}$$

中的最小正数,则对于任何 $y \in A$,有 $y_0|y$;特别地,有 $y_0|a_i(1 \leqslant i \leqslant n)$.

证明 设 $y_0=a_1x_1'+\cdots+a_nx_n' \in A$,对任意的 $y=a_1x_1+\cdots+a_nx_n \in A$,由定理 1.2.1 知,存在 $q,r \in \mathbf{Z}$,使得 $y=qy_0+r(0 \leqslant r < y_0)$. 因此

$$r = y - qy_0 = a_1(x_1 - qx'_1) + \cdots + a_n(x_n - qx'_n) \in A$$

如果 $r \neq 0$,那么,因为 $0 < r < y_0$,所以 r 是 A 中比 y_0 还小的正整数,这与 y_0 的定义矛盾. 所以 $r=0$,即 $y_0|y$.

显然 $a_i \in A(1 \leqslant i \leqslant n)$,所以由上述结论得 $y_0|a_i(1 \leqslant i \leqslant n)$. 证毕.

注　此类题目的证明方法具有一般性，通常是针对所给“最小正数”的概念进行反证法.

例 2　证明：任意给出的五个整数中，必有三个数之和能被 3 整除.

证明　设这五个整数是 a_i，令 $a_i=3q_i+r_i(0\leqslant r_i<3,i=1,2,3,4,5)$.

分别考虑以下两种情形：

(ⅰ)若在 $r_1,r_2,\cdots,r_5$ 中数 0,1,2 都出现，不妨设 $r_1=0,r_2=1,r_3=2$，此时

$$a_1+a_2+a_3=3(q_1+q_2+q_3)+3$$

能被 3 整除；

(ⅱ)若在 $r_1,r_2,\cdots,r_5$ 中数 0,1,2 至少有一个不出现，则根据抽屉原理至少有三个 r_i 要取相同的值，不妨设 $r_1=r_2=r_3=r$（r 是 0,1,2 中的某一个），此时

$$a_1+a_2+a_3=3(q_1+q_2+q_3)+3r$$

能被 3 整除. 综合情形(ⅰ)和(ⅱ)可知，所证结论成立. 证毕.

注　例 2 涉及的抽屉原理也称为 P. G. Dirichlet 原理，即把 $n+1$ 个元素或者更多的元素放入 n 个抽屉中，则在其中一个抽屉里至少要放入 2 个元素. 一般，将 m 个元素放入 $n(m>n)$ 个抽屉中，则在其中一个抽屉里至少含有 $\left[\dfrac{m-1}{n}\right]+1$（中括号表示不超过 $\dfrac{(m-1)}{n}$ 的最大整数）个元素. 值得注意的是，利用带余数除法得到的余数进行分类来构造抽屉是数论解(证)题中常用的方法.

例 3　设 r 是正奇数，证明：对任意的正整数 n，有 $(n+2)\nmid(1^r+2^r+\cdots+n^r)$.

证明　当 $n=1$ 时，结论显然成立. 现设 $n\geqslant 2$，令 $S=1^r+2^r+\cdots+n^r$，则

$$2S=2+(2^r+n^r)+[3^r+(n-1)^r]+\cdots+(n^r+2^r)\tag{*}$$

因为 r 为奇数，由 1.1 节的分解公式(Ⅱ)可得上式右边中除第一项外，每一加项 $i^r+(n+2-i)^r$ 都能被 $i+(n+2-i)=n+2(2\leqslant i\leqslant n)$ 整除，因此 $2S=2+(n+2)Q_1$，其中 Q_1 是整数. 显然，$2S$ 被 $n+2$ 除得的余数是 2，由于 $n+2>2$，所以 $(n+2)\nmid 2S$，故 $(n+2)\nmid S$. 证毕.

注　在例 3 的证明过程中，关键在于找出表达式(*)中其和能被 $n+2$ 整除的两项，并将其配成一对. 这种“配对”思想方法，就是将整体对象中满足某种特性的对象组合配对，再利用配对后的特性解决原问题. 它是数论解(证)题中常用的一种方法，后续章节中也经常涉及配对思想方法.

例 4　设 m 和 n 为正整数，$m>2$，证明：$(2^m-1)\nmid(2^n+1)$.

证明　对正整数 m 和 n 分以下三种情形讨论：

(ⅰ)当 $n=m$ 时，$2^n+1=(2^n-1)+2$，由于 $n=m,m>2$，所以 $2^n-1>2$，因而

$$(2^n-1)\nmid(2^n+1)$$

(ⅱ)当 $n<m$ 时，有 $n\leqslant m-1$，注意到 $m>2$，有 $2^n+1\leqslant 2^{m-1}+1<2^m-1$，由定理 1.1.1 之(ⅳ)知 $(2^m-1)\nmid(2^n+1)$.

（ⅲ）当 $n>m$ 时，设 $n=mq+r(0\leqslant r<m,q\in \mathbf{N})$，由于

$$2^n+1=(2^{mq}-1)\cdot 2^r+(2^r+1)$$

由 1.1 节的分解公式（Ⅰ）得 $(2^m-1)\mid(2^{mq}-1)$.

当 $r=0$ 时，

$$2^n+1=(2^{mq}-1)+2=(2^m-1)\cdot M+2\quad (M\in \mathbf{Z})$$

由于 $m>2$，故 $2^m-1>2$，因此 $(2^m-1)\nmid 2$，从而 $(2^m-1)\nmid(2^n+1)$.

当 $0<r<m$ 时，由（ⅱ）知 $(2^m-1)\nmid(2^r+1)$.

综上可知，对一切正整数 m 和 $n(m>2)$，有 $(2^m-1)\nmid(2^n+1)$. 证毕.

注　例 4 对正整数 m 和 n 的各种可能情况进行了分类讨论，分类的思想方法是数论解（证）题中的常用方法.

例 5　证明：若 a 被 9 除的余数是 3，4，5 或 6，则方程 $x^3+y^3=a$ 没有整数解.

证明　对任意整数 x,y，记 $x=3q_1+r_1$，$y=3q_2+r_2$，其中 $0\leqslant r_1,r_2<3$，$q_1,q_2\in \mathbf{Z}$. 于是有 $x^3=9Q_1+r_1^3$，$y^3=9Q_2+r_2^3$，其中 $Q_1,Q_2\in \mathbf{Z}$. 所以 $x^3+y^3=9(Q_1+Q_2)+r_1^3+r_2^3$.

显然，x^3+y^3 被 9 除的余数与 $r_1^3+r_2^3$ 被 9 除的余数相同. 由于 r_1^3,r_2^3 被 9 除的余数为 0，1 或 8，因此，$r_1^3+r_2^3$ 被 9 除的余数只可能是 0，1，2，7 或 8；而已知 a 被 9 除的余数是 3，4，5 或 6，所以，x^3+y^3 不可能等于 a，即方程 $x^3+y^3=a$ 没有整数解. 证毕.

注　若一个整系数方程有整数解，则用任何非零数同时除此方程两边所得的最小非负余数都相同. 基于这个性质可知，若一个方程两边用同一个非零整数去除所得的余数不相同，则此方程必无整数解. 例 5 正是运用了此种基本思想.

习题 1.2

1. 设 $3\mid(a^2+b^2)$，证明：$3\mid a$ 且 $3\mid b$，其中 a,b 是任意整数.
2. 设 n,k 是正整数，证明：n^k 与 n^{k+4} 的个位数字相同.
3. 设 $a>0$，证明：相邻的 a 个整数有且仅有一个被 a 整除.
4. 证明：对于任何整数 n,m，等式 $n^2+(n+1)^2=m^2+2$ 不可能成立.
5. 证明：对于任意给定的 n 个整数，必可以从中找出若干个数作和，使得该和能被 n 整除.
6. 设整数 $k\geqslant 1$，证明：

(1) 若 $2^k\leqslant n<2^{k+1}$，$1\leqslant a\leqslant n$，$a\neq 2^k$，则 $2^k\nmid a$；

(2) 若 $3^k\leqslant 2n-1<3^{k+1}$，$1\leqslant b\leqslant n$，$2b-1\neq 3^k$，则 $3^k\nmid(2b-1)$.

1.3　最大公因数

最大公因数是数论中的一个重要概念. 本节讨论最大公因数的概念及其基本性质.

任意整数 $a_1,a_2,\cdots,a_n$ 必然有公因数（例如 ±1），如果这些整数不全为零，则易见它们的公

因数只有有限多个,所以它们的最大公因数存在并且唯一. 此外,如果 d 是它们的公因数,则 $(-d)$ 也是它们的公因数,从而最大公因数一定是正整数.

定义　整数 $a_1,a_2,\cdots,a_n$ 的公共因数称为 $a_1,a_2,\cdots,a_n$ 的**公因数**. 不全为零的整数 $a_1,a_2,\cdots,a_n$ 的公因数中最大的一个,称为 $a_1,a_2,\cdots,a_n$ 的**最大公因数**(或**最大公约数**),记为 $(a_1,a_2,\cdots,a_n)$.

如果 $(a_1,a_2,\cdots,a_n)=1$,则称 $a_1,a_2,\cdots,a_n$ 是**互素的**(或**互质的**);换言之,如果 $a_1,a_2,\cdots,a_n$ 是互素的,则它们的公因数只有 ± 1.

如果 $(a_i,a_j)=1(1\leqslant i,j\leqslant n,i\neq j)$,则称 $a_1,a_2,\cdots,a_n$ 是**两两互素的**(或**两两互质的**). 显然,由 $a_1,a_2,\cdots,a_n$ 两两互素可以推出 $(a_1,a_2,\cdots,a_n)=1$;反之,则不然.

例如 $(2,6,15)=1$,而 $(2,6)=2$. 但是,对于两个整数而言,互素与两两互素的概念却是一致的.

最大公因数有如下的基本性质.

定理 1.3.1　(ⅰ) $(a_1,a_2,\cdots,a_n)=(|a_1|,|a_2|,\cdots,|a_n|)$.

(ⅱ) $(a,b)=(b,a)$.

(ⅲ) 若 $a\neq 0$,则 $(a,0)=|a|$,$(a,a)=|a|$.

(ⅳ) 若 $a=bq+r$,则 $(a,b)=(b,r)$ $(q,r\in\mathbf{Z})$.

证明　(ⅰ)设 d 是 $a_i(1\leqslant i\leqslant n)$ 的公因数,由 $d\mid a_i(1\leqslant i\leqslant n)$ 可推出必有 $d\,\big|\,|a_i|(1\leqslant i\leqslant n)$,即 d 是 $|a_i|(1\leqslant i\leqslant n)$ 的公因数;反之亦然. 由此可知,$|a_i|(1\leqslant i\leqslant n)$ 与 $a_i(1\leqslant i\leqslant n)$ 的全体公因数集合相同. 故

$$(a_1,a_2,\cdots,a_n)=(|a_1|,|a_2|,\cdots,|a_n|)$$

(ⅱ)和(ⅲ)均可由最大公因数定义直接得出.

(ⅳ) 令 $d=(a,b)$,$d'=(r,b)$,由于 $d\mid a$,$d\mid b$,则 $d\mid(a-bq)=r$,即 d 是 b 与 r 的公因数,故 $d\leqslant d'$;同理,得 $d'\leqslant d$. 因此 $d=d'$,即 $(a,b)=(b,r)$. 证毕.

注　定理 1.3.1 之(ⅰ)说明,在讨论 $(a_1,a_2,\cdots,a_n)$ 时,不必考虑 $a_i(1\leqslant i\leqslant n)$ 的正负符号. 因此,在求 $a_1,a_2,\cdots,a_n$ 的最大公因数时,可将它们视为非负整数来讨论;定理 1.3.1 之(ⅳ)的证法也是证明两个最大公因数相等的常用方法,同时,性质(ⅳ)还是辗转相除法(见 1.5 节)求最大公因数的理论基础.

定理 1.3.2　设 $a_1,a_2,\cdots,a_n\in\mathbf{Z}$,记 $A=\left\{y\mid y=\sum\limits_{i=1}^{n}a_ix_i,x_i\in\mathbf{Z},1\leqslant i\leqslant n\right\}$. 如果 y_0 是集合 A 中最小的正数,则 $y_0=(a_1,a_2,\cdots,a_n)$.

证明　由于 y_0 是集合 A 中最小的正数,故 $y_0=\sum\limits_{i=1}^{n}a_ix_i^0(x_i^0\in\mathbf{Z},1\leqslant i\leqslant n)$. 设 d 是 $a_1,a_2,\cdots,a_n$ 的任意一个公因数,则 $d\mid y_0=\sum\limits_{i=1}^{n}a_ix_i^0$,所以 $d\leqslant y_0$.

又由 1.2 节例 1 的结论知 $y_0|a_i(1\leqslant i\leqslant n)$，故 y_0 也是 $a_1,a_2,\cdots,a_n$ 的公因数. 因此，y_0 是 $a_1,a_2,\cdots,a_n$ 所有公因数中的最大正数，由此即得 $y_0=(a_1,a_2,\cdots,a_n)$. 证毕.

注 由于 $(a_1,a_2,\cdots,a_n)$ 是集合 $A=\left\{y \mid y=\sum_{i=1}^{n}a_ix_i, x_i\in\mathbf{Z}, 1\leqslant i\leqslant n\right\}$ 的最小正数，由定理 1.3.2 的证明过程直接得到如下推论.

推论 1.3.1 设不全为零整数 $a_1,a_2,\cdots,a_n$ 的最大公因数是 $(a_1,a_2,\cdots,a_n)$，则存在整数 $x'_1,x'_2,\cdots,x'_n$，使得 $a_1x'_1+a_2x'_2+\cdots+a_nx'_n=(a_1,a_2,\cdots,a_n)$.

推论 1.3.2 设 d 是 $a_1,a_2,\cdots,a_n$ 的任意一个公因数，则 $d|(a_1,a_2,\cdots,a_n)$.

证明 由推论 1.3.1 知，存在整数 $x'_1,\cdots,x'_n$ 使得

$$a_1x'_1+\cdots+a_nx'_n=(a_1,\cdots,a_n)$$

所以由 $d|a_i(1\leqslant i\leqslant n)$，有 $d|(a_1x'_1+\cdots+a_nx'_n)$，即 $d|(a_1,a_2,\cdots,a_n)$. 证毕.

注 推论 1.3.2 对最大公因数的本质属性做了非常深刻的刻画：最大公因数不但是公因数中最大的，而且是 $a_1,a_2,\cdots,a_n$ 所有公因数的倍数. 此结论在问题证明过程中常起到桥梁的关键作用.

定理 1.3.3 $(a_1,a_2,\cdots,a_n)=1$ 的充分必要条件是存在整数 $x_1,x_2,\cdots,x_n$，使得

$$a_1x_1+a_2x_2+\cdots+a_nx_n=1 \tag{1.4}$$

证明 **必要性** 由推论 1.3.1 即可得到式(1.4).

充分性 若式(1.4)成立，令 $(a_1,a_2,\cdots,a_n)=d$，由 $d|a_i(1\leqslant i\leqslant n)$ 推出：

$$d\mid(a_1x_1+a_2x_2+\cdots+a_nx_n)=1$$

故 $d=1$，即 $(a_1,a_2,\cdots,a_n)=1$. 证毕.

定理 1.3.4 设 a,b 是不全为零的整数，则：

(ⅰ) $(ma,mb)=m(a,b)$，其中 $m>0$；

(ⅱ) 若 $\delta=(a,b)$，则 $\left(\frac{a}{\delta},\frac{b}{\delta}\right)=1$，即 $\left(\frac{a}{(a,b)},\frac{b}{(a,b)}\right)=1$；

证明 留作习题.

由定理 1.3.4 的(ⅰ)和(ⅱ)易推广得到如下结论：

(ⅲ) $(ma_1,ma_2,\cdots,ma_n)=|m|(a_1,a_2,\cdots,a_n)$，其中 $m\neq0$；

(ⅳ) 若 $\delta=(a_1,a_2,\cdots,a_n)$，则 $\left(\frac{a_1}{\delta},\frac{a_2}{\delta},\cdots,\frac{a_n}{\delta}\right)=1$.

注 定理 1.3.4 之(ⅱ)给出了一个证明数论问题的常用方法：由两个不全为零且不互素的整数，可自然地产生一对互素的整数. 利用这一结论，数论中不全为零且不互素的整数可以化归为互素的整数，从而达到简化问题证明过程的目的.

最大公因数还有以下重要性质.

定理 1.3.5 对于整数 a,b,c，下面的结论成立：

(ⅰ) 由 $b|ac$ 及 $(a,b)=1$ 可以推出 $b|c$；

（ⅱ）由 $b|c$，$a|c$ 及 $(a,b)=1$ 可以推出 $ab|c$.

证明　（ⅰ）若 $(a,b)=1$，由定理 1.3.3 知，存在整数 x 与 y，使得 $ax+by=1$. 因此，

$$acx+bcy=c \tag{1.5}$$

由式(1.5)及 $b|ac$ 得到 $b|c$. 结论（ⅰ）得证.

（ⅱ）因为 $(a,b)=1$，由定理 1.3.3 知，存在整数 x，y 使得式(1.5)成立. 又由 $b|c$ 与 $a|c$，得 $ab|ac$，$ab|bc$，再由式(1.5)得 $ab|c$. 故结论（ⅱ）得证. 证毕.

推论 1.3.3　若 $(a,b)=1$，则 $(a,bc)=(a,c)$.

证明　由于 $(a,b)=1$，由定理 1.3.3 知，存在整数 x，y 使得式(1.5)成立.

设 $d=(a,bc)$，$d'=(a,c)$，则 $d|a$，$d|bc$，由式(1.5)得 $d|c$，即 d 是 a 与 c 的公因数，故 $d\leqslant d'$；又 d' 是 a 与 c 的公因数，则它也是 a 与 bc 的公因数. 因此 $d'\leqslant d$，故 $(a,bc)=(a,c)$. 证毕.

注　推论 1.3.3 在求已知两个大数的最大公因数时会经常被用到.

推论 1.3.4　若 $(a_i,b_j)=1(1\leqslant i\leqslant n,1\leqslant j\leqslant m)$，则 $(a_1a_2\cdots a_n,b_1b_2\cdots b_m)=1$.

特别地，若 $(a,b)=1$，则对任意正整数 m 和 n 有 $(a^n,b^m)=1$.

证明　由于 $(a_i,b_j)=1(1\leqslant i\leqslant n,1\leqslant j\leqslant m)$，由推论 1.3.3 得

$$(a_i,b_1b_2\cdots b_m)=(a_i,b_2\cdots b_m)=\cdots=(a_i,b_m)=1\quad(1\leqslant i\leqslant n)$$

故
$$(a_1a_2\cdots a_n,b_1b_2\cdots b_m)=(a_2\cdots a_n,b_1b_2\cdots b_m)=\cdots=(a_n,b_1b_2\cdots b_m)=1$$

证毕.

推论 1.3.5　设 a，b 是不全为零的整数，n 为正整数，则 $(a^n,b^n)=(a,b)^n$.

证明　读者自证.

定理 1.3.6　对于任意 n 个不全为零的整数 $a_1,a_2,\cdots,a_n$，记

$$(a_1,a_2)=d_2,(d_2,a_3)=d_3,\cdots,(d_{n-2},a_{n-1})=d_{n-1},(d_{n-1},a_n)=d_n$$

则
$$d_n=(a_1,a_2,\cdots,a_n)$$

证明　由已知条件及整除的传递性，有

$d_n=(d_{n-1},a_n)\Rightarrow d_n\mid a_n,d_n\mid d_{n-1}$

$d_{n-1}=(d_{n-2},a_{n-1})\Rightarrow d_{n-1}\mid a_{n-1},d_{n-1}\mid d_{n-2}$，　故 $d_n\mid a_n,d_n\mid a_{n-1},d_n\mid d_{n-2}$

$d_{n-2}=(d_{n-3},a_{n-2})\Rightarrow d_{n-2}\mid a_{n-2},d_{n-2}\mid d_{n-3}$，　故 $d_n\mid a_n,d_n\mid a_{n-1},d_n\mid a_{n-2},d_n\mid d_{n-3}$

…

$d_2=(a_1,a_2)\Rightarrow d_n\mid a_n,d_n\mid a_{n-1},\cdots,d_n\mid a_2,d_n\mid a_1$

即 d_n 是 $a_1,a_2,\cdots,a_n$ 的一个公因数.

又对于 $a_1,a_2,\cdots,a_n$ 的任何公因数 d，由推论 1.3.2 及 $d_2,\cdots,d_n$ 的定义，依次得出

$$d\mid a_1,d\mid a_2\Rightarrow d\mid d_2$$
$$d\mid d_2,d\mid a_3\Rightarrow d\mid d_3$$
$$\cdots$$
$$d\mid d_{n-1},d\mid a_n\Rightarrow d\mid d_n$$

故 d_n 是 $a_1,a_2,\cdots,a_n$ 公因数中的最大者. 因此，$d_n=(a_1,a_2,\cdots,a_n)$. 证毕.

注 定理 1.3.6 指出了求 $n(n>2)$ 个不全为零整数最大公因数的方法,其实质是先化归为 $n-1$ 个整数的最大公因数问题,最终化归为两个整数的最大公因数问题来解决.

定理 1.3.7 设 a,b,c,n 是正整数,$ab=c^n$,$(a,b)=1$,则存在正整数 u,v,使得

$$a=u^n,\quad b=v^n,\quad c=uv,\quad (u,v)=1$$

证明 因为 $(a,b)=1$,所以 $(b,a^{n-1})=1$,故 $a=a(b,a^{n-1})=(ab,a^n)=(c^n,a^n)=(c,a)^n$;同理得 $b=(c,b)^n$. 令 $u=(a,c)$,$v=(b,c)$,则 $a=u^n$,$b=v^n$,$c=uv$,且

$$(u,v)=((a,c),(b,c))=(a,b,c)=((a,b),c)=(1,c)=1$$

故定理结论成立. 证毕.

注 定理 1.3.7 说明,如果互素的两个正整数之积是一个整数的 n 次幂,则这两个正整数都是整数的 n 次幂. 此结论还可推广为:如果正整数 $a,b,\cdots,c$ 之积是一个整数的 n 次幂,若 $a,b,\cdots,c$ 两两互素,则 $a,b,\cdots,c$ 都是整数的 n 次幂. 这个性质表现了整数互素的重要性,其应用较广泛.

例 1 设 n 是正整数,证明:$(n!+1,(n+1)!+1)=1$.

证明 设 $d=(n!+1,(n+1)!+1)$,由于 $(n!+1)(n+1)-[(n+1)!+1]=n$,于是有 $d|n$. 进一步有 $d|n!$,结合 $d|(n!+1)$ 可知 $d|1$,故 $d=1$. 证毕.

例 2 证明:任意两个费马数 $(F_m,F_n)=1(m\neq n)$.

证明 不妨设 $m>n$. 由 1.1 节例 3 知,当 $m>n\geqslant 0$ 时,费马数满足 $F_n|(F_m-2)$,即存在整数 t,使得 $F_m=2+tF_n$. 设 $d=(F_m,F_n)$,则 $d=(2+tF_n,F_n)=(2,F_n)=2$,故 $d=1$ 或 $d=2$. 但 F_n 显然是奇数,故必有 $d=1$,即费马数是两两互素的. 证毕.

例 3 设 $m,n>0$,$mn|(m^2+n^2)$,证明:$m=n$.

证明 设 $(m,n)=d$,则 $m=m_1d$,$n=n_1d$,其中 $(m_1,n_1)=1$. 于是,已知条件化为 $m_1n_1|(m_1^2+n_1^2)$,由此得 $m_1|(m_1^2+n_1^2)$,故 $m_1|n_1^2$. 但是 $(m_1,n_1)=1$,结合 $m_1|n_1^2$,可知必须 $m_1=1$. 同理 $n_1=1$. 因此 $m=n$. 证毕.

注 由例 3 知,对于给定的两个不全为零的整数,常借助于它们的最大公因数来产生两个互素的整数,以便能利用互素的性质作进一步讨论,这实质上是将原问题化归为互素的特殊情形.

例 4 设 k 为正奇数,证明:$1+2+\cdots+n$ 整除 $1^k+2^k+\cdots+n^k$.

证明 因为 $1+2+\cdots+n=\dfrac{n(n+1)}{2}$,且 $(n,n+1)=1$,所以结论等价于证明

$$n\mid 2(1^k+2^k+\cdots+n^k),\quad (n+1)\mid 2(1^k+2^k+\cdots+n^k)$$

事实上,由于 k 是奇数,利用配对法可得

$$2(1^k+2^k+\cdots+n^k)=[1^k+(n-1)^k]+[2^k+(n-2)^k]+\cdots+[(n-1)^k+1^k]+2n^k$$

上式的每个加项显然都是 n 的倍数,故其和也是 n 的倍数. 同理得

$$2(1^k+2^k+\cdots+n^k)=(1^k+n^k)+[2^k+(n-1)^k]+\cdots+(n^k+1^k)$$

上式是 $n+1$ 的倍数,故 $n(n+1)|2(1^k+2^k+\cdots+n^k)$. 证毕.

习题 1.3

1. 证明定理 1.3.4.

2. 设 n 为正整数，证明：$(12n+5,9n+4)=1$.

3. 设 $x,y\in\mathbf{Z}$，$17|2x+3y$，证明：$17|(9x+5y)$.

4. 设 $(a,b)=1$，证明：$(a^2+b^2,ab)=1$.

5. 设 a,b 是整数，若 $9|(a^2+ab+b^2)$，证明：$3|(a,b)$.

6. 设 m,n 都是正整数，m 为奇数，证明：$(2^m-1,2^n+1)=1$.

7. 若一个有理数的 $k(k\geqslant 1)$ 次幂是整数，则这个有理数必是整数. 一般的，证明：一个首项系数为 ± 1 的整系数多项式的有理根必定是一个整数.

1.4　最小公倍数

本节讨论整数的最小公倍数的概念及其性质.

定义　非零整数 $a_1,a_2,\cdots,a_n$ 的公共倍数称为 $a_1,a_2,\cdots,a_n$ 的**公倍数**. $a_1,a_2,\cdots,a_n$ 的正公倍数中最小的一个叫做 $a_1,a_2,\cdots,a_n$ 的**最小公倍数**，记为 $[a_1,a_2,\cdots,a_n]$.

定理 1.4.1　非零整数的最小公倍数的性质是：

(ⅰ) $[a,1]=|a|$，$[a,a]=|a|$，其中 $a\neq 0$.

(ⅱ) $[a,b]=[b,a]$.

(ⅲ) $[a_1,a_2,\cdots,a_n]=[|a_1|,|a_2|,\cdots,|a_n|]$.

(ⅳ) 若 $a|b$，则 $[a,b]=|b|$.

证明　读者自证.

注　由定理 1.4.1 之 (ⅲ) 可知，在求非零整数 $a_1,a_2,\cdots,a_n$ 的最小公倍数时，可视 $a_1,a_2,\cdots,a_n$ 都是正整数，从而简化问题的证明过程.

最小公倍数和最大公因数之间存在一个很重要的关系，即定理 1.4.2 的结论.

定理 1.4.2　对任意正整数 a,b，有 $[a,b]=\dfrac{ab}{(a,b)}$.

证明　设 m 是 a 和 b 的一个公倍数，则存在整数 k_1,k_2，使得 $m=ak_1$，$m=bk_2$，因此

$$ak_1=bk_2 \tag{1.6}$$

于是

$$\frac{a}{(a,b)}k_1=\frac{b}{(a,b)}k_2$$

由于 $\left(\dfrac{a}{(a,b)},\dfrac{b}{(a,b)}\right)=1$，所以 $\dfrac{b}{(a,b)}|k_1$，即

$$k_1=\frac{b}{(a,b)}t$$

其中 t 是某个整数. 将上式代入式(1.6)得到

$$m=\frac{ab}{(a,b)}t \tag{1.7}$$

又对于任意整数 t，由式(1.7)所确定的 m 显然是 a 与 b 的公倍数，因此 a 与 b 的公倍数必是式(1.7)的形式，其中 t 是整数.

当 $t=1$ 时，得到最小公倍数 $[a,b]=\frac{ab}{(a,b)}$. 证毕.

注 定理 1.4.2 指出，两个非零整数的最小公倍数的问题实质上可化归为它们的最大公因数的问题.

由定理 1.4.2 的式(1.7)立即可得下面推论.

推论 1.4.1 若 $a|m, b|m$，则 $[a,b]|m$.

注 推论 1.4.1 刻画了最小公倍数的一个重要属性：两个非零整数的最小公倍数不但是最小的正公倍数，而且是这两个整数的任何公倍数的因数.

推论 1.4.2 设 m,a,b 是正整数，则 $[ma,mb]=m[a,b]$.

证明 由定理 1.4.2 及定理 1.3.4 得到

$$[ma,mb]=\frac{m^2ab}{(ma,mb)}=\frac{m^2ab}{m(a,b)}=\frac{mab}{(a,b)}=m[a,b]$$

证毕.

定理 1.4.3 对于任意 n 个非零整数 $a_1,a_2,\cdots,a_n$，记

$$[a_1,a_2]=m_2,[m_2,a_3]=m_3,\cdots,[m_{n-2},a_{n-1}]=m_{n-1},[m_{n-1},a_n]=m_n$$

则

$$[a_1,a_2,\cdots,a_n]=m_n$$

证明 由于

$$m_n=[m_{n-1},a_n]\Rightarrow m_{n-1}\mid m_n, a_n\mid m_n$$

$$m_{n-1}=[m_{n-2},a_{n-1}]\Rightarrow m_{n-2}\mid m_{n-1}\mid m_n, a_n\mid m_n, a_{n-1}\mid m_{n-1}\mid m_n$$

$$m_{n-2}=[m_{n-3},a_{n-2}]\Rightarrow m_{n-3}\mid m_{n-2}\mid m_n, a_n\mid m_n, a_{n-1}\mid m_n, a_{n-2}\mid m_n$$

$$\cdots$$

$$m_2=[a_1,a_2]\Rightarrow a_n\mid m_n,\cdots,a_2\mid m_n,a_1\mid m_n$$

因此，m_n 是 $a_1,a_2,\cdots,a_n$ 的一个公倍数.

又对于 $a_1,a_2,\cdots,a_n$ 的任何公倍数 m，反复利用推论 1.4.1 及 $m_2,\cdots,m_n$ 的定义，得

$$m_2\mid m, m_3\mid m,\cdots,m_n\mid m$$

所以 $m_n\leqslant m$，即 m_n 是 $a_1,a_2,\cdots,a_n$ 最小的正的公倍数. 证毕.

推论 1.4.3 若 m 是非零整数 $a_1,a_2,\cdots,a_n$ 的公倍数，则 $[a_1,a_2,\cdots,a_n]|m$.

证明 设 m 是 $a_1,\cdots,a_n$ 的任一公倍数，由 $a_1|m, a_2|m$ 推得 $[a_1,a_2]=m_2|m$；又由 $m_2|m, a_3|m$ 推得 $[m_2,a_3]=m_3|m,\cdots$；最后由 $m_{n-1}|m, a_n|m$ 推得 $[m_{n-1},a_n]=m_n|m$. 故 $[a_1,a_2,\cdots,a_n]|m$. 证毕.

定理 1.4.4 对于任意非零整数 $a_1,a_2,\cdots,a_n$ 及整数 $k(1\leqslant k\leqslant n)$，证明：

$$[a_1, a_2, \cdots, a_n] = [[a_1, \cdots, a_k], [a_{k+1}, \cdots, a_n]]$$

证明　因为$[a_1, a_2, \cdots, a_n]$是 $a_1, \cdots, a_k$ 和 $a_{k+1}, \cdots, a_n$ 的公倍数,所以

$$[a_1, \cdots, a_k] \mid [a_1, a_2, \cdots, a_n] \quad 且 \quad [a_{k+1}, \cdots, a_n] \mid [a_1, a_2, \cdots, a_n]$$

因此,由推论 1.4.3 得

$$[[a_1, \cdots, a_k], [a_{k+1}, \cdots, a_n]] \mid [a_1, a_2, \cdots, a_n] \tag{1.8}$$

又对于任意的 $a_i(1 \leqslant i \leqslant n)$,显然

$$a_i \mid [[a_1, \cdots, a_k], [a_{k+1}, \cdots, a_n]]$$

所以,由推论 1.4.3 可知

$$[a_1, a_2, \cdots, a_n] \mid [[a_1, \cdots, a_k], [a_{k+1}, \cdots, a_n]]$$

综合上式及式(1.8),定理得证. 证毕.

例 1　设 a, b, c 是正整数,证明:$[a, b, c](ab, bc, ca) = abc$.

证明　由定理 1.4.3 和定理 1.4.2,有

$$[a, b, c] = [[a, b], c] = \frac{[a, b]c}{([a, b], c)} \tag{1.9}$$

由推论 1.4.2 及定理 1.3.4,有

$$(ab, bc, ca) = (ab, (bc, ca)) = (ab, c(a, b)) =$$
$$\left(ab, \frac{abc}{[a, b]}\right) = \frac{(ab[a, b], abc)}{[a, b]} = \frac{ab([a, b], c)}{[a, b]} \tag{1.10}$$

综合式(1.9)与式(1.10)得到所证结论. 证毕.

例 2　设 a, b, c 是正整数,证明:$[a, b, c][ab, bc, ca] = [a, b][b, c][c, a]$.

证明　由推论 1.4.2,有

$$[a, b, c][ab, bc, ca] = [[a, b, c]ab, [a, b, c]bc, [a, b, c]ca] =$$
$$[[a^2b, ab^2, abc], [abc, b^2c, bc^2], [a^2c, abc, ac^2]] =$$
$$[a^2b, ab^2, abc, abc, b^2c, bc^2, a^2c, abc, ac^2] =$$
$$[abc, a^2b, a^2c, b^2c, b^2a, c^2a, c^2b]$$

以及

$$[a, b][b, c][c, a] = [[a, b]b, [a, b]c][c, a] = [ab, b^2, ac, bc][c, a] =$$
$$[ab[c, a], b^2[c, a], ac[c, a], bc[c, a]] =$$
$$[abc, a^2b, b^2c, b^2a, ac^2, a^2c, bc^2, bca] =$$
$$[abc, a^2b, a^2c, b^2c, b^2a, c^2a, c^2b]$$

综上即得结论. 证毕.

习题 1.4

1. 设 a, b 是正整数,证明:$(a+b)[a, b] = a[b, a+b]$.

2. 求正整数 a,b,使得 $a+b=120,(a,b)=24,[a,b]=144$.

3. 设 a,b 是正整数,证明:若 $[a,b]=(a,b)$,则 $a=b$.

4. 设 n 是正整数,证明:$[a^n,b^n]=[a,b]^n$.

5. 设 a,b,c 是正整数,证明:$\frac{[a,b,c]^2}{[a,b][b,c][c,a]}=\frac{(a,b,c)^2}{(a,b)(b,c)(c,a)}$.

6. 设 a,b,c 为正整数,证明:

(1) $[(a,b),(a,c)]=(a,[b,c])$;　　(2) $([a,b],[a,c])=[a,(b,c)]$.

7. 证明:正整数 $a_1,a_2,\cdots,a_n$ 两两互素的充分必要条件是 $[a_1,a_2,\cdots,a_n]=a_1a_2\cdots a_n$.

1.5　辗转相除法

1.4 节讨论了最大公因数的性质,本节介绍计算最大公因数的方法——辗转相除法,又称为 Euclid 算法. 它是数论中的一个重要方法,在其他数学分支中也有广泛应用.

定义　下面的一组带余数除法,称为**辗转相除法**.

设 a 和 b 是整数,$b\neq0$,依次作带余数除法:

$$\left.\begin{aligned}
a &= bq_1+r_1, & 0&<r_1<|b|\\
b &= r_1q_2+r_2, & 0&<r_2<r_1\\
&\cdots\\
r_{k-1} &= r_kq_{k+1}+r_{k+1}, & 0&<r_{k+1}<r_k\\
&\cdots\\
r_{n-2} &= r_{n-1}q_n+r_n, & 0&<r_n<r_{n-1}\\
r_{n-1} &= r_nq_{n+1} & r_{n+1}&=0
\end{aligned}\right\}\tag{1.11}$$

由于 b 是固定的,且 $|b|>r_1>r_2>\cdots$,所以式(1.11)中仅包含有限个等式.

定理 1.5.1　使用式(1.11)中的记号,记

$$P_0=1,\quad P_1=q_1,\quad P_k=q_kP_{k-1}+P_{k-2}\quad(k\geqslant2)$$

$$Q_0=0,\quad Q_1=1,\quad Q_k=q_kQ_{k-1}+Q_{k-2}\quad(k\geqslant2)$$

则

$$aQ_k-bP_k=(-1)^{k-1}r_k\quad(k=1,2,\cdots,n)\tag{1.12}$$

证明　当 $k=1$ 时,式(1.12)成立.

当 $k=2$ 时,有

$$Q_2=q_2Q_1+Q_0=q_2,\quad P_2=q_2P_1+P_0=q_2q_1+1$$

此时由式(1.11)得

$$aQ_2-bP_2=aq_2-b(q_2q_1+1)=(a-bq_1)q_2-b=r_1q_2-b=-r_2$$

即式(1.12)成立.

假设对于 $k<m(1\leqslant m\leqslant n)$ 式(1.12)成立,由此假设及式(1.11)得到

$$
\begin{aligned}
aQ_m - bP_m &= a(q_mQ_{m-1} + Q_{m-2}) - b(q_mP_{m-1} + P_{m-2}) = \\
&(aQ_{m-1} - bP_{m-1})q_m + (aQ_{m-2} - bP_{m-2}) = \\
&(-1)^{m-2}r_{m-1}q_m + (-1)^{m-3}r_{m-2} = \\
&(-1)^{m-1}(r_{m-2} - r_{m-1}q_m) = (-1)^{m-1}r_m
\end{aligned}
$$

即当 $k=m$ 时式(1.12)也成立.

由归纳原理,式(1.12)对一切正整数 k 都成立. 证毕.

注　定理 1.5.1 的结论可利用表 1.1 来记忆与实现:按箭头所指方向,依照斜线相乘、横线相加的原则,可依次求出 P_k 和 $Q_k(k\geqslant 2)$.

表 1.1

k	0	1	2	3	…	k	…	n
q_k		q_1	q_2	q_3	…	q_k	…	q_n
P_k	$P_0 \leftarrow$	P_1	P_2	P_3	…	$P_k=q_kP_{k-1}+P_{k-2}$	…	P_n
Q_k	$Q_0 \leftarrow$	Q_1	Q_2	Q_3	…	$Q_k=q_kQ_{k-1}+Q_{k-2}$	…	Q_n

定理 1.5.2　使用式(1.11)中的记号,有 $r_n=(a,b)$.

证明　由式(1.11)得

$$r_n = (r_{n-1}, r_n) = (r_{n-2}, r_{n-1}) = \cdots = (r_1, r_2) = (b, r_1) = (a, b)$$

证毕.

由此知,利用辗转相除法可以求出不全为零的整数 x,y,使得

$$ax + by = (a,b) \tag{1.13}$$

成立.

事实上,在式(1.12)中,令 $k=n$,则 $aQ_n-bP_n=(-1)^{n-1}r_n$,于是有

$$(-1)^{n-1}Q_n a + (-1)^n P_n b = r_n = (a,b) \tag{1.14}$$

比较式(1.13)和式(1.14)得

$$x = (-1)^{n-1}Q_n,\quad y = (-1)^n P_n$$

注　若 $x=x_0, y=y_0$ 是适合式(1.13)的一对整数,则等式 $a(x_0+bs)+b(y_0-as)=(a,b)$(其中 s 为任意整数)说明,满足此式的 x,y 有无穷多组,并且在 $ab>0$ 时,可人为地选择 x 为正(负)数,y 相应地为负(正)数. 此结论常用于证明最大公因数相关问题.

例 1　用辗转相除法求(125,17),并求整数 x,y,使得 $125x+17y=(125,17)$.

解　作辗转相除法,有

$$
\begin{aligned}
125 &= 7\times 17 + 6, & q_1 &= 7, & r_1 &= 6 \\
17 &= 2\times 6 + 5, & q_2 &= 2, & r_2 &= 5 \\
6 &= 1\times 5 + 1, & q_3 &= 1, & r_3 &= 1 \\
5 &= 5\times 1, & q_4 &= 5 & &
\end{aligned}
$$

由定理 1.5.2 得$(125,17)=r_3=1$.

下面利用定理 1.5.1 的结论来计算满足条件的整数 x 和 y. 根据上面的计算及定理 1.5.1,有

$$\begin{aligned} &P_0=1,\quad P_1=7,\quad P_2=2\times 7+1=15,\quad P_3=1\times 15+7=22 \\ &Q_0=0,\quad Q_1=1,\quad Q_2=2\times 1+0=2,\quad Q_3=1\times 2+1=3 \end{aligned} \qquad (n=3)$$

上述计算过程如表 1.2 所列,依照斜线相乘、横线相加原则,依次求出 P_k 和 $Q_k(2\leqslant k\leqslant 3)$.

表 1.2

k	0	1	2	3
q_k		7	2	1
P_k	1	7	$P_2=2\times 7+1=15$	$P_3=1\times 15+7=22$
Q_k	0	1	$Q_2=2\times 1+0=2$	$Q_3=1\times 2+1=3$

取 $x=(-1)^{3-1}Q_3=3$,$y=(-1)^3P_3=-22$,则 $125\times 3+17\times(-22)=(125,17)=1$.

例 2 设 m,n 是正整数,证明:$(2^m-1,2^n-1)=2^{(m,n)}-1$.

证明 不妨设 $m\geqslant n$. 由带余数除法得 $m=q_1n+r_1$,$0\leqslant r_1<n$. 于是有

$$2^m-1=2^{nq_1+r_1}-2^{r_1}+2^{r_1}-1=2^{r_1}(2^{nq_1}-1)+2^{r_1}-1$$

由上式及$(2^n-1)\mid(2^{nq_1}-1)$得

$$(2^m-1,2^n-1)=(2^n-1,2^{r_1}-1)$$

注意到$(m,n)=(n,r_1)$,若 $r_1=0$,则$(m,n)=n$,结论成立. 若 $r_1>0$,则继续对$(2^n-1,2^{r_1}-1)$进行类似讨论. 利用辗转相除法得

$$\begin{aligned} n&=q_2r_1+r_2 &&(0<r_2<r_1) \\ &\vdots \\ r_{k-2}&=q_kr_{k-1}+r_k &&(0<r_k<r_{k-1}) \\ r_{k-1}&=q_{k+1}r_k &&(r_{k+1}=0) \end{aligned}$$

则$(2^n-1,2^{r_1}-1)=(2^{r_1}-1,2^{r_2}-1)=\cdots=(2^{r_k}-1,2^{r_{k+1}}-1)=(2^{r_k}-1,0)=2^{r_k}-1=2^{(m,n)}-1$. 证毕.

注 显见,将 2 用任一大于 1 的自然数 a 代替,结论都成立(见例 3). 下面使用另一种方法来证明例 3.

例 3 设 $a>1,m,n>0$,证明:$(a^m-1,a^n-1)=a^{(m,n)}-1$.

证明 令 $d=(a^m-1,a^n-1)$,考虑证明$(a^{(m,n)}-1)\mid d$ 且 $d\mid(a^{(m,n)}-1)$来导出所证结论.

事实上,因为

$$(a^{(m,n)}-1)\mid(a^m-1),\quad (a^{(m,n)}-1)\mid(a^n-1)$$

由推论 1.3.2 知

$$(a^{(m,n)}-1) \mid ((a^m-1),(a^n-1))$$

即

$$(a^{(m,n)}-1) \mid d \tag{1.15}$$

又设 $d_1=(m,n)$，因为 $m,n>0$，故可选择正整数 x,y 使得

$$mx-ny=d_1 \tag{1.16}$$

由 $d\mid(a^m-1)$ 得 $d\mid(a^{mx}-1)$；同理，由 $d\mid(a^n-1)$，得 $d\mid(a^{ny}-1)$. 故 $d\mid(a^{mx}-a^{ny})$.

由式(1.16)得

$$a^{mx}-a^{ny}=a^{ny+d_1}-a^{ny}=a^{ny}(a^{d_1}-1)$$

即

$$d \mid a^{ny}(a^{d_1}-1) \tag{1.17}$$

又因为 $a>1$ 及 $d\mid(a^m-1)$，故 $(d,a)=1$，进而

$$(d,a^{ny})=1$$

由上式及式(1.17)得 $d\mid(a^{d_1}-1)$，即

$$d \mid (a^{(m,n)}-1) \tag{1.18}$$

结合式(1.15)和式(1.18)知 $(a^m-1,a^n-1)=a^{(m,n)}-1$. 证毕.

注 例 2 和例 3 是同一类型的题目，但其证明所采用的方法却完全不同. 这说明数论解题方法较灵活，有时一题可以有多种不同的解决方法.

习题 1.5

1. 用辗转相除法求(27 090,21 672,11 352)的最大公因数.

2. 用辗转相除法求整数 x,y，使得 $1\,387x-162y=(1\,387,162)$.

3. 一箱手榴弹，设每颗手榴弹的质量相等，且都是超过 1 kg 而小于 3.5 kg 的整数. 已知去掉箱子后净质量为 126 kg，然后拿出若干颗手榴弹去掉箱子后净质量为 99 kg，求每颗手榴弹的质量？

4. 有三根分别长为 13.5 m、24.3 m 和 55.8 m 的钢条，现将它们截成相等的小段，每根都不允许浪费，且截成的小段要最长，求每小段长多少？一共可截成多少段？

5. 若四个整数 2 836,4 582,5 164,6 522 被同一个大于 1 的整数除得的余数相同，且不等于零，求除数和余数各是多少？

1.6 素数与合数

素数在数论中占有特别重要的地位. 本节讨论素数及其基本性质.

定义 若 a 为大于 1 的整数，如果 a 的正因数只有 1 和 a 自身，则称 a 为**素数**(或**质数**). 若 a 有正的真因数，则称 a 为**合数**.

由此定义知，若 a 为合数，则 a 可表示为 $a=b\cdot c$，其中 $1<b,c<a$.

注 全体正整数被分成三类：数 1(单独作一类)、素数和合数.

定义 如果素数 p 是整数 a 的因数,则称 p 是 a 的**素因数**.

素数在正整数中特别重要,一般常用字母 p 表示素数. 由定义易得出下面的重要结论.

定理 1.6.1 任何大于 1 的正整数必有一个素因数.

证明 设 a 是大于 1 的正整数,由于 a 就是自身的因数,所以 a 必有大于 1 的因数. 若 a 是素数,则定理 1.6.1 成立是显然的. 若 a 不是素数,则它有正的真因数,设它们是 $d_1,d_2,\cdots,d_k$ $(d_i>1;i=1,2,\cdots,k)$,令 d 是其中最小的,若 d 不是素数,则存在 $1<e_1,e_2<d$ 使得 $d=e_1\cdot e_2$,因此 e_1 和 e_2 也是 a 的正的真因数,这与 d 的最小性矛盾. 所以 d 是素数,因而 a 必有一个素因数. 证毕.

根据定理 1.6.1 的证明过程可直接得出以下推论.

推论 1.6.1 如果 a 是大于 1 的整数,则 a 的大于 1 的最小因数必为素数.

推论 1.6.2 合数 a 的最小素因数 p 满足 $p\leqslant\sqrt{a}$.

证明 由于 a 是合数,于是有 $a=p\cdot q$,其中 p 是 a 的最小素因数,$q\in\mathbf{N}$,由于 $1<p\leqslant q<a$,从而 $p^2\leqslant a$,即 $p\leqslant\sqrt{a}$. 证毕.

推论 1.6.3 若大于 1 的整数 a 不能被任何适合 $p\leqslant\sqrt{a}$ 的素数 p 整除,则 a 必为素数.

证明 反证法. 若不然,由于 $a>1$,则 a 必为合数,由推论 1.6.2 知,a 的最小素因数 p 满足 $p\leqslant\sqrt{a}$,这与 a 不能被任何适合 $p\leqslant\sqrt{a}$ 的素数 p 整除矛盾,故 a 必为素数. 证毕.

注 根据推论 1.6.3 可得出求"不超过某个正整数 a 的所有素数"的方法(见本节例 1).

素数在数论研究中占有非常重要的地位,因为它有许多非常重要且常用的性质.

定理 1.6.2 设 p 为素数,a 是任意一个整数,则或者 p 整除 a,或者 p 与 a 互素.

证明 事实上,p 与 a 的最大公约数 (p,a) 必整除 p. 由于 p 为素数,故 $(p,a)=1$ 或者 $(p,a)=p$,即 p 与 a 互素或者 p 整除 a. 证毕.

定理 1.6.3 设 p 为素数,a,b 为整数,若 $p\mid ab$,则 a,b 中至少有一个数被 p 整除.

证明 反证法. 若 a,b 均不能被 p 整除,则由定理 1.6.2 知,p 与 a,b 都互素,从而 p 与 ab 互素. 这与 $p\mid ab$ 矛盾. 故 a,b 中至少有一个数被 p 整除. 证毕.

特别地,若 p 为素数,且 $p\mid a^n(n\geqslant1)$,则 $p\mid a$.

例 1 求出不超过 30 的所有素数.

解 先将不超过 30 的正整数排列如下：

~~1~~ 2 3 ~~4~~ 5 ~~6~~ 7 ~~8~~ ~~9~~ ~~10~~ 11 ~~12~~ 13 ~~14~~ ~~15~~

~~16~~ 17 ~~18~~ 19 ~~20~~ ~~21~~ ~~22~~ 23 ~~24~~ ~~25~~ ~~26~~ ~~27~~ 28 29 ~~30~~

再按以下步骤进行：

① 删去 1,剩下的后面的第一个数是 2,2 是素数；

② 删去 2 后面的被 2 整除的数,剩下的 2 后面的第一个数是 3,3 是素数；

③ 再删去 3 后面的被 3 整除的数，剩下的 3 后面的第一个数是 5，5 是素数；

④ 再删去 5 后面的被 5 整除的数，剩下的 5 后面的第一个数是 7，7 是素数；

按照以上步骤依次得到不超过 30 的素数：2，3，5，7，11，13，17，19，23，29.

注　上述方法的理论依据是：由推论 1.6.3 可知，不超过 30 的合数必有一个不超过 $\sqrt{30}\leqslant 6$ 的素因数，而不超过 6 的素数只有 2，3，5，因此在删除了所有能被 2，3，5 整除的数之后剩下的数必为素数，这样就得到了不超过 30 的全部素数.

此种寻找素数的方法称为**Eratosthenes 筛法**. 在理论上，它可以用来求出不超过任何固定整数的所有素数. 但在实际应用中，这种筛出素数的方法需要进行大量计算，为此，人们制作了不超过 n 的所有素数表(称为 n 以内的素数表)供查用 (见附录 C).

关于素数的最为经典的一个结果是公元前欧几里得证明的.

例 2　证明：素数有无穷多个.

证法一　反证法. 假设素数只有有限多个，设这有限个素数为 $p_1, p_2, \cdots, p_k$. 考虑数 $a=p_1p_2\cdots p_k+1$，显然 $a>1$，故 a 有素因数 p. 因为 $p_1, p_2, \cdots, p_k$ 包含了全部的素数，故 p 必等于某个 $p_i(1\leqslant i\leqslant k)$，从而 $p\mid p_1p_2\cdots p_k$，于是由 $p\mid a$ 推得 $p\mid 1$，从而 $p=1$ 或 $p=-1$，这与 p 是素数矛盾. 因此，素数有无穷多个.

证法二　由于每个费马数 $F_n=2^{2^n}+1(n=0,1,2,\cdots)$ 都大于 1，故它至少有一个素因数. 由 1.3 节例 2 知，任意两个费马数$(F_m, F_n)=1(m\neq n)$，因此，这些素因数必定是互不相同的. 由于两两互素的费马数有无限多个，故素数有无穷多个. 证毕.

注　“素数有无穷多个”的证明方法较多，本书其他章节中将涉及到. 证明某些特殊形式的数不是素数，或给出其为素数的必要条件，是初等数论中较为基本的问题. 处理这类问题的基本方法是应用各种分解技术，指出所给出整数的一个真因数 (见下面的例 3).

例 3　证明：存在无穷多个正整数 a，使得 $n^4+a(n=1,2,3,\cdots)$ 都是合数.

证明　令 $a=4k^4(k=2,3,\cdots)$，则对任意的 $n\in\mathbf{N}$，有

$$n^4+4k^4=(n^2+2k^2)^2-4n^2k^2=(n^2+2k^2+2nk)\cdot(n^2+2k^2-2nk)$$

因为

$$n^2+2k^2-2nk=(n-k)^2+k^2\geqslant k^2>1$$

所以，对于任意的 $k=2,3,\cdots$ 以及任意的 $n\in\mathbf{N}$，n^4+a 都是合数.

例 4　若 $a>1$，a^n-1 是素数，证明：$a=2$，并且 n 是素数.

证明　若 $a>2$，则由

$$a^n-1=(a-1)(a^{n-1}+a^{n-2}+\cdots+1)$$

可知 a^n-1 是合数. 所以 $a=2$.

若 n 是合数，则 $n=xy(x>1, y>1)$，于是由

$$2^{xy}-1=(2^x-1)(2^{x(y-1)}+2^{x(y-2)}+\cdots+1)$$

以及 $2^x-1>1$ 可知 2^n-1 是合数. 所以当 2^n-1 是素数时，n 必是素数.

注　若 n 是素数，则 $M_n=2^n-1$ 称为**梅森(Mersenne)数**. 1644 年，法国数学家梅森曾经

研究过形如这样的素数，它们与所谓的**偶完全数**(即满足正因数的和等于该数的二倍的数)紧密相关. 由例 4 知，只有当 n 为素数时 M_n 才可能是素数. 当 $n=2,3,5,7$ 时，相应的 M_n 确实为素数，但对大于 11 的素数，M_n 中既有素数也有合数. 时至今日，人们仅发现了 44 个梅森素数. 是否有无穷多个梅森素数呢？它们的分布规律如何？这些至今仍是一个悬而未解的谜(见附录 A. 4).

对于**费马(Fermat)数** $F_n=2^{2^n}+1(n\geqslant 0)$ 的前 5 个数 $F_0=3,F_1=5,F_2=17,F_3=257$，$F_4=65\ 537$，它们都是素数. 据此，法国数学家费马曾经猜想 F_n 都是素数. 但是，1732 年欧拉发现 $F_5=2^{2^5}+1=641\times 6\ 700\ 471$ 是合数，故此，费马的猜想不成立. 到目前为止，人们仅知道这 5 个数是费马素数，并证明了若干个费马数是合数.

习题 1.6

1. 设 p 是素数，$(a,b)=p$，求 (a^2,b)，(a^3,b)，(a^2,b^3) 所有可能取的值.

2. 设 a 是自然数，问 a^4-3a^2+9 是素数还是合数？

3. 设 p 是 n 的最小素因数，$n=pn_1(n_1>1)$，证明：若 $p>\sqrt[3]{n}$，则 n_1 是素数.

4. 证明：若正整数 a,b 满足 $2a^2+a=3b^2+b$，则 $a-b$ 和 $2a+2b+1$ 都是完全平方数.

5. 设正整数 a,b,c,d 满足 $ab=cd$，证明：$a+b+c+d$ 不是素数.

6. 对任意整数 $n>1$，证明：n^4+4^n 不是素数.

7. 证明：存在无穷多个自然数 n，使得 n 不能表示为 a^2+p($a>0$ 是整数，p 为素数)的形式.

1.7 算术基本定理

本节将证明数论中一个最基本的结果——算术基本定理，它体现了素数在正整数集合中的真正分量.

引理 任何大于 1 的正整数 n 都可表示成素数之积，即

$$n=p_1p_2\cdots p_m \tag{1.19}$$

其中 $p_i(1\leqslant i\leqslant m)$ 是素数.

证明 对正整数 n 进行归纳. 当 $n=2$ 时，式(1.19)显然成立.

假设式(1.19)对任意小于 n 的正整数都成立，现在考虑 n，如果 n 是素数，则式(1.19)显然成立.

如果 n 是合数，则 n 有正的真因数 a,b 使得 $n=a\cdot b(1<a,b<n)$，根据归纳假设知，a,b 均可以分解为有限个素数之积，从而 n 也可以分解为有限个素数之积.

由归纳法原理，对一切大于 1 的正整数 n 都能分解成式(1.19)的形式. 证毕.

定理 1.7.1(算术基本定理) 任何大于 1 的正整数 n 都可唯一表示成

$$n = p_1^{\alpha_1} p_2^{\alpha_2} \cdots p_k^{\alpha_k} \tag{1.20}$$

其中，$p_1, p_2, \cdots, p_k$ 是素数，$p_1 < p_2 < \cdots < p_k$，且 $\alpha_1, \alpha_2, \cdots, \alpha_k$ 是正整数.

证明　存在性　由上述引理可知，任何大于 1 的正整数 n 都可分解成式(1.19)的形式，即

$$n = p_1 p_2 \cdots p_m$$

其中 $p_i(1 \leqslant i \leqslant m)$ 是素数.

适当调整分解式(1.19)中素数的顺序，并将式(1.19)中相同素因数的乘积写成该素数的方幂的乘积，则 n 可表示成

$$n = p_1^{\alpha_1} p_2^{\alpha_2} \cdots p_k^{\alpha_k}$$

其中 $p_1 < p_2 < \cdots < p_k$，且 $\alpha_1, \alpha_2, \cdots, \alpha_k$ 是正整数.

唯一性　假设 $p_i(1 \leqslant i \leqslant k)$ 与 $q_j(1 \leqslant j \leqslant l)$ 都是素数，且

$$p_1 \leqslant p_2 \leqslant \cdots \leqslant p_k, \quad q_1 \leqslant q_2 \leqslant \cdots \leqslant q_l \tag{1.21}$$

并且

$$n = p_1 p_2 \cdots p_k = q_1 q_2 \cdots q_l \tag{1.22}$$

则由定理 1.6.3 知，必有某个 $q_j(1 \leqslant j \leqslant l)$，使得 $p_1 \mid q_j$，由于 p_1 和 q_j 都是素数，所以 $p_1 = q_j$；同理，必有某个 $p_i(1 \leqslant i \leqslant k)$，使得 $q_1 \mid p_i$，所以 $q_1 = p_i$. 于是，结合式(1.21)可知

$$q_j = p_1 \leqslant p_i = q_1 \leqslant q_j = p_1$$

故 $p_1 = q_1$，从而由式(1.22)得到

$$p_2 \cdots p_k = q_2 \cdots q_l$$

反复进行上述操作，最后必有 $k = l$，$p_i = q_i(1 \leqslant i \leqslant k)$，即唯一性得证.

证毕.

定义　正整数 n 的分解式 $n = p_1^{\alpha_1} p_2^{\alpha_2} \cdots p_k^{\alpha_k}$ 称为 n 的**标准分解式**，其中 $p_1, p_2, \cdots, p_k$ 是素数，$p_1 < p_2 < \cdots < p_k$，且 $\alpha_1, \alpha_2, \cdots, \alpha_k$ 是正整数.

注　算术基本定理又称为**唯一分解定理**. 有时为了方便实用，n 的标准分解式也表示成

$$n = p_1^{\alpha_1} p_2^{\alpha_2} \cdots p_k^{\alpha_k}$$

的形式，其中 $p_i(1 \leqslant i \leqslant k)$ 是素数，$p_1 < p_2 < \cdots < p_k$，$\alpha_i(1 \leqslant i \leqslant k)$ 是非负整数. 因此，已知正整数 n 的标准分解式，就可确定 n 的全体正约数和正倍数，即有如下结论.

推论 1.7.1　设 n 的标准分解式为 $n = p_1^{\alpha_1} p_2^{\alpha_2} \cdots p_k^{\alpha_k}$，则：

(ⅰ) n 的任一正约数 d 具有形式 $d = p_1^{\gamma_1} p_2^{\gamma_2} \cdots p_k^{\gamma_k}(\gamma_i \in \mathbf{Z}, 0 \leqslant \gamma_i \leqslant \alpha_i, 1 \leqslant i \leqslant k)$；

(ⅱ) n 的正倍数 m 具有形式 $m = p_1^{\beta_1} p_2^{\beta_2} \cdots p_k^{\beta_k} M(M \in \mathbf{N}, \beta_i \in \mathbf{N}, \beta_i \geqslant \alpha_i, 1 \leqslant i \leqslant k)$.

根据算术基本定理及最大公约数、最小公倍数的定义，容易得到如下结论.

推论 1.7.2　若正整数 a 与 b 的分解式分别为 $a = p_1^{\alpha_1} p_2^{\alpha_2} \cdots p_k^{\alpha_k}$，$b = p_1^{\beta_1} p_2^{\beta_2} \cdots p_k^{\beta_k}$，其中 $p_1, p_2, \cdots, p_k$ 是互不相同的素数，$\alpha_i, \beta_i(1 \leqslant i \leqslant k)$ 是非负整数，则

$$(a, b) = p_1^{\lambda_1} p_2^{\lambda_2} \cdots p_k^{\lambda_k}, \quad \lambda_i = \min\{\alpha_i, \beta_i\} \quad (1 \leqslant i \leqslant k)$$

$$[a, b] = p_1^{\mu_1} p_2^{\mu_2} \cdots p_k^{\mu_k}, \quad \mu_i = \max\{\alpha_i, \beta_i\} \quad (1 \leqslant i \leqslant k)$$

注 多于两个整数的最大公因数与最小公倍数也有类似的表达式. 这些公式的价值是在理论上的,它对于证明数论的某些问题非常有用,但对于实际计算却有一定的局限性,因为有时要想给出一个整数的标准分解式确实是非常困难的事情.

例 1 若 n 的标准分解式为 $n=p_1^{\alpha_1}p_2^{\alpha_2}\cdots p_k^{\alpha_k}$,设 $d(n)$ 为 n 的正因数的个数,$\sigma(n)$ 为 n 的所有正因数之和,则有

$$d(n)=(\alpha_1+1)(\alpha_2+1)\cdots(\alpha_k+1) \tag{1.23}$$

$$\sigma(n)=\frac{p_1^{\alpha_1+1}-1}{p_1-1}\cdot\frac{p_2^{\alpha_2+1}-1}{p_2-1}\cdot\cdots\cdot\frac{p_k^{\alpha_k+1}-1}{p_k-1} \tag{1.24}$$

若$(a,b)=1$,则有

$$d(ab)=d(a)d(b) \tag{1.25}$$

$$\sigma(ab)=\sigma(a)\sigma(b) \tag{1.26}$$

证明 当 $n>1$ 时,利用推论 1.7.1 容易推出式(1.23)成立. 当 $n=1$ 时,由于 $d(1)=1$,则式(1.23)也成立,此即为 $\alpha_1=\alpha_2=\cdots=\alpha_k=0$ 的情形.

为了证明式(1.24),仍然利用推论 1.7.1,有

$$\alpha(n)=\sum_{\substack{0\leqslant\beta_i\leqslant\alpha_i\\1\leqslant i\leqslant k}}p_1^{\beta_1}\cdots p_k^{\beta_k}=\sum_{\beta_1=0}^{\alpha_1}p_1^{\beta_1}\cdot\left(\sum_{\substack{0\leqslant\beta_i\leqslant\alpha_i\\2\leqslant i\leqslant k}}p_2^{\beta_2}\cdots p_k^{\beta_k}\right)=\cdots=$$

$$\left(\sum_{\beta_1=0}^{\alpha_1}p_1^{\beta_1}\right)\cdots\left(\sum_{\beta_k=0}^{\alpha_k}p_k^{\beta_k}\right)=\frac{p_1^{\alpha_1+1}-1}{p_1-1}\cdot\frac{p_2^{\alpha_2+1}-1}{p_2-1}\cdot\cdots\cdot\frac{p_k^{\alpha_k+1}-1}{p_k-1}$$

由于两整数互素,这就意味着它们的标准分解式中没有相同的素因子;反之亦然. 因此,当$(a,b)=1$ 时,式(1.25)和式(1.26)分别是式(1.23)和式(1.24)的直接推论. 证毕.

例 2 证明:形如 $4n-1$ 的素数有无限多个.

证明 若不然,假设只有 k 个形如 $4n-1$ 的素数 $p_1,p_2,\cdots,p_k$,记

$$a=4p_1p\cdots p_k-1$$

显然 $a>1$,由算术基本定理,正整数 a 可以分解成若干个素数之积. 必须指出,这些素因数中至少有一个是 $4n-1$ 形式;否则,若它们都是 $4n+1$ 的形式,则其乘积也是 $4n+1$ 的形式,这就与 a 的定义矛盾. 以 p 表示这个素因数,则 $p\neq p_i(1\leqslant i\leqslant k)$;否则,若有某个 $i(1\leqslant i\leqslant k)$,使得 $p=p_i$,则 $p|p_1p_2\cdots p_k$,又由于 $p|a$,则有 $p|1$,这是不可能的. 因此在 $p_1,p_2,\cdots,p_k$ 之外又存在一个形如 $4n-1$ 的素数 p,这与原假设只有 k 个素数矛盾,所以形如 $4n-1$ 的素数有无限多个.

习题 1.7

1. 写出 82 798 848 的标准分解式.

2. 证明:在 $1,2,\cdots,2n$ 中任取 $n+1$ 个数,其中至少有一个数能被另一个数整除.

3. 证明:对任意给定的正整数 $n>1$,存在 n 个连续的合数.

4. 证明:对一切自然数 n,形如 $6n-1$ 的素数有无限多个.

5. 如果 $2^n+1(n>1)$是素数,证明:n 是 2 的方幂.

6. 设 a,b 是正整数,证明:存在整数 a_1,a_2,b_1,b_2 使得 $a=a_1a_2,b=b_1b_2,(a_2,b_2)=1$,并且 $[a,b]=a_2b_2$.

1.8　函数[x]与{x}及n!的标准分解式

1.7 节讨论了利用算术基本定理把任意一个正整数分解成标准分解式的问题. 利用算术基本定理求一个较大正整数的标准分解式往往需要进行相当冗长的计算;但是,对于阶乘这类特殊正整数的标准分解式,这个问题则比较容易解决. 本节将给出求 $n!$ 的标准分解式的一个公式. 为此,先介绍两个常用的函数$[x]$(称为整数函数或高斯函数)和$\{x\}$.

定义　设 x 是实数,以$[x]$表示不超过 x 的最大整数,称$[x]$为 x 的**整数部分**,称$\{x\}=x-[x]$为 x 的**小数部分**.

如:$[\pi]=3,[-\pi]=-4,\left[\frac{1}{3}\right]=0,\left\{-\frac{1}{5}\right\}=\frac{4}{5}$.

由定义可立即得出函数$[x]$与$\{x\}$的基本性质.

定理 1.8.1　设 x 与 y 是实数,则:

(ⅰ) $0\leqslant\{x\}<1,x-1<[x]\leqslant x<[x]+1$;

(ⅱ) $x\leqslant y\Rightarrow[x]\leqslant[y]$;

(ⅲ) 若 m 是整数,则$[m+x]=m+[x],\{m+x\}=\{x\}$;

(ⅳ) $[x+y]=\begin{cases}[x]+[y], & 若\{x\}+\{y\}<1\\ [x]+[y]+1, & 若\{x\}+\{y\}\geqslant 1\end{cases}$,即$[x]+[y]\leqslant[x+y]\leqslant[x]+[y]+1$,其中等号不能同时成立.

(ⅴ) $[-x]=\begin{cases}-[x], & 若 x\in\mathbf{Z}\\ -[x]-1, & 若 x\notin\mathbf{Z}\end{cases}$.

证明　(ⅰ),(ⅱ),(ⅲ)可由定义直接推出.

(ⅳ) 由于$[x+y]=[[x]+\{x\}+[y]+\{y\}]=[x]+[y]+[\{x\}+\{y\}]$,若$\{x\}+\{y\}<1$,则$[\{x\}+\{y\}]=0$,故$[x+y]=[x]+[y]$;若$\{x\}+\{y\}\geqslant 1$,则$[\{x\}+\{y\}]=1$,故$[x+y]=[x]+[y]+1$. 由此(ⅳ)成立.

(ⅴ) 因为$[-x]=[-([x]+\{x\})]=-[x]+[-\{x\}]$,由于 $0\leqslant\{x\}<1$,因而 $-1<-\{x\}\leqslant 0$. 若 $x\in\mathbf{Z}$,则$[-\{x\}]=0$;若 $x\notin\mathbf{Z}$,则$[-\{x\}]=-1$. 证毕.

定理 1.8.2　设 a 与 b 是正整数,则在 $1,2,\cdots,a$ 中能被 b 整除的整数有$\left[\frac{a}{b}\right]$个.

证明　能被 b 整除的正整数是 $b,2b,3b,\cdots$,因此,若数 $1,2,\cdots,a$ 中能被 b 整除的整数有

k 个，则 $kb\leqslant a<(k+1)b\Rightarrow k\leqslant\frac{a}{b}<k+1\Rightarrow k=\left[\frac{a}{b}\right]$. 证毕.

由定理 1.8.2 可知，若 b 是正整数，那么对于任意整数 a，有

$$a=b\cdot\left[\frac{a}{b}\right]+b\cdot\left\{\frac{a}{b}\right\}$$

即在带余数除法 $a=bq+r(0\leqslant r<b)$ 中有 $q=\left[\frac{a}{b}\right]$，$r=b\left\{\frac{a}{b}\right\}$.

定理 1.8.3 设 n 是正整数，$n!$的标准分解式为 $n!=p_1^{\alpha_1}p_1^{\alpha_2}\cdots p_k^{\alpha_k}$，则素因数 p_i 的指数为

$$\alpha_i=\sum_{r=1}^{\infty}\left[\frac{n}{p_i^r}\right] \tag{1.27}$$

证明 对于任意固定的素数 p，以 $p(k)$表示在 k 的标准分解式中 p 的指数，则

$$p(n!)=p(1)+p(2)+\cdots+p(n)$$

以 n_j 表示 $p(1),p(2),\cdots,p(n)$中素数 p 的指数等于 j 的数的个数，则

$$p(n!)=1\cdot n_1+2\cdot n_2+3\cdot n_3+\cdots \tag{1.28}$$

显然，n_j 就是在 $1,2,\cdots,n$ 中满足 $p^j\mid a$ 且 $p^{j+1}\nmid a$ 的整数 a 的个数，所以，由定理 1.8.2 有

$$n_j=\left[\frac{n}{p^j}\right]-\left[\frac{n}{p^{j+1}}\right]$$

将上式代入式(1.28)，得到

$$p(n!)=1\cdot\left(\left[\frac{n}{p}\right]-\left[\frac{n}{p^2}\right]\right)+2\cdot\left(\left[\frac{n}{p^2}\right]-\left[\frac{n}{p^3}\right]\right)+3\cdot\left(\left[\frac{n}{p^3}\right]-\left[\frac{n}{p^4}\right]\right)+\cdots=\sum_{r=1}^{\infty}\left[\frac{n}{p^r}\right]$$

证毕.

推论 1.8.1 设 n 是正整数，则 $n!=\prod\limits_{p\leqslant n}p^{\sum\limits_{r=1}^{\infty}\left[\frac{n}{p^r}\right]}$，其中 $\prod\limits_{p\leqslant n}$ 表示对不超过 n 的所有素数 p 求积.

定理 1.8.4 设 n 是正整数，$1\leqslant k\leqslant n-1$，则

$$\mathrm{C}_n^k=\frac{n!}{k!(n-k)!}\in\mathbf{N} \tag{1.29}$$

若 n 是素数，则 $n\mid\mathrm{C}_n^k(1\leqslant k\leqslant n-1)$.

证明 由定理 1.8.3，对于任意素数 p，整数 $n!,k!$与$(n-k)!$的标准分解式中所含的素因数 p 的指数分别是

$$\sum_{r=1}^{\infty}\left[\frac{n}{p^r}\right],\quad\sum_{r=1}^{\infty}\left[\frac{k}{p^r}\right],\quad\sum_{r=1}^{\infty}\left[\frac{n-k}{p^r}\right]$$

利用定理 1.8.1 的性质(ⅳ)可知

$$\left[\frac{k+(n-k)}{p^r}\right]=\left[\frac{n}{p^r}\right]\geqslant\left[\frac{k}{p^r}\right]+\left[\frac{n-k}{p^r}\right]$$

故
$$\sum_{r=1}^{\infty}\left[\frac{n}{p^r}\right]\geqslant\sum_{r=1}^{\infty}\left[\frac{k}{p^r}\right]+\sum_{r=1}^{\infty}\left[\frac{n-k}{p^r}\right]$$
因此，C_n^k 是整数.

若 n 是素数，则对于 $1\leqslant k\leqslant n-1$，有 $(n,k!)=1$，$(n,(n-k)!)=1\Rightarrow(n,k!(n-k)!)=1$，由此及

$$C_n^k=\frac{n\cdot(n-1)!}{k!(n-k)!}\in\mathbf{N}$$

推出 $k!(n-k)!\mid(n-1)!$，从而 $n\mid C_n^k$. 证毕.

例 1 设 x 与 y 是实数，证明：
$$[2x]+[2y]\geqslant[x]+[x+y]+[y] \tag{1.30}$$

解 设 $x=[x]+\alpha(0\leqslant\alpha<1)$，$y=[y]+\beta(0\leqslant\beta<1)$，则
$$[x]+[x+y]+[y]=2[x]+2[y]+[\alpha+\beta] \tag{1.31}$$
及
$$[2x]+[2y]=2[x]+2[y]+[2\alpha]+[2\beta] \tag{1.32}$$

如果 $[\alpha+\beta]=0$，那么显然有 $[\alpha+\beta]\leqslant[2\alpha]+[2\beta]$.

如果 $[\alpha+\beta]=1$，那么 α 与 β 中至少有一个不小于 $\frac{1}{2}$，于是
$$[2\alpha]+[2\beta]\geqslant 1=[\alpha+\beta]$$
因此，无论 $[\alpha+\beta]=0$ 或 1，都有 $[\alpha+\beta]\leqslant[2\alpha]+[2\beta]$，由此及式(1.31)和式(1.32)可推出式(1.30).

例 2 设 n 是正整数，x 是任一实数，证明：
$$[x]+\left[x+\frac{1}{n}\right]+\left[x+\frac{2}{n}\right]+\cdots+\left[x+\frac{n-1}{n}\right]=[nx] \tag{1.33}$$

解 设 $x=[x]+\alpha(0\leqslant\alpha<1)$，则有
$$[x]+\left[x+\frac{1}{n}\right]+\left[x+\frac{2}{n}\right]+\cdots+\left[x+\frac{n-1}{n}\right]=$$
$$[[x]+\alpha]+\left[[x]+\alpha+\frac{1}{n}\right]+\cdots+\left[[x]+\alpha+\frac{n-1}{n}\right]=$$
$$n[x]+[\alpha]+\left[\alpha+\frac{1}{n}\right]+\cdots+\left[\alpha+\frac{n-1}{n}\right]$$
又
$$[nx]=[n([x]+\alpha)]=n[x]+[n\alpha]$$
故只须证明
$$[\alpha]+\left[\alpha+\frac{1}{n}\right]+\cdots+\left[\alpha+\frac{n-1}{n}\right]=[n\alpha]\quad(0\leqslant\alpha<1) \tag{1.34}$$

事实上，若 $0\leqslant\alpha<\frac{1}{n}$，则 $[\alpha]+\left[\alpha+\frac{1}{n}\right]+\cdots+\left[\alpha+\frac{n-1}{n}\right]=0=[n\alpha]$.

若$\frac{i}{n}\leqslant\alpha<\frac{i+1}{n}(1\leqslant i\leqslant n-1)$，则：

① 当$1\leqslant j\leqslant n-i-1$时，恒有$\left[\alpha+\frac{j}{n}\right]=0$；

② 当$n-i\leqslant j\leqslant n-1$时，恒有$\left[\alpha+\frac{j}{n}\right]=1$.

故$[\alpha]+\left[\alpha+\frac{1}{n}\right]+\cdots+\left[\alpha+\frac{n-1}{n}\right]=i=[n\alpha]$. 因而，恒有式(1.34)成立.

由式(1.34)可知式(1.33)成立. 证毕.

习题 1.8

1. 求 20!的标准分解式.
2. 求 100!的十进制表示中末尾连续的零的个数.
3. 求使 12 347!被 35^k 整除的最大的 k 值.
4. 设 n 是正整数，x 是实数，证明：

(1) $[x]+\left[x+\frac{1}{2}\right]=[2x]$；　　(2) $\sum_{r=1}^{\infty}\left[\frac{n+2^{r-1}}{2^r}\right]=n$.

5. 设 n 是正整数，证明：$[\sqrt{n}+\sqrt{n+1}]=[\sqrt{4n+2}]$.
6. 设 $a_1,\cdots,a_n$ 是正整数，证明：$\frac{(a_1+\cdots+a_n)!}{a_1!\cdots a_n!}$是整数.
7. 设 a,b 是非负整数，证明：$\frac{(2a)!(2b)!}{a!b!(a+b)!}$是整数.

本章小结

1. 基本概念

本章基本概念主要包括：整除、带余数除法、最大公因数、最小公倍数、辗转相除法(欧几里得算法)、素数与合数，整数互素与两两互素、整数的标准分解式和高斯函数$[x]$.

2. 主要定理或结论

本章主要定理是：整除的性质(定理 1.1.1)、带余数除法(定理 1.2.1)、最大公因数的性质(定理 1.3.1)、最大公因数的表示定理 (定理 1.3.2 及其推论)、最大公因数与最小公倍数关系(定理 1.4.2)、素数的性质(定理 1.6.1 及其推论、定理 1.6.2 和定理 1.6.3)和算术基本定理(定理 1.7.1).

带余数除法是辗转相除法的一个重要工具，它给出了最大公因数(a,b)的基本算法；由于$b|a\Leftrightarrow a=bq+r(0\leqslant r<|b|)$中的余数 $r=0$，因此，整除问题常化归为带余数除法问题；最大公因数性质是整除理论的核心内容，其表示定理揭示了 a,b 与其最大公因数之间的线性关系

$ax+by=(a,b)$，此关系在证明最大公因数性质中起着桥梁的关键作用；最大公因数与最小公倍数的关系定理说明最小公倍数问题最终可化归为用最大公因数解决；素数在整数中占有特别重要的地位，算术基本定理刻画了正整数与素数间十分重要的关系，奠定了初等数论的理论基石，因此，正整数问题往往化归为相关素数问题解决. 虽然每个合数都可唯一分解成素因数的乘积，但是如何实现此种分解，特别是大数的分解，至今还没有有效的算法. 同样，许多有关素数问题给人们留下了极大的困惑，像梅森数、费马数、孪生素数以及至今都未能解决的哥德巴赫猜想（见附录 A. 2）.

3. 重要方法

(1) 带余数除法

见定理 1. 2. 1 及其推论，注意带余数除法变形的应用.

(2) 辗转相除法（Euclid 算法）

见定理 1. 5. 1 及其列表算法.

(3) 求不全为零整数最大公因数的方法

方法包括：

① 若 $a,b\in\mathbf{Z},b\neq0$，则 $(0,b)=|b|$；若 $b|a$，则 $(b,a)=|b|$.

② 若 $a,b\in\mathbf{Z},ab\neq0$，则 $(a,b)=r_n$（r_n 是辗转相除法中最后一个不为零的余数）.

③ 设 a,b 是大于 1 的正整数，$a=p_1^{\alpha_1}\cdots p_k^{\alpha_k}$，$b=p_1^{\beta_1}\cdots p_k^{\beta_k}$ $(\alpha_i\geqslant0,\beta_i\geqslant0;i=1,\cdots,k)$，则

$$(a,b)=p_1^{\gamma_1}\cdots p_k^{\gamma_k},\quad \gamma_i=\min(\alpha_i,\beta_i)\quad (i=1,\cdots,k)$$

④ 求两个以上不全为零整数的最大公因数，主要化归为多次求两个整数最大公因数问题，实质上是化归为辗转相除法.

(4) 求全不为零整数最小公倍数的方法

方法包括：

① 若 $a,b\in\mathbf{Z},ab>0$，则 $[a,b]=\dfrac{ab}{(a,b)}$. 此公式使得最小公倍数化归为最大公因数求解.

② 设 a,b 是大于 1 的正整数，$a=p_1^{\alpha_1}\cdots p_k^{\alpha_k}$，$b=p_1^{\beta_1}\cdots p_k^{\beta_k}$ $(\alpha_i\geqslant0,\beta_i\geqslant0;i=1,\cdots,k)$，则

$$[a,b]=p_1^{\delta_1}\cdots p_k^{\delta_k},\quad \delta=\max(\alpha_i,\beta_i)\quad (i=1,2,\cdots,k)$$

③ 求两个以上全不为零整数的最小公倍数，主要化归为多次求两个整数最小公倍数，最终化归为求两个整数最大公因数问题.

(5)求 n 以内的素数的 Eratosthenes 筛法

先写出 1 至 n 的各个整数，再按以下步骤进行：

① 删去 1，剩下的后面的第一个数是 2，2 是素数；

② 删去 2 后面的被 2 整除的数，剩下的 2 后面的第一个数是 3，3 是素数；

③ 再删去 3 后面的被 3 整除的数，剩下的 3 后面的第一个数是 5，5 是素数；

……

一直到删去小于等于$\sqrt{n}$ 的所有素数的倍数为止.

按照以上步骤依次进行,最后可得到不超过 n 的所有素数.

(6) 求 $n!$的标准素因数分解式的方法

见定理 1.8.3 及其推论.

本章蕴含的数学思想方法主要包括化归思想、分类思想及配对思想. 在解题时应注意,对于整除问题,除了利用整除的性质外,还要灵活应用带余数除法;而非整除问题的证明则常利用反证法化归为整除命题来解决;关于整数相关命题的证明,常对正整数进行分类讨论(分为1、素数和合数,或利用带余数除法的余数对整数进行分类讨论,或利用算术基本定理化归为素数问题来解决). 最大公因数的证明问题常借助于最大公因数的表示定理作媒介,或者利用最大公因数性质化归为两整数最大公因数为 1(互素)的特殊情形处理.

第2章　同　余

同余是初等数论重要的基本概念和特有的思想方法，在带余数除法 $a=qm+b$ 中，a 是否被 m 整除等价于 b 是否被 m 整除，即 a 与 b 在被 m 整除时两者所起的作用相同，为了突出这一特性，引入了同余的概念，它的引入体现出代数方法在研究整数性质时的重要作用．本章主要介绍同余、同余式、剩余类及其基本性质；着重讨论完全剩余系及简化剩余系的整体性质；给出模 m 简化剩余系中的元素个数 $\varphi(m)$——欧拉函数；证明 Euler 定理、Fermat 小定理和 Wilson定理；最后讨论数论函数的概念及其性质．

本章重点是理解同余性质、完全剩余系及简化剩余系的整体性质，并灵活运用这些性质及欧拉和费马定理解(证)题．

2.1　同余的基本性质

日常生活中的许多实际问题都与两个整数相除的余数密切相关．例如，2007 年 5 月 8 日是星期二，易知 5 月 15 日和 5 月 22 日也是星期二，这是因为 8，15 和 22 用 7 去除的余数相同，都是 1．换言之，5 月 15 日和 22 日与 5 月 8 日之间间隔的天数都是 7 的整数倍，即 15－8 和 22－8 都是 7 的倍数．由此得出同余的一般定义如下．

定义　设 m 是给定的正整数，a,b 是任意整数，如果整数 $m\mid(a-b)$，则称**a 与 b 关于模 m 同余**，记为

$$a\equiv b(\bmod m)$$

如果整数 $m\nmid(a-b)$，则称**a 与 b 关于模 m 不同余**，记为 $a\not\equiv b(\bmod m)$．

由此定义，显然 $a\equiv 0(\bmod m)\Leftrightarrow m\mid a$．由此可知，整除与同余问题可以互相化归．

定理 2.1.1　a 与 b 关于模 m 同余的充分必要条件是，a 和 b 被 m 除后所得的最小非负余数相等，即若 $a=q_1m+r_1(0\leqslant r_1<m)$，$b=q_2m+r_2(0\leqslant r_2<m)$，则 $a\equiv b(\bmod m)\Leftrightarrow r_1=r_2$．

证明　由题设有 $a-b=(q_1-q_2)m+(r_1-r_2)$，因此 $m\mid(a-b)$ 的充分必要条件是 $m\mid(r_1-r_2)$，由此及 $0\leqslant|r_1-r_2|<m$ 即得 $r_1=r_2$，亦即 $a\equiv b(\bmod m)\Leftrightarrow r_1=r_2$．

定理 2.1.2　同余是一种等价关系，即同余具有下面性质：

(ⅰ) 反身性　$a\equiv a(\bmod m)$；

(ⅱ) 对称性　$a\equiv b(\bmod m)\Leftrightarrow b\equiv a(\bmod m)$；

(ⅲ) 传递性　$a\equiv b,b\equiv c(\bmod m)\Rightarrow a\equiv c(\bmod m)$．

证明　由 $m\mid(a-a)=0$，$m\mid(a-b)\Leftrightarrow m\mid(b-a)$ 以及 $m\mid(a-b)$，$m\mid(b-c)\Rightarrow m\mid(a-b)+(b-c)=a-c$，即可推出上述三条性质．

定理 2.1.3 设 a,b,c,d 是整数，且 $a\equiv b(\bmod m)$，$c\equiv d(\bmod m)$，则：

（ⅰ）$a\pm c\equiv b\pm d(\bmod m)$；（同余可加性）

（ⅱ）$ac\equiv bd(\bmod m)$.（同余可乘性）

证明 （ⅰ）由 $m|(a-b)$ 及 $m|(c-d)\Rightarrow m|(a-b)+(c-d)$，即得 $m|(a+c)-(b+d)$；对于减法同理可证. 故结论（ⅰ）成立.

（ⅱ）由于 $m|(a-b)$，$m|(c-d)$，故存在整数 q_1 与 q_2，使得

$$a=b+q_1m,\quad c=d+q_2m$$

因此

$$ac=bd+(q_1q_2m+q_1d+q_2b)m\Rightarrow m\mid(ac-bd)$$

由同余定义即得结论（ⅱ）. 证毕.

注 定理 2.1.3 是本章的一个简单而又常用的结论，由此结论可以大大简化同余运算，如，由同余的可乘性易得 $10^n\equiv1(\bmod 3)(n\in\mathbf{N})$.

从定理 2.1.3 的结论直接推广得到以下推论.

推论 2.1.1 （ⅰ）若 $a\equiv b(\bmod m)$，则 $a^kc\equiv b^kc(\bmod m)(k\in\mathbf{N},c\in\mathbf{Z})$.

（ⅱ）若 $a_i\equiv b_i(\bmod m)(i=1,\cdots,n)$，则 $\sum_{i=1}^{n}a_i\equiv\sum_{i=1}^{n}b_i(\bmod m)$；$\prod_{i=1}^{n}a_i\equiv\prod_{i=1}^{n}b_i(\bmod m)$.

（ⅲ）设整系数多项式 $f(x)=a_nx^n+a_{n-1}x^{n-1}+\cdots+a_0$，若 $x_1\equiv x_2(\bmod m)$，则

$$f(x_1)\equiv f(x_2)(\bmod m)$$

定理 2.1.4 同余具有如下性质：

（ⅰ）$a\equiv b(\bmod m)$，$d|m$，$d>0\Rightarrow a\equiv b(\bmod d)$；

$$a\equiv b(\bmod m),\ d|(a,b,m),\ d>0\Rightarrow\frac{a}{d}\equiv\frac{b}{d}\left(\bmod\frac{m}{d}\right);$$

（ⅱ）$a\equiv b(\bmod m)\Rightarrow(a,m)=(b,m)$；

（ⅲ）$a\equiv b(\bmod m_i)(1\leqslant i\leqslant k)\Rightarrow a\equiv b(\bmod[m_1,m_2,\cdots,m_k])$；

（ⅳ）$a\equiv b(\bmod m)\Rightarrow ak\equiv bk(\bmod mk)(k>0,k\in\mathbf{N})$；

（ⅴ）$ac\equiv bc(\bmod m)$，$(c,m)=1\Rightarrow a\equiv b(\bmod m)$.

证明 （ⅰ）显然成立.

（ⅱ）由于 $m|(a-b)$，存在 $t\in\mathbf{Z}$，使得 $a=b+mt$，于是 $(a,m)=(b+mt,m)=(b,m)$.

（ⅲ）因为 $a\equiv b(\bmod m_i)\Leftrightarrow m_i|(a-b)(1\leqslant i\leqslant k)\Leftrightarrow[m_1,m_2,\cdots,m_k]|(a-b)$，所以

$$a\equiv b(\bmod[m_1,m_2,\cdots,m_k])$$

（ⅳ）$a\equiv b(\bmod m)\Rightarrow m|(a-b)\Rightarrow km|(ka-kb)\Rightarrow ka\equiv kb(\bmod km)$.

（ⅴ）因为 $ac\equiv bc(\bmod m)\Rightarrow m|c(a-b)$，又 $(c,m)=1$，故 $m|(a-b)$，即 $a\equiv b(\bmod m)$.

证毕 .

注 定理 2.1.3 与定理 2.1.4 说明同余式与等式有类似的性质，定理 2.1.4 的性质（ⅴ）

说明同余式的消去律一般不成立，请注意区分同余式与等式性质的异同之处.

例 1　设整数 a 的十进制表示为 $a=\overline{a_{n-1}a_{n-2}\cdots a_0}$ $(0\leqslant a_i\leqslant 9, 0\leqslant i\leqslant n-1, a_{n-1}\neq 0)$，即 $a=a_{n-1}\times 10^{n-1}+\cdots+a_1\times 10+a_0$，证明：

（ⅰ）$3\mid a\Leftrightarrow 3\left|\sum_{i=0}^{n-1}a_i\right.$；　　（ⅱ）$9\mid a\Leftrightarrow 9\left|\sum_{i=0}^{n-1}a_i\right.$；

（ⅲ）$11\mid a\Leftrightarrow 11\left|\sum_{i=0}^{n-1}(-1)^i a_i\right.$；　　（ⅳ）$13\mid a\Leftrightarrow 13\mid \overline{a_2a_1a_0}-\overline{a_5a_4a_3}+\cdots$.

证明　由 $10^0\equiv 1, 10^1\equiv 1, \cdots, 10^i\equiv 1 \pmod 3$ $(i\in\mathbf{N})$ 及推论 2.1.1 得

$$a=\sum_{i=0}^{n-1}a_i\times 10^i\equiv\sum_{i=0}^{n-1}a_i \pmod 3$$

由此可得结论（ⅰ）. 类似可证结论（ⅱ）、（ⅲ）和（ⅳ）. 证毕.

注　一般，当求十进制数 $a=\overline{a_{n-1}a_{n-2}\cdots a_1a_0}$ $(0\leqslant a_i\leqslant 9)$ 被 m 除的数字特征时，首先求出正整数 k，使得 $10^k\equiv -1$ 或 $1 \pmod m$.

其次，将 $a=\overline{a_{n-1}a_{n-2}\cdots a_1a_0}$ 写成 $a=\overline{a_{k-1}a_{k-2}\cdots a_1a_0}\times 10^0+\overline{a_{2k-1}a_{2k-2}\cdots a_k}\times 10^k+\cdots$ 的形式，最后利用推论 2.1.1 可证得结论.

例 2　求 $2^{2^5}+1$ 被 641 除的余数.

解　依次计算同余式 $2^2\equiv 4, 2^4\equiv 16, 2^8\equiv 256, 2^{16}\equiv 154, 2^{32}\equiv -1 \pmod{641}$. 因此 $2^{2^5}+1\equiv 0 \pmod{641}$，即 $641\mid(2^{2^5}+1)$. 这个结论说明费马数 $F_5=2^{2^5}+1$ 是合数.

注　一个整数模 m 的余数有 m 种可能值，但对于幂次方整数，模 m 的余数的个数则可能大大减少，如，一个完全平方数模 4 同余于 0 或 1，模 8 同余于 0，1 和 4，模 3 同余于 0 或 1，模 5 同余于 0 或 ± 1，一个完全立方数模 9 同余于 0 或 ± 1，一个整数的四次方模 16 同余于 0 或 1. 这些事实构成利用同余知识解（证）问题的一个基本点.

例 3　已知 n 是一个使 $1^3+2^3+3^3+\cdots+n^3$ 不能被 5 整除的自然数，试求：$1^2+2^2+3^2+\cdots+n^2$ 除以 5 的余数.

解　设 $A=1^3+2^3+3^3+\cdots+n^3$，$B=1^2+2^2+3^2+\cdots+n^2$，对任意整数 t，有

$$\sum_{i=1}^{5}(5t+i)^3\equiv\sum_{i=1}^{4}(5t+i)^3\equiv\sum_{i=1}^{4}i^3\equiv 0 \pmod 5$$

$$\sum_{i=1}^{5}(5t+i)^2\equiv\sum_{i=1}^{4}(5t+i)^2\equiv\sum_{i=1}^{4}i^2\equiv 0 \pmod 5$$

而当 $r=1,2,3$ 时，$\sum_{i=1}^{r}(5t+i)^3\equiv\sum_{i=1}^{r}i^3\not\equiv 0 \pmod 5$，因此当 $n=5t+r$（$t\in\mathbf{N}$ 或 $t=0$，$r=1,2,3$）时，A 不能被 5 整除. 对于 $t\in\mathbf{N}$ 或 $t=0$，经计算得，当 $n=5t+1$ 时，$B\equiv 1 \pmod 5$；当 $n=5t+2$ 时，$B\equiv 0 \pmod 5$；当 $n=5t+3$ 时，$B\equiv 4 \pmod 5$.

所以当 n 是使 A 不能被 5 整除的自然数时，B 除以 5 的余数是 1，0，4 之一.

例 4　求 $n=7^{7^7}$ 的个位数字.

解 由于 $7^1\equiv-3, 7^2\equiv-1, 7^4\equiv1 \pmod{10}$，因此，若 $7^7\equiv r \pmod 4$，则

$$n = 7^{7^7} \equiv 7^r \pmod{10} \tag{2.1}$$

由于 $7^7\equiv(-1)^7\equiv-1\equiv3 \pmod 4$，所以，由式(2.1)得

$$n = 7^{7^7} \equiv 7^3 \equiv (-3)^3 \equiv -7 \equiv 3 \pmod{10}$$

即 n 的个位数字是 3.

一般的，求 a^{b^c} 关于模 m 的余数，可按以下步骤进行：

① 求出整数 k，使得 $a^k\equiv1 \pmod m$；(求 k 的目的是为了简化同余式的计算)

② 求出正整数 $r(r<k)$，使得 $b^c\equiv r \pmod k$；

③ 再计算 $a^{b^c}\equiv a^r \pmod m$.

注 在求 a^{b^c} 关于模 m 的余数的第①步中，利用 2.4 节介绍的 Euler 或 Fermat 定理的结论，可以简化求满足 $a^k\equiv1 \pmod m$ 的整数 k 的运算.

例 5 证明：若 $2\nmid a$，n 是正整数，则

$$a^{2^n} \equiv 1 \pmod{2^{n+2}} \tag{2.2}$$

证明 对 n 作数学归纳. 设 $a=2k+1(k\in\mathbf{Z})$，当 $n=1$ 时，有

$$a^2 = (2k+1)^2 = 4k(k+1)+1 \equiv 1 \pmod{2^3}$$

即式(2.2)成立.

假设式(2.2)对于 $n=k$ 成立，则由于

$$a^{2^k} \equiv 1 \pmod{2^{k+2}} \Rightarrow a^{2^k} = 1+q\cdot 2^{k+2} \quad (q\in\mathbf{Z})$$

所以

$$a^{2^{k+1}} = (1+q\cdot 2^{k+2})^2 = 1+Q_1\cdot 2^{k+3} \equiv 1 \pmod{2^{k+3}}$$

其中 Q_1 是某个整数. 这说明式(2.2)对于 $n=k+1$ 也成立. 由归纳原理知，式(2.2)对所有正整数 n 成立. 证毕.

例 6 证明：形如 $8n+7$ 的任何整数都不能表示成三个平方数之和.

证明 反证法. 如果存在某个整数 $k=8n+7(n\in\mathbf{N})$，使之能表示成三个整数 a,b,c 的完全平方数之和，即 $k=a^2+b^2+c^2$，且 $k\equiv7 \pmod 8$，那么必有 $a^2+b^2+c^2\equiv7 \pmod 8$.

下面证明对任何整数 a,b,c，这个同余式不可能成立.

事实上，由于任一整数 n 都可表示成 $n=8m+r\ (r=0,1,\cdots,7)$，经计算易知 $n^2\equiv0,1,4 \pmod 8$. 由此可知对任何整数 a,b,c，有 $a^2+b^2+c^2\equiv0,1,2,3,4,5,6 \pmod 8$，因此 $a^2+b^2+c^2\not\equiv7 \pmod 8$，这与上述结论矛盾. 因而，形如 $8n+7$ 的任何整数都不能表示成三个平方数之和. 证毕.

注 例 6 体现了应用同余方法处理数论问题的一个基本原则：若整数(或整式) $A=B$，则 A 与 B 被任何正整数 $m(m>1)$ 除得的余数必然相同. 因此，若能找到某一整数 $m(m>1)$，使 A 与 B 关于模 m 不同余，则整数(或整式) A 绝不可能等于 B. 因此一般常常根据这一原则，利用同余方法导出某种必要条件或相应的结论.

习题 2.1

1. 求 $s=1^5+2^5+3^5+\cdots+1\,990^5$ 除以 3 的余数.

2. 求 $a=\overline{a_{n-1}a_{n-2}\cdots a_1a_0}$ 被 7 整除的条件,并说明 1 123 456 789 能否被 7 整除.

3. 证明:若 n 是正整数,则 $13\mid(4^{2n+1}+3^{n+2})$.

4. 设 a,b,c,d 为正整数,证明:$a^{4b+d}-a^{4c+d}$ 被 240 整除.

5. 证明:$2\,006\left|\left(\dfrac{2\,005^{2\,007}+2\,007^{2\,005}}{2}\right)\right.$,试将此结论推广并进行证明.

6. 设 $f(x)$ 是整系数多项式,并且 $f(1),f(2),\cdots,f(m)$ 都不能被 m 整除,证明:$f(x)=0$ 没有整数解.

7. 设素数 $p\nmid a,k\geqslant1$,证明:$n^2\equiv an(\bmod\ p^k)$ 成立的充分必要条件是 $n\equiv0(\bmod\ p^k)$ 或 $n\equiv a(\bmod\ p^k)$.

8. 设整数 x,y,z 满足 $(x-y)(y-z)(z-x)=x+y+z$,证明:$27\mid(x+y+z)$.

2.2 完全剩余系

由带余数除法知道,对于给定的正整数 m,可将所有整数按照被 m 除的余数分成 m 类. 本节将对此作进一步研究.

设 m 是一给定的正整数,根据带余数除法,每个整数 a 都可唯一地表示为 $a=qm+r$,其中 $q\in\mathbf{Z}$ 且 $0\leqslant r<m$. 因此,每个整数关于模 m 必与 $0,1,2,3,\cdots,m-1$ 中的一个数同余. 由于 $0,1,2,3,\cdots,m-1$ 关于模 m 两两互不同余,所以每个整数与且只与这 m 个数中的一个同余. 对于整数 i,考虑关于模 m 与 i 同余的整数构成的集合

$$\bar{i}=\{n\mid n\equiv i(\bmod n),\ n\in\mathbf{Z}\}\quad(i=0,1,\cdots,m-1)$$

显然 $\bar{0},\bar{1},\bar{2},\bar{3},\cdots,\overline{m-1}$ 是彼此不相交的 m 个集合,其并集就是全体整数. 于是,全体整数可以按模 m 来分类,由此来建立剩余类及完全剩余系的概念.

定义　上述集合 $\bar{0},\bar{1},\bar{2},\bar{3},\cdots,\overline{m-1}$ 中的每一个都称为**模 m 的剩余类**. 从模 m 的每一个剩余类中任取一个数 $x_i(0\leqslant i\leqslant m-1)$ 组成集合 $\{x_0,x_1,\cdots,x_{m-1}\}$,称该集合是模 m 的一个**完全剩余系**(或简称为**完全系**).

由定义可知,同一剩余类中的任何两个整数关于模 m 互相同余,不同剩余类中的任何两个整数关于模 m 互不同余. 于是有以下定理.

定理 2.2.1　整数集合 M 是模 m 的完全剩余系的充分必要条件是:

(ⅰ) M 中含有 m 个整数;

(ⅱ) M 中任何两个整数对模 m 互不同余.

证明　若集合 M 是模 m 的完全剩余系,由完全剩余系定义可知结论(ⅰ)与(ⅱ)成立;反之,满足结论(ⅰ)与(ⅱ)的一组数必分别来自模 m 的每个不同的剩余类,即 M 构成模 m

的完全剩余系. 证毕.

显然,模 m 的完全剩余系有无穷多个,下面给出几个简单且常用的完全剩余系:

① 模 m 的最小非负完全剩余系为$\{0,1,2,3,\cdots,m-1\}$;

② 模 m 的最小正完全剩余系为$\{1,2,3,\cdots,m\}$;

③ 模 m 的绝对值最小完全剩余系为

$$\left\{-\frac{m-1}{2},\cdots,-2,-1,0,1,2,\cdots,\frac{m-1}{2}\right\}\quad(\text{当 } m \text{ 为奇数})$$

$$\left.\begin{array}{l}\left\{-\dfrac{m}{2}+1,\cdots,-2,-1,0,1,2,\cdots,\dfrac{m}{2}\right\}\\ \left\{-\dfrac{m}{2},\cdots,-2,-1,0,1,2,\cdots,\dfrac{m}{2}-1\right\}\end{array}\right.\quad(\text{当 } m \text{ 为偶数})$$

例如,集合$\{0,6,7,13,24\}$是模 5 的一个完全剩余系,集合$\{-2,-1,0,1,2\}$是模 5 的绝对值最小完全剩余系,集合$\{0,1,2,3,4\}$是模 5 的最小非负完全剩余系.

定理 2.2.2 设 $m\geqslant 1$,a,b 是整数,$(a,m)=1$,$\{x_1,x_2,\cdots,x_m\}$是模 m 的一个完全剩余系,则$\{ax_1+b,ax_2+b,\cdots,ax_m+b\}$也是模 m 的一个完全剩余系.

证明 只须证明:若 $ax_i+b\neq ax_j+b(1\leqslant i,j\leqslant n)$,则 $ax_i+b\not\equiv ax_j+b(\bmod m)(1\leqslant i,j\leqslant n)$. 亦即证明:若$ax_i+b\equiv ax_j+b(\bmod m)$,则 $ax_i+b=ax_j+b(1\leqslant i,j\leqslant m)$.

事实上,若 $ax_i+b\equiv ax_j+b(\bmod m)$,则 $ax_i\equiv ax_j(\bmod m)$. 又$(a,m)=1$,由此及定理 2.1.4 得到 $x_i\equiv x_j(\bmod m)$,由于$\{x_1,x_2,\cdots,x_m\}$是模 m 的一个完全剩余系,因此$x_i=x_j$,故 $ax_i+b=ax_j+b(1\leqslant i,j\leqslant n)$. 因此,定理得证. 证毕.

定理 2.2.3 设 $m_1,m_2\in\mathbf{N}$,$A\in\mathbf{Z}$,$(A,m_1)=1$,又设

$$X=\{x_1,x_2,\cdots,x_{m_1}\},\quad Y=\{y_1,y_2,\cdots,y_{m_2}\}$$

分别是模 m_1 与模 m_2 的完全剩余系,则

$$R=\{Ax+m_1y;x\in X,y\in Y\}\tag{2.3}$$

是模 m_1m_2 的一个完全剩余系.

证明 由定理 2.2.1 知,只须证明:若 $x',x''\in X$,$y',y''\in Y$,且

$$Ax'+m_1y'\equiv Ax''+m_1y''(\bmod m_1m_2)\tag{2.4}$$

则

$$Ax'+m_1y'=Ax''+m_1y''$$

事实上,由定理 2.1.4 及式(2.4),有

$$Ax'\equiv Ax''(\bmod m_1)\Rightarrow x'\equiv x''(\bmod m_1)\Rightarrow x'=x''$$

同理,由上式及式(2.4)推出

$$m_1y'\equiv m_1y''(\bmod m_1m_2)\Rightarrow y'\equiv y''(\bmod m_2)\Rightarrow y'=y''$$

从而 $Ax'+m_1y'=Ax''+m_1y''$. 证毕.

推论 2.2.1 若 $m_1,m_2\in\mathbf{N}$,$(m_1,m_2)=1$,则当 x_1 与 x_2 分别通过模 m_1 与模 m_2 的完全剩余

系时，$m_2x_1+m_1x_2$ 通过模 m_1m_2 的完全剩余系.

证明　在定理 2.2.3 中将条件 $(A,m_1)=1$ 换成 $(m_1,m_2)=1$ 即得结论.

定理 2.2.4　设 $m_i\in\mathbf{N}(1\leqslant i\leqslant n,n\geqslant 2)$，则当 x_i 通过模 $m_i(1\leqslant i\leqslant n)$ 的完全剩余系时，

$$x=x_1+m_1x_2+m_1m_2x_3+\cdots+m_1m_2\cdots m_{n-1}x_n$$

通过模 $m_1m_2\cdots m_n$ 的完全剩余系.

证明　对 n 进行归纳. 当 $n=2$ 时，由定理 2.2.3 知定理结论成立.

假设当 $n=k$ 时定理结论成立，由此可知，当 $x_i(2\leqslant i\leqslant k+1)$ 分别通过模 m_i 的完全剩余系时，

$$y=x_2+m_2x_3+m_2m_3x_4+\cdots+m_2\cdots m_kx_{k+1}$$

就通过模 $m_2m_3\cdots m_{k+1}$ 的完全剩余系. 由定理 2.2.3 知，当 x_1 通过模 m_1 的完全剩余系，$x_i(2\leqslant i\leqslant k+1)$ 通过模 m_i 的完全剩余系时，

$$x_1+m_1y=x_1+m_1(x_2+m_2x_3+\cdots+m_2\cdots m_kx_{k+1})=$$
$$x_1+m_1x_2+m_1m_2x_3+\cdots+m_1m_2\cdots m_kx_{k+1}$$

就通过模 $m_1m_2\cdots m_{k+1}$ 的完全剩余系. 因此，对于 $n=k+1$ 的情形，定理结论也成立.

由归纳原理，对一切的正整数 $n(n\geqslant 2)$，定理结论都成立. 证毕.

定理 2.2.5　设 $m_i\in\mathbf{N},A_i\in\mathbf{Z}(1\leqslant i\leqslant n)$，并且满足：

（ⅰ）$(m_i,m_j)=1(1\leqslant i,j\leqslant n,i\neq j)$；

（ⅱ）$(A_i,m_i)=1(1\leqslant i\leqslant n)$；

（ⅲ）$m_i\mid A_j(1\leqslant i,j\leqslant n,i\neq j)$，

则当 $x_i(1\leqslant i\leqslant n)$ 通过模 m_i 的完全剩余系 X_i 时，$y=A_1x_1+A_2x_2+\cdots+A_nx_n$ 就通过模 $m_1m_2\cdots m_n$ 的完全剩余系.

证明　由定理 2.2.1 知，只须证明：若 $x'_i,x''_i\in X_i(1\leqslant i\leqslant n)$，则由

$$A_1x'_1+\cdots+A_nx'_n\equiv A_1x''_1+\cdots+A_nx''_n\pmod{m_1\cdots m_n}\tag{2.5}$$

可以推出 $A_1x'_1+\cdots+A_nx'_n=A_1x''_1+\cdots+A_nx''_n$.

事实上，由条件（ⅲ）及式(2.5)得，对于任意的 $i(1\leqslant i\leqslant n)$，有 $A_ix'_i\equiv A_ix''_i\pmod{m_i}$. 由此及条件（ⅱ）推得 $x'_i\equiv x''_i\pmod{m_i}$，因此 $x'_i=x''_i(1\leqslant i\leqslant n)$，从而有

$$A_1x'_1+\cdots+A_nx'_n=A_1x''_1+\cdots+A_nx''_n$$

证毕.

例 1　设 $M=\{x_1,x_2,\cdots,x_m\}$ 是模 m 的一个完全剩余系，以 $\{x\}$ 表示 x 的小数部分，证明：若 $(a,m)=1$，则 $\sum\limits_{i=1}^{m}\left\{\dfrac{ax_i+b}{m}\right\}=\dfrac{1}{2}(m-1)$.

证明　由定理 2.2.2 知，当 x 通过模 m 的完全剩余系时，$ax+b$ 也通过模 m 的完全剩余系. 因此，对于任意的 $i(1\leqslant i\leqslant m)$，$ax_i+b$ 与且只与某个整数 $j(0\leqslant j\leqslant m-1)$ 同余，即存在整数 k，使得

$$ax_i + b = km + j \quad (0 \leqslant j \leqslant m-1)$$

从而

$$\sum_{i=1}^{m}\left\{\frac{ax_i+b}{m}\right\} = \sum_{j=0}^{m-1}\left\{k+\frac{j}{m}\right\} = \sum_{j=0}^{m-1}\left\{\frac{j}{m}\right\} = \sum_{j=1}^{m-1}\left\{\frac{j}{m}\right\} = \sum_{j=1}^{m-1}\frac{j}{m} = \frac{m-1}{2}$$

例 2 设 $p\geqslant 5$ 是素数，$a\in\{2,3,\cdots,p-2\}$，则在数列

$$\{a,2a,3a,\cdots,(p-1)a,pa\} \tag{2.6}$$

中有且仅有一个数 b，满足

$$b\equiv 1 \pmod p \tag{2.7}$$

此外，若 $b=ka$，则 $k\neq a$，且 $k\in\{2,3,\cdots,p-2\}$.

证明 因为 $(a,p)=1$，所以由定理 2.2.2 知，式(2.6)中的数构成模 p 的一个完全剩余系，因此必有数 b 满足式(2.7).

设 $b=ka$，那么：

① $k\neq a$，否则由 $b=a^2\equiv 1 \pmod p$，得 $p\mid(a+1)(a-1)$，因此有 $p\mid(a-1)$ 或 $p\mid(a+1)$，从而得 $p\leqslant a-1$ 或 $p\leqslant a+1$，即 $a\geqslant p+1$ 或 $a\geqslant p-1$，这均与 $2\leqslant a\leqslant p-2$ 矛盾；

② $k\neq 1$，否则由 $b=1\cdot a\equiv 1 \pmod p$，得 $p\mid(a-1)$，故 $p\leqslant a-1$，即 $a\geqslant p+1$，这与 $2\leqslant a\leqslant p-2$ 矛盾；

③ $k\neq p-1$，否则由 $b=(p-1)a\equiv 1 \pmod p$，得 $p\mid(a+1)$，即 $p\leqslant a+1$，故 $a\geqslant p-1$，这与 $2\leqslant a\leqslant p-2$ 矛盾.

所以 $k\neq a$，$k\in\{2,3,\cdots,p-2\}$.

如果还存在 $k'(2\leqslant k'\leqslant p-2)$，使得 $b\equiv k'a \pmod p$，则 $k'a\equiv ka \pmod p$. 由于 $(a,p)=1$，所以 $k\equiv k' \pmod p$，从而 $p\mid(k-k')$，这是不可能的. 这就证明了唯一性. 证毕.

例 3 设 p 是素数，证明：$(p-1)!\equiv -1 \pmod p$.

证明 当 $p=2,3$ 时结论显然成立. 不妨设素数 $p\geqslant 5$. 由例 2 容易推出，对于 $2,3,\cdots,p-2$ 中的每个整数 a，都存在唯一的整数 $k(2\leqslant k\leqslant p-2)$，使得

$$ka\equiv 1 \pmod p \tag{2.8}$$

因此，整数 $2,3,\cdots,p-2$ 可以两两配对使得式(2.8)成立. 于是有

$$2\cdot 3\cdot \cdots \cdot (p-2)\equiv 1 \pmod p$$

从而 $(p-1)!=1\cdot 2\cdot 3\cdot\cdots\cdot(p-2)\cdot(p-1)\equiv p-1\equiv -1 \pmod p$.

注 例 3 的结论称为 **Wilson 定理**，其证明过程蕴含了"配对"的思想方法. 在 4.4 节中还给出了 Wilson 定理的另一种证明方法.

例 4 若 $u=0,1,\cdots,p^{s-t}-1$，$v=0,1,\cdots,p^t-1(t\leqslant s)$，证明：$x=u+p^{s-t}v$ 是模 p^s 的一个完全剩余系.

证明 因为 u 通过模 p^{s-t} 的最小非负剩余系共有 p^{s-t} 个整数，v 通过模 p^t 的最小非负剩余系共有 p^t 个整数，所以 $x=u+p^{s-t}v$ 通过 $p^{s-t}\cdot p^t=p^s$ 个整数. 下面只须证明这 p^s 个数中

任何两个数关于模 p^s 互不同余.

当 $s=t$ 时,结论显然成立. 下面不妨设 $s>t$.

设 $u_1+p^{s-t}v_1 \equiv u_2+p^{s-t}v_2 \pmod{p^s}$,其中 $u_i \in \{0,1,\cdots,p^{s-t}-1\}$,$v_i \in \{0,1,\cdots,p^t-1\}$ $(i=1,2)$,则由同余性质知

$$u_1+p^{s-t}v_1 \equiv u_2+p^{s-t}v_2 \pmod{p^{s-t}}$$

因此,$u_1 \equiv u_2 \pmod{p^{s-t}}$,由于 u_1,u_2 是模 p^{s-t} 的最小非负完全剩余系中的数,所以 $u_1=u_2$.

将 $u_1=u_2$ 代入 $u_1+p^{s-t}v_1 \equiv u_2+p^{s-t}v_2 \pmod{p^s}$,得 $p^{s-t}v_1 \equiv p^{s-t}v_2 \pmod{p^s}$,由此得 $v_1 \equiv v_2 \pmod{p^t}$,又 v_1,v_2 是模 p^t 的最小非负完全剩余系中的数,所以 $v_1=v_2$.

因此,$u_1+p^{s-t}v_1=u_2+p^{s-t}v_2$,即这 p^s 个数中任何两个数关于模 p^s 互不同余. 所以 $x=u+p^{s-t}v$ 是模 p^s 的一个完全剩余系.

习题 2.2

1. 写出模 20 的最小非负完全剩余系和绝对最小完全剩余系.
2. 证明:0 和 $2^i(i=0,1,\cdots,9)$ 构成模 11 的完全剩余系.
3. 证明:若 $2p+1$ 是奇素数,则 $(p!)^2+(-1)^p \equiv 0 \pmod{2p+1}$.
4. 证明:若 p 是奇素数,$m=1+2+\cdots+(p-1)$,则 $(p-1)! \equiv (p-1) \pmod{m}$.
5. 证明 Wilson 定理的逆命题:若 $n>1$,并且 $(n-1)! \equiv -1 \pmod{n}$,则 n 是素数.
6. 设 a,m 都是大于 1 的正整数,$(a,m)=1$,证明:$\sum_{x=1}^{m-1}\left[\frac{ax}{m}\right]=\frac{1}{2}(m-1)(a-1)$.
7. 设 $m_1,m_2,\cdots,m_n$ 是两两互素的正整数,$\delta_i(1 \leqslant i \leqslant n)$ 是整数,并且

$$\delta_i \equiv 1 \pmod{m_i} \quad (1 \leqslant i \leqslant n)$$
$$\delta_i \equiv 0 \pmod{m_j} \quad (i \neq j, 1 \leqslant i,j \leqslant n)$$

证明:当 b_i 通过模 $m_i(1 \leqslant i \leqslant n)$ 的完全剩余系时,$b_1\delta_1+b_2\delta_2+\cdots+b_n\delta_n$ 通过模 $m=m_1m_2\cdots m_n$ 的完全剩余系.

8. (1) 证明:任何 11 个连续正整数中,一定有一个数(设为 k)使得 $(k,210)=1$.

(2) 问:任何 11 个连续整数中,与 210 互素的数最多有几个?

2.3 简化剩余系

对于模 m 而言,与 m 互素的整数所组成的集合具有特殊性质. 本节将对这些具有特殊性质的集合进行研究.

定义 设 M 是模 m 的一个剩余类,若有 $a \in M$,使得 $(a,m)=1$,则称 M 是模 m 的一个**简化剩余类**.

如,模 4 的简化剩余类为 $\overline{1}=\{\cdots,-7,-3,1,5,9,\cdots\}$ 和 $\overline{3}=\{\cdots,-5,-1,3,7,11,\cdots\}$.

定义 对于正整数 m,函数 $\varphi(m)$ 的值等于模 m 的所有简化剩余类的个数,称 $\varphi(m)$ 为

Euler 函数.

例如，$\varphi(1)=1,\varphi(2)=1,\varphi(3)=2,\varphi(4)=2,\varphi(7)=6$. 若 p 为素数，则 $\varphi(p)=p-1$.

容易证明，模 m 的一个完全剩余系中与 m 互素的数的个数就是其所有简化剩余类的个数，即 $\varphi(m)$ 就等于模 m 的一个完全剩余系中与 m 互素的数的个数. 特别地，$\varphi(m)$ 就是模 m 的最小非负完全剩余系 $\{0,1,2,\cdots,m-1\}$ 中与 m 互素的数的个数.

定义 对于正整数 m，从模 m 的每个简化剩余类中各取一个数 x_i，构成一个集合 $\{x_1,x_2,\cdots,x_{\varphi(m)}\}$，称为模 m 的一个**简化剩余系**（或称为**既约剩余系**）.

定理 2.3.1 整数集合 M 是模 m 的简化剩余系的充分必要条件是：

（ⅰ）M 中含有 $\varphi(m)$ 个数；

（ⅱ）M 中的任何两个数关于模 m 互不同余；

（ⅲ）M 中的每个数都与 m 互素.

证明 若 M 是模 m 的简化剩余系，由简化剩余系的定义知条件（ⅰ）、（ⅱ）与（ⅲ）显然成立. 反之，满足条件（ⅰ）、（ⅱ）与（ⅲ）的一组数必来自模 m 的每个不同的、与模 m 互素的、$\varphi(m)$ 个简化剩余类，即它构成模 m 的简化剩余系. 证毕.

由于在模 m 的完全剩余系中，所有与 m 互素的整数构成模 m 的简化剩余系，如果该完全剩余系是模 m 的最小非负（绝对最小）完全剩余系，则由此得出模 m 的**最小非负（绝对最小）简化剩余系**. 由于模 m 的简化剩余系的选取方式不同，故模 m 的简化剩余系有无穷多个. 例如，$\{1,3,5,7\}$ 是模 8 的最小非负简化剩余系，$\{1,3,-3,-1\}$ 是模 8 的绝对最小简化剩余系.

定理 2.3.2 设 a 是整数，$(a,m)=1$，$B=\{x_1,x_2,\cdots,x_{\varphi(m)}\}$ 是模 m 的简化剩余系，则集合 $M=\{ax_1,ax_2,\cdots,ax_{\varphi(m)}\}$ 也是模 m 的简化剩余系.

证明 显然集合 M 中有 $\varphi(m)$ 个整数. 由于 $(a,m)=1$，所以，对于任意的 $x_i(1\leqslant i\leqslant\varphi(m))$，$x_i\in B$，有 $(ax_i,m)=(x_i,m)=1$. 因此，M 中的每一个数都与 m 互素.

又 M 中的任何两个不同的数对模 m 互不同余.

事实上，若 $ax'\equiv ax''\pmod m$ $(x',x''\in B)$，则由 $(a,m)=1$，得 $x'\equiv x''\pmod m$，于是 $x'=x''$，从而 $ax'=ax''$. 由此及定理 2.3.1 可知，集合 M 是模 m 的一个简化剩余系. 证毕.

注 在定理 2.3.2 的条件下，若 b 是任意整数，则集合

$$\{ax_1+b,ax_2+b,\cdots,ax_{\varphi(m)}+b\}$$

不一定是模 m 的简化剩余系. 这是简化剩余系与完全剩余系在性质上的一个根本区别.

例如，取 $m=4,a=1,b=1$ 以及模 4 的简化剩余系 $\{1,3\}$，则 $\{a\times1+b,a\times3+b\}=\{2,4\}$，它显然不构成模 4 的简化剩余系.

定理 2.3.3 设 $m_1,m_2\in\mathbf{N}$，$(m_1,m_2)=1$，又设

$$X=\{x_1,x_2,\cdots,x_{\varphi(m_1)}\} \quad 与 \quad Y=\{y_1,y_2,\cdots,y_{\varphi(m_2)}\}$$

分别是模 m_1 与 m_2 的简化剩余系，则

$$H=\{m_1y+m_2x \mid x\in X,y\in Y\}$$

是模 m_1m_2 的简化剩余系.

证明　由推论 2.2.1 知,若以 X' 与 Y' 分别表示模 m_1 与 m_2 的完全剩余系,使得 $X\subset X'$,$Y\subset Y'$,则

$$H' = \{m_1y + m_2x \mid x \in X', y \in Y'\}$$

是模 m_1m_2 的完全剩余系. 因此令 $M=\{H'$中所有与 m_1m_2 互素的整数$\}$,下面只需证明集合 $M=H$. 显然,$H\subseteq H'$.

若 $m_1y+m_2x\in M$,则$(m_1y+m_2x,m_1m_2)=1$,所以 $(m_1y+m_2x,m_1)=1$,于是 $(m_2x,m_1)=1$,又$(m_1,m_2)=1$,故$(x,m_1)=1$,因而 $x\in X$. 同理,可得 $y\in Y$,因此 $m_1y+m_2x\in H$. 这说明 $M\subseteq H$.

又若 $m_1y+m_2x\in H$,则 $x\in X$, $y\in Y$,即$(x,m_1)=1$,$(y,m_2)=1$. 由此及 $(m_1,m_2)=1$ 得到

$$(m_2x + m_1y, m_1) = (m_2x, m_1) = 1$$

以及

$$(m_2x + m_1y, m_2) = (m_1y, m_2) = 1$$

因为 m_1 与 m_2 互素,所以$(m_2x+m_1y,m_1m_2)=1$,于是 $m_2x+m_1y\in M$. 因此 $H\subseteq M$. 综合以上结论,得到 $H=M$. 证毕.

定理 2.3.4　设 $m_1,m_2\in\mathbf{N}$,$(m_1,m_2)=1$,则 $\varphi(m_1m_2)=\varphi(m_1)\varphi(m_2)$.

证明　由定理 2.3.3 知,若 x_1,x_2 分别通过模 m_1,m_2 的简化剩余系,则 $m_2x_1+m_1x_2$ 通过 m_1m_2 的简化剩余系,即 $m_2x_1+m_1x_2$ 通过 $\varphi(m_1m_2)$个整数.

又由于 x_1 通过 $\varphi(m_1)$个整数,x_2 通过 $\varphi(m_2)$个整数,因此 $m_2x_1+m_1x_2$ 通过$\varphi(m_1)\varphi(m_2)$个整数,故 $\varphi(m_1m_2)=\varphi(m_1)\varphi(m_2)$. 证毕.

定理 2.3.5　设 n 是正整数,$p_1,p_2,\cdots,p_k$是 n 的全部素因数,则

$$\varphi(n) = n\left(1-\frac{1}{p_1}\right)\left(1-\frac{1}{p_2}\right)\cdots\left(1-\frac{1}{p_k}\right) = n\prod_{p\mid n}\left(1-\frac{1}{p}\right)$$

证明　设 n 的标准分解式是 $n=\prod\limits_{i=1}^{k}p_i^{\alpha_i}$,由定理 2.3.4 得

$$\varphi(n) = \prod_{i=1}^{k}\varphi(p_i^{\alpha_i}) \tag{2.9}$$

对任意素数 p,$\varphi(p^\alpha)$等于数列 $1,2,\cdots,p^\alpha$中与 p^α(也就是与 p)互素的整数个数,因此

$$\varphi(p^\alpha) = p^\alpha - \left[\frac{p^\alpha}{p}\right] = p^\alpha - p^{\alpha-1} = p^\alpha\left(1-\frac{1}{p}\right)$$

将上式与式(2.9)联合,即证明了定理 2.3.5. 证毕.

由定理 2.3.5 可知,$\varphi(n)=1$ 的充分必要条件是 $n=1$ 或 2.

例 1　设整数 $n\geqslant 2$,证明:$\sum\limits_{\substack{1\leqslant i\leqslant n\\(i,n)=1}} i = \frac{1}{2}n\varphi(n)$,即在数列 $1,2,\cdots,n$ 中,所有与 n 互素的整数之

和是$\frac{1}{2}n\varphi(n)$.

证明 设在 $1,2,\cdots,n$ 中与 n 互素的 $\varphi(n)$ 个整数是

$$a_1,a_2,\cdots,a_{\varphi(n)},(a_i,n)=1\quad(1\leqslant a_i\leqslant n-1,1\leqslant i\leqslant\varphi(n))$$

则 $(n-a_i,n)=1(1\leqslant n-a_i\leqslant n-1,1\leqslant i\leqslant\varphi(n))$,因此,集合 $\{a_1,a_2,\cdots,a_{\varphi(n)}\}$ 与 $\{n-a_1,n-a_2,\cdots,n-a_{\varphi(n)}\}$ 都是由 $1,2,\cdots,n$ 中与 n 互素的整数组成,即这两个集合中的元素完全相同,所以

$$a_1+a_2+\cdots+a_{\varphi(n)}=(n-a_1)+(n-a_2)+\cdots+(n-a_{\varphi(n)})$$

从而
$$2(a_1+a_2+\cdots+a_{\varphi(n)})=n\varphi(n)$$

因此
$$a_1+a_2+\cdots+a_{\varphi(n)}=\frac{1}{2}n\varphi(n)$$

证毕.

注 例 1 的解题过程蕴含了整体化思想方法,通过构造 $1,2,\cdots,n$ 中与 n 互素的整数的集合 $\{a_1,\cdots,a_{\varphi(n)}\}$ 与 $\{n-a_1,\cdots,n-a_{\varphi(n)}\}$,并利用 $\sum_{i=1}^{\varphi(n)}a_i=\sum_{i=1}^{\varphi(n)}(n-a_i)$ 这个整体性质导出所证结论.

例 2 设 n 是正整数,证明:$\sum_{d\mid n}\varphi(d)=n$,此处 $\sum_{d\mid n}$ 是对 n 的所有正约数求和.

证明 将正整数 $1,2,\cdots,n$ 按它们与整数 n 的最大公因数分类,则

$$n=\sum_{i=1}^{n}1=\sum_{d\mid n}\sum_{\substack{(i,n)=d\\1\leqslant i\leqslant n}}1=\sum_{d\mid n}\sum_{\substack{\left(\frac{i}{d},\frac{n}{d}\right)=1\\1\leqslant\frac{i}{d}\leqslant\frac{n}{d}}}1=\sum_{d\mid n}\varphi\left(\frac{n}{d}\right)=\sum_{d\mid n}\varphi(d)$$

例 3 证明:若 $m,n\in\mathbf{N}$,则 $\varphi(mn)=(m,n)\varphi([m,n])$.

证明 显然 mn 与 $[m,n]$ 有相同的素因数,设它们是 $p_i(1\leqslant i\leqslant k)$,则

$$\varphi(mn)=mn\left(1-\frac{1}{p_1}\right)\left(1-\frac{1}{p_2}\right)\cdots\left(1-\frac{1}{p_k}\right)$$

$$\varphi([m,n])=[m,n]\left(1-\frac{1}{p_1}\right)\left(1-\frac{1}{p_2}\right)\cdots\left(1-\frac{1}{p_k}\right)$$

由此两式及 $mn=(m,n)[m,n]$ 即可得证. 证毕.

习题 2.3

1. 写出模 20 的最小非负简化剩余系和绝对最小简化剩余系.

2. 计算 $\varphi(1\,000)$ 和 $\varphi(9\,450)$ 的值.

3. 设 $m_1,m_2,\cdots,m_n$ 是两两互素的正整数,x_i 分别通过模 m_i 的简化剩余系 $m=m_1m_2\cdots m_n$,$M_i=\frac{m}{m_i}$,其中 $1\leqslant i\leqslant n$,证明:$M_1x_1+M_2x_2+\cdots+M_nx_n$ 通过模 m 的简化剩余系.

4. 设 $m>1$，$(a,m)=1$，$x_1,x_2,\cdots,x_{\varphi(m)}$ 是模 m 的简化剩余系，证明：$\sum_{i=1}^{\varphi(m)}\left\{\frac{ax_i}{m}\right\}=\frac{1}{2}\varphi(m)$，其中 $\{x\}$ 表示 x 的小数部分.

5. 设 m 与 n 是正整数，证明：$\varphi(mn)\varphi((m,n))=(m,n)\varphi(m)\varphi(n)$.

6. 设 a,b 是任意给定的正整数，证明：存在无穷多对正整数 m 与 n，使得

$$a\varphi(m)=b\varphi(n)$$

7. 设 n 是正整数，证明：

(1) $\varphi(n)>\frac{1}{2}\sqrt{n}$；　　　　(2) 若 n 是合数，则 $\varphi(n)\leqslant n-\sqrt{n}$.

2.4　欧拉定理与费马小定理

本节介绍欧拉(Euler)定理和费马(Fermat)小定理，它们在初等数论中有着非常广泛的应用.

定理 2.4.1(Euler 定理)　设 m 是正整数，且 $(a,m)=1$，则

$$a^{\varphi(m)}\equiv 1(\bmod m)$$

证明　根据定理 2.3.2，设 $\{x_1,x_2,\cdots,x_{\varphi(m)}\}$ 是模 m 的一个简化剩余系，由于 $(a,m)=1$，故 $\{ax_1,ax_2,\cdots,ax_{\varphi(m)}\}$ 也是模 m 的简化剩余系，因此

$$ax_1ax_2\cdots ax_{\varphi(m)}\equiv x_1x_2\cdots x_{\varphi(m)}(\bmod m)$$

即

$$a^{\varphi(m)}x_1x_2\cdots x_{\varphi(m)}\equiv x_1x_2\cdots x_{\varphi(m)}(\bmod m)\tag{2.10}$$

由于 $(x_1x_2\cdots x_{\varphi(m)},m)=1$，所以由式(2.10)得出 $a^{\varphi(m)}\equiv 1(\bmod m)$. 证毕.

注　欧拉定理的证明是运用整体化思想方法的典范. 由于模 m 的任意两个简化剩余系 $\{a_1,\cdots,a_{\varphi(m)}\}$ 与 $\{b_1,\cdots,b_{\varphi(m)}\}$ 具有整体性质 $\prod_{i=1}^{\varphi(m)}a_i\equiv\prod_{i=1}^{\varphi(m)}b_i(\bmod m)$，而欧拉非常巧妙地运用这个性质证得了定理. 另外，欧拉定理的逆命题不成立，请读者自己举例说明.

当 p 是素数时，由欧拉定理可推出费马小定理.

定理 2.4.2(Fermat 小定理)　设 p 是素数，若 a 是与 p 互素的任一整数，则 $a^{p-1}\equiv 1(\bmod p)$，从而对任意整数 a 有 $a^p\equiv a\ (\bmod p)$.

证明　对任意整数 a，若 $(a,p)=1$，则由 Euler 定理得到 $a^{p-1}\equiv 1(\bmod p)$. 于是对任意整数 a 有 $a^p\equiv a(\bmod p)$.

若 $(a,p)>1$，则 $p\mid a$，当然也有 $a^p\equiv 0\equiv a(\bmod p)$. 证毕.

例 1　设 $\{x_1,x_2,\cdots,x_{\varphi(m)}\}$ 是模 m 的简化剩余系，证明：$(x_1x_2\cdots x_{\varphi(m)})^2\equiv 1\ (\bmod m)$.

证明　令 $P=x_1x_2\cdots x_{\varphi(m)}$，则 $(P,m)=1$. 又令 $y_i=\frac{P}{x_i}(1\leqslant i\leqslant\varphi(m))$，则易证 $\{y_1,y_2,\cdots,y_{\varphi(m)}\}$

也是模 m 的简化剩余系，因此 $\prod_{i=1}^{\varphi(m)} x_i \equiv \prod_{i=1}^{\varphi(m)} \frac{P}{x_i} \pmod m$，再由 Euler 定理推出$P^2 \equiv P^{\varphi(m)} \equiv 1 \pmod m$. 证毕.

例 2 设$(a,m)=1$，d_0是使 $a^d \equiv 1 \pmod m$成立的最小正整数，证明：

① $d_0 \mid \varphi(m)$；

② 对于任意的 $i,j(0\leqslant i,j\leqslant d_0-1,i\neq j)$，有

$$a^i \not\equiv a^j \pmod m \tag{2.11}$$

证明 ① 由 Euler 定理，$d_0\leqslant\varphi(m)$，因此，由带余数除法，有

$$\varphi(m) = qd_0 + r \quad (q\in\mathbf{Z}, q>0, 0\leqslant r<d_0)$$

因此，由上式及 d_0的定义，利用 Euler 定理得

$$1 \equiv a^{\varphi(m)} = a^{qd_0+r} \equiv a^r \pmod m$$

即整数 r 满足 $a^r\equiv 1 \pmod m (0\leqslant r<d_0)$. 由 d_0的定义可知必有 $r=0$，即 $d_0 \mid \varphi(m)$.

② 反证法. 若式(2.11)不成立，则存在 $i,j(0\leqslant i,j\leqslant d_0-1,i\neq j)$，使得 $a^i\equiv a^j \pmod m$，不妨设 $i>j$. 因为$(a,m)=1$，所以 $a^{i-j}\equiv 1 \pmod m (0<i-j<d_0)$. 这与 d_0 的定义矛盾，所以式(2.11)必成立.

例 3 设 a,b,c,m 是正整数，$m>1$，$(b,m)=1$，并且

$$b^a \equiv 1 \pmod m,\quad b^c \equiv 1 \pmod m \tag{2.12}$$

记 $d=(a,c)$，证明：$b^d\equiv 1 \pmod m$.

证明 由于 $d=(a,c)$，利用辗转相除法可以求出整数 x,y，使得 $ax+cy=d$；由于 a,c 是正整数，则 $xy<0$. 事实上，若 $xy>0$，则由于 $x>0,y>0$，有 $d=ax+cy\geqslant a+c>d$，矛盾. 同理，若 $x<0,y<0$，有 $d=ax+cy\leqslant -(a+c)<0$，与 $d=(a,c)\geqslant 1$ 矛盾. 从而必有 $xy<0$.

若 $x>0,y<0$，由式(2.12)知

$$1 \equiv b^{ax} = b^{d-cy} = b^d b^{-cy} = b^d (b^c)^{-y} \equiv b^d \pmod m$$

若 $x<0,y>0$，由式(2.12)知

$$1 \equiv b^{cy} = b^{d-ax} = b^d b^{-ax} = b^d (b^a)^{-x} \equiv b^d \pmod m$$

例 4 设 p 是素数，$p\mid(b^n-1)$，$n\in\mathbf{N}$，则下面的两个结论中至少有一个成立：

（ⅰ）$p\mid(b^d-1)$ 对于 n 的某个因数 $d<n$ 成立；

（ⅱ）$p\equiv 1 \pmod n$，又若 $2\nmid n, p>2$，则 $p\equiv 1 \pmod{2n}$.

证明 记 $d=(n,p-1)$，由 $b^n\equiv 1 \pmod p$，知$(b,p)=1$，由费马小定理有 $b^{p-1}\equiv 1 \pmod p$，由此及例 3，有 $b^d\equiv 1 \pmod p$.

若 $d<n$，则结论（ⅰ）得证.

若 $d=n$，则 $n\mid(p-1)$，即 $p\equiv 1 \pmod n$. 又若 $2\nmid n, p>2$，则 $p\equiv 1 \pmod 2$. 由此及结论 $p\equiv 1 \pmod n$，得 $p\equiv 1 \pmod{2n}$. 结论（ⅱ）得证. 证毕.

注 例 4 提供了一个求 b^n-1 的素因数的实用方法，即 b^n-1 的素因数 p 是 b^d-1（当 $d\mid n$

时)的素因数,或者是形如 $kn+1$ 的数(当 $2\nmid n, p>2$ 时,是形如 $2kn+1$ 的数).

例 5　将 $2^{11}-1=2\ 047$ 分解为素因数之积.

解　由 $2\nmid n=11$ 及例 4 得,若素数 $p\mid(2^{11}-1)$,则 $p\equiv1\pmod{22}$,因此素数 p 只能在数列 23,67,…,$22k+1$,…中取值,又 $\sqrt{2\ 047}<46$,逐个用其中不超过 46 的素数去除2 047,得到 $23\mid 2\ 047$,故 $2\ 047=23\times89$.

例 6　设 n 是正整数,记 $F_n=2^{2^n}+1$,证明:$2^{F_n}\equiv2\pmod{F_n}$.

证明　容易验证,当 $n\leqslant4$ 时 F_n 是素数,所以,由 Fermat 小定理可知结论显然成立.

当 $n\geqslant5$ 时,有 $n+1<2^n$,故 $2^{n+1}\mid 2^{2^n}$. 令 $2^{2^n}=k\times2^{n+1}(k\in\mathbf{N})$,则

$$2^{F_n}-2=2^{2^{2^n}+1}-2=2(2^{2^{2^n}}-1)=2(2^{k\cdot2^{n+1}}-1)=$$

$$2((2^{2^{n+1}})^k-1)=2Q_1(2^{2^{n+1}}-1)=Q_2(2^{2^n}+1)\quad(\text{其中 } Q_1,Q_2\in\mathbf{Z})$$

由上式即得 $2^{F_n}\equiv2\pmod{F_n}$. 证毕.

注　已经知道,F_5 是合数,因此例 6 说明,一般的,Fermat 小定理的逆命题不成立,即如果有整数 a,且 $(a,n)=1$,使得 $a^{n-1}\equiv1\pmod n$ 成立,并不能保证 n 是素数. 本节习题第 5 题说明,即使所有与 n 互素的整数都满足 $a^{n-1}\equiv1\pmod n$,也不能保证 n 是素数.

习题 2.4

1. 求所有满足下列条件的正整数 n:

(1) $2^n\equiv-1\pmod 3$;　　(2) $2^n\equiv1\pmod 5$;

(3) $1^n+2^n+3^n+4^n\equiv0\pmod 5$.

2. 如果今天是星期一,那么从今天起再过 $10^{10^{10}}$ 天是星期几?

3. 证明:对于任何正整数 n,2^n+1 不是 7 的倍数.

4. 证明:数列 1,31,331,3 331,…中有无穷多个合数.

5. 证明:对于任意整数 a,$(a,561)=1$,都有 $a^{560}\equiv1\pmod{561}$,但 561 是合数.

6. (1) 设 p,q 是两个不同的素数,证明:$p^{q-1}+q^{p-1}\equiv1\pmod{pq}$.

(2) 设 m,n 为正整数,$(m,n)=1$,证明:$m^{\varphi(n)}+n^{\varphi(m)}\equiv1\pmod{mn}$.

7. 设 p 是给定的素数,证明:数列 $\{2^n-n\}(n\geqslant1)$ 中有无穷多项被 p 整除.

2.5* 数论函数

定义在整数集合上的函数,称为**数论函数**(或**算术函数**). 但是,通常数论函数是指那些在整数或正整数集合上有意义的函数,或者只与数论研究有关的函数,它们的取值通常是整数. 许多数论或组合数学中的问题都可化为数论函数来解决,研究这些数论函数的性质是数论的一个重要内容. 本节讨论一些重要的数论函数及其基本性质.

下面是一些重要的数论函数的例子.

例 1 恒等于 1 的函数 U 是数论函数,即对于每个正整数 n,$U(n)=1$.

例 2 欧拉函数 $\varphi(n)$是数论函数,其中 $\varphi(1)=1,\varphi(2)=1,\varphi(3)=\varphi(4)=2,\varphi(5)=4,\cdots$.

例 3 $I(n)=\left[\dfrac{1}{n}\right]=\begin{cases}1, & n=1\\ 0, & n\geqslant 2\end{cases}$ 也是数论函数.

定义 设 $f(n)$是定义在整数集合 A 上的函数,若

$$f(mn)=f(m)f(n) \tag{2.13}$$

对所有的整数 $m,n\in A,(m,n)=1$ 成立,则称 $f(n)$是**A 上的积性函数**. 在不引起误会的情况下,简称为**积性函数**.

如果式(2.13)对于 A 中的任何 m,n 都成立,则称 $f(n)$是**A 上的完全积性函数**,简称为**完全积性函数**.

以下,总假定 A 是由全体正整数组成的集合,即 $A=\mathbf{N}$.

从以上定义知道,$U(n),I(n)$显然都是完全积性函数. 而欧拉函数 $\varphi(n)$是积性函数,但不是完全积性函数. 事实上,由定理 2.3.4 知道,$\varphi(n)$是积性函数,又由

$$2=\varphi(4)\neq\varphi(2)\varphi(2)=1$$

可知,$\varphi(n)$不是完全积性函数.

例 4 以 $d(n)$表示正整数 n 的正约数的个数,则 $d(n)$是积性函数,但不是完全积性函数.(证明留作习题)

例 5 麦比乌斯(Möbius)函数定义为

$$\mu(n)=\begin{cases}1, & \text{当 } n=1\\ (-1)^r, & \text{当 } n=p_1p_2\cdots p_r\text{,其中 } p_1,p_2,\cdots,p_r\text{ 是互异的素数}\\ 0, & \text{其他情形}\end{cases}$$

证明:麦比乌斯函数是积性函数,但不是完全积性函数.

证明 设 m,n 为正整数,$(m,n)=1$,如果 $m=1$,则

$$\mu(mn)=\mu(n)=\mu(n)\cdot 1=\mu(1)\cdot\mu(n)=\mu(m)\mu(n)$$

同理,当 $n=1$ 时,也有 $\mu(mn)=\mu(m)\mu(n)$.

如果 $m>1,n>1$,令 $m=p_1^{\alpha_1}\cdots p_t^{\alpha_t},n=q_1^{\beta_1}\cdots q_k^{\beta_k}$ 分别是 m,n 的标准分解式,其中 $p_1,\cdots,p_t$ 和 $q_1,\cdots,q_k$ 都是不同的素数,$\alpha_i\geqslant 1,\beta_j\geqslant 1(i=1,\cdots,t;j=1,\cdots,k)$. 由于$(m,n)=1$,故 p_i,q_j 是彼此不同的素数. 如果 $\alpha_i\geqslant 2$,或者 $\beta_j\geqslant 2$,则根据定义有 $\mu(mn)=0=\mu(m)\mu(n)$. 如果 $\alpha_i=\beta_j=1(1\leqslant i\leqslant t,1\leqslant j\leqslant k)$,则 $\mu(mn)=(-1)^{t+k}=(-1)^t(-1)^k=\mu(m)\mu(n)$. 这说明 $\mu(n)$是积性函数. 又容易看出 $1=\mu(2)\mu(2)\neq\mu(4)=0$,故 $\mu(n)$不是完全积性函数.

麦比乌斯函数在数论中起着重要的作用.

定理 2.5.1 设函数 $f(n)$是不恒等于零的数论函数,则 $f(n)$是积性函数的充分必要条件是 $f(1)=1$,并且对任意的 $n\in\mathbf{N},n>1$,有

$$f(p_1^{\alpha_1}p_2^{\alpha_2}\cdots p_k^{\alpha_k})=f(p_1^{\alpha_1})f(p_2^{\alpha_2})\cdots f(p_k^{\alpha_k}) \tag{2.14}$$

其中 $n=p_1^{\alpha_1}p_2^{\alpha_2}\cdots p_k^{\alpha_k}$ 是 n 的标准分解式.

证明　**必要性**　若 $f(n)$是不恒等于零的积性函数,则有某个 $n_0\in\mathbf{N}$,使得 $f(n_0)\neq 0$,于是有 $f(n_0)=f(1)f(n_0)$,所以 $f(1)=1$. 由积性函数的性质可知式(2.14)成立.

充分性　设 $m\in\mathbf{N},n\in\mathbf{N},(m,n)=1$,若 m 与 n 中有一个为 1 或全为 1,则由 $f(1)=1$ 易知式(2.13)成立. 若 $m>1,n>1$,设 m 与 n 的标准分解式分别是

$$m=p_1^{\alpha_1}p_2^{\alpha_2}\cdots p_k^{\alpha_k}\quad 与 \quad n=q_1^{\beta_1}q_2^{\beta_2}\cdots q_r^{\beta_r}$$

其中 $p_i(1\leqslant i\leqslant k)$与 $q_j(1\leqslant j\leqslant r)$是互不相同的素数,则由式(2.14)得到

$$\begin{aligned}f(mn)=&f(p_1^{\alpha_1}p_2^{\alpha_2}\cdots p_k^{\alpha_k}q_1^{\beta_1}q_2^{\beta_2}\cdots q_r^{\beta_r})=\\&f(p_1^{\alpha_1})f(p_2^{\alpha_2})\cdots f(p_k^{\alpha_k})f(q_1^{\beta_1})f(q_2^{\beta_2})\cdots f(q_r^{\beta_r})=\\&f(m)f(n)\end{aligned}$$

即 $f(n)$是积性函数. 证毕.

定理 2.5.2　设函数 $f(n)$是不恒为零的数论函数,则 $f(n)$是完全积性函数的充分必要条件是 $f(1)=1$,并且对任意的 $n\in\mathbf{N},n>1$,有

$$f(p_1^{\alpha_1}p_2^{\alpha_2}\cdots p_k^{\alpha_k})=f(p_1)^{\alpha_1}f(p_2)^{\alpha_2}\cdots f(p_k)^{\alpha_k}$$

其中 $n=p_1^{\alpha_1}p_2^{\alpha_2}\cdots p_k^{\alpha_k}$ 是 n 的标准分解式.

证明　留作习题.

定义　设 $f(n)$是数论函数,称函数

$$F(n)=\sum_{d\mid n}f(d)\quad(n\in\mathbf{N})\tag{2.15}$$

是 $f(n)$的**Möbius 变换**,$f(n)$是 $F(n)$的**Möbius 逆变换**,其中 $\sum\limits_{d\mid n}$ 表示对 n 的所有正约数 d 求和.

例如,取 $f(n)=1$,则 $F(n)=\sum\limits_{d\mid n}1=d(n)$(其中 $d(n)$ 表示正整数 n 的正约数的个数);取 $f(n)=n$,则 $F(n)=\sum\limits_{d\mid n}d$ 是正整数 n 的所有正约数 d 之和,通常记为 $\sigma(n)$.

以下用 $n=\prod\limits_{i=1}^{k}p_i^{\alpha_i}$ 或 $n=p_1^{\alpha_1}p_2^{\alpha_2}\cdots p_k^{\alpha_k}$ 表示正整数 n 的标准分解式.

定理 2.5.3　(ⅰ) 设 $F(n)$是 $f(n)$的 Möbius 变换,则

$$F(n)=\sum_{i_1=0}^{\alpha_1}\cdots\sum_{i_k=0}^{\alpha_k}f(p_1^{i_1}\cdots p_k^{i_k})$$

(ⅱ) 设 $F(n)$是积性函数 $f(n)$的 Möbius 变换,则

$$F(n)=\sum_{i_1=0}^{\alpha_1}f(p_1^{i_1})\cdots\sum_{i_k=0}^{\alpha_k}f(p_k^{i_k})=\prod_{i=1}^{k}(1+f(p_i)+\cdots+f(p_i^{\alpha_i}))$$

从而 $F(n)$也是积性函数.

证明 因为 n 的正约数具有 $p_1^{i_1}p_2^{i_2}\cdots p_k^{i_k}(0\leqslant i_1\leqslant\alpha_1,0\leqslant i_2\leqslant\alpha_2,\cdots,0\leqslant i_k\leqslant\alpha_k)$ 的形式，所以结论（ⅰ）成立. 由结论（ⅰ）与定理 2.5.1 推出结论（ⅱ）. 证毕.

定理 2.5.4 对任意正整数 n，有

$$\sum_{d\mid n}\mu(d)=\begin{cases}1, & n=1\\ 0, & \text{其他情形}\end{cases}$$

证明 由于 $\mu(n)$ 是积性函数，因此，由 $\mu(n)$ 的定义及定理 2.5.3 得到

$$\sum_{d\mid n}\mu(d)=\prod_{p^\alpha\parallel n}(1+\mu(p)+\mu(p^2)+\cdots+\mu(p^\alpha))=\prod_{p\mid n}(1+\mu(p))$$

其中 $p^\alpha\parallel n$ 表示 $p^\alpha\mid n$，同时 $p^{\alpha+1}\nmid n$. 由上式即可得出定理结论. 证毕.

定理 2.5.5 设 $f(n)$ 是数论函数，则式(2.15)与

$$f(n)=\sum_{d\mid n}\mu(d)F\left(\frac{n}{d}\right)\quad(n\in\mathbf{N})\tag{2.16}$$

是等价的.

证明 若式(2.15)成立，则

$$\sum_{d\mid n}\mu(d)F\left(\frac{n}{d}\right)=\sum_{d\mid n}\mu(d)\sum_{m\mid\frac{n}{d}}f(m)=\sum_{d\mid n}\mu(d)\sum_{md\mid n}f(m)=\sum_{m\mid n}f(m)\sum_{d\mid\frac{n}{m}}\mu(d)$$

由定理 2.5.4 知道，上式右端等于 $f(n)$，即式(2.16)成立.

若式(2.16)成立，则

$$\sum_{d\mid n}f(d)=\sum_{d\mid n}\sum_{m\mid d}\mu(m)F\left(\frac{d}{m}\right)=\sum_{m\mid n}\mu(m)\sum_{m\mid d,d\mid n}F\left(\frac{d}{m}\right)$$

在第二个和式即 $\sum\limits_{m\mid n}\mu(m)\sum\limits_{m\mid d,d\mid n}F\left(\frac{d}{m}\right)$ 中，令 $d=mk$，则上式成为

$$\sum_{d\mid n}f(d)=\sum_{m\mid n}\mu(m)\sum_{mk\mid n}F(k)=\sum_{m\mid n}\mu(m)\sum_{k\mid\frac{n}{m}}F(k)=\sum_{k\mid n}F(k)\sum_{m\mid\frac{n}{k}}\mu(m)=F(n)$$

证毕.

例 6 对于正整数 n，以 $\sigma(n)$ 表示 n 的所有正约数之和，即 $\sigma(n)=\sum\limits_{d\mid n}d$. 若 n 的标准分解式是 $n=p_1^{\alpha_1}p_2^{\alpha_2}\cdots p_k^{\alpha_k}$，证明：

$$\sigma(n)=\prod_{i=1}^{k}\frac{p_i^{\alpha_i+1}-1}{p_i-1}\tag{2.17}$$

证明 由定理 2.5.3 知，$\sigma(n)$ 是积性函数，并且

$$\sigma(n)=\prod_{i=1}^{k}(1+p_i+p_i^2+\cdots+p_i^{\alpha_i})\tag{2.18}$$

对于固定的 p^α，有 $\sigma(p^\alpha)=1+p+p^2+\cdots p^\alpha=\dfrac{p^{\alpha+1}-1}{p-1}$，由此式及式(2.18)得到式(2.17).

例 7　求$\frac{\mu^2(n)}{\varphi(n)}$的 Möbius 变换.

解　设 n 的标准分解式是 $n=p_1^{\alpha_1}p_2^{\alpha_2}\cdots p_k^{\alpha_k}$，则由 $\mu(n)$的定义及定理 2.5.3，得到

$$F(n)=\sum_{d|n}\frac{\mu^2(d)}{\varphi(d)}=\prod_{i=1}^{k}\left(1+\frac{\mu^2(p_i)}{\varphi(p_i)}+\cdots+\frac{\mu^2(p_i^{\alpha_i})}{\varphi(p_i^{\alpha_i})}\right)=$$

$$\prod_{i=1}^{k}\left(1+\frac{1}{\varphi(p_i)}\right)=\prod_{i=1}^{k}\left(1+\frac{1}{p_i-1}\right)=$$

$$\prod_{i=1}^{k}\frac{p_i}{p_i-1}=\prod_{i=1}^{k}\frac{p_i^{\alpha_i}}{p_i^{\alpha_i-1}(p_i-1)}=\frac{n}{\varphi(n)}$$

习题 2.5

1. 证明例 4 的结论.

2. 证明定理 2.5.2.

3. 求 $\sum_{d|n}\frac{1}{d}$.

4. 设 $f(n)$是积性函数，证明：

(1) $\sum_{d|n}\mu(d)f(d)=\prod_{p|n}(1-f(p))$；　　(2) $\sum_{d|n}\mu^2(d)f(d)=\prod_{p|n}(1+f(p))$.

5. 求 $\varphi(n)$的 Möbius 变换.

本章小结

1. 基本概念

本章基本概念主要包括：同余、同余式、剩余类、完全剩余系与简化剩余系、欧拉函数和数论函数.

2. 主要定理或结论

本章主要定理是：

① 同余式的性质(定理 2.1.1、定理 2.1.2、定理 2.1.3、定理 2.1.4)；

② 模 m 的完全剩余系性质(定理 2.2.1、定理 2.2.2、定理 2.2.3、定理 2.3.4)；

③ 模 m 的简化剩余系性质(定理 2.3.1、定理 2.3.2、定理 2.3.3)；

④ 欧拉定理、费马小定理、Wilson 定理(2.2 节例 3)；

⑤ 数论函数的性质(定理 2.5.1、定理 2.5.2、定理 2.5.3 等).

3. 重要方法

(1) 同余方法

同余是初等数论特有的思想方法，同余式 $ax\equiv b(\bmod m)$实质上是一般的带余数除法

$a=qm+b$,若此式成立,那么,在讨论一个整数 a 是否被 m 整除的问题时,完全可以用 b 代替 a,而其中的部分商 q 不起作用. 同余式中保留了 b,突出了 a 与 b 在讨论被 m 整除的问题中两者所起的作用相同. 由于同余式有许多类似于等式的性质,因此,在讨论整除问题中应用同余式的符号确实比整除符号更简洁和有效. 又因为 $a\equiv b(\bmod m)\Leftrightarrow m\mid(a-b)$,因此 $a\equiv 0(\bmod m)\Leftrightarrow m\mid a$,从而整除问题与同余问题可以相互等价化归.

(2) 剩余类方法

把整数集合按模 m 的同余关系(这是一个等价关系)分成 m 个集合,每一个集合都是模 m 的一个剩余类. 由于每一个剩余类中的数关于模 m 都是同余的,这种分类方法使得对全体整数的研究可化归为关于模 m 的 m 个剩余类的研究(实际上,这 m 个剩余类关于模 m 的加法和乘法运算构成一个环 $Z_m=\{\overline{0},\overline{1},\cdots,\overline{m-1}\}$;当 m 为素数 p 时,$Z_p=\{\overline{0},\overline{1},\cdots,\overline{p-1}\}$ 关于模 p 的加法和乘法运算构成一个域(有限域),它们为后续的抽象代数课程提供了具体模型).

(3) 完全剩余系和简化剩余系方法

模 m 的一个完全剩余系就是在模 m 的每一个剩余类中取定一个数作代表所构成的一个集合. 在某些场合下,一个完全剩余系实际上就代表着 m 个剩余类,但完全剩余系的构造显然简单得多;模 m 的一个简化剩余系实质上就是在与模 m 互素的每一个剩余类中取定一个数作代表得到的集合,也即由模 m 的一个完全剩余系中所有与模 m 互素的数构成. 因此简化剩余系突出了互素关系在研究整数问题中的独特作用.

注 剩余类方法、完全剩余系和简化剩余系方法都体现了化归的思想.

(4) 产生模 m 的完全剩余系的方法

方法包括:

① 直接根据完全剩余系的定义或定理 2.2.1 产生.

② 利用原有的完全剩余系及定理 2.2.2(或者定理 2.2.3、定理 2.2.4 及定理 2.2.5)来构造一个符合条件的新完全剩余系.

(5) 产生模 m 的简化剩余系的方法

方法包括:

① 利用简化剩余系的定义或定理 2.3.1 产生.

② 利用原有的简化剩余系及定理 2.3.2(或定理 2.3.3)构造一个符合条件的新简化剩余系.

③ 当模 m 的原根 g 存在时,$g^0=1,g^1,\cdots,g^{\varphi(m)-1}$ 构成模 m 的一个简化剩余系(详见第 6 章).

本章主要蕴含了整体化思想、配对思想及化归思想方法. 欧拉定理的证明虽然十分简单,但它揭示了重要的数学思想——整体化思想. 整体化思想就是把单个对象始终放在整体对象构成的系统中加以考察,通过系统对象之间的整体联系或整体特征,寻求原问题的解决途径. 欧拉定理的证明依赖于模 m 的简化剩余系的整体性质,即“若 $r_1,r_2,\cdots,r_{\varphi(m)}$ 是模 m 的简化剩余系，$(a,m)=1$，则 $ar_1, ar_2, \cdots, ar_{\varphi(m)}$ 也是模 m 的简化剩余系，且模 m 的任一简化剩余系中所有数的乘积与 $r_1 \cdot r_2 \cdot \cdots \cdot r_{\varphi(m)}$ 关于模 m 同余”．类似地，“若 $a_1, a_2, \cdots, a_m$ 为模 m 的完全剩余系，则 a_i 与且只与某一个 $i(1 \leqslant i \leqslant m)$ 同余”，由此可得到完全剩余系的整体性质：$\sum\limits_{i=1}^{m} a_i^k = \sum\limits_{i=1}^{m} i^k \pmod m$ $(k \in \mathbf{N})$.

Wilson 定理证明过程蕴涵了“配对”的思想．配对思想就是将整体对象中满足某种特性的对象进行组合配对，再利用配对后的特性解决原问题．初等数论中有许多配对的情形存在，如，① 若 $(a,m)=1(1 \leqslant a \leqslant m-1)$，则 $(m-a,m)=1$，故 a 与 $m-a$ 属于模 m 的同一简化剩余系，且 $\{a\}$ 与 $\{m-a\}$ 这两个集合中的元素相同；② 若 d 是正整数 n 的正因数，则 d 与 $\dfrac{n}{d}$ 同为正整数 n 的正因数，且 $\{d\}$ 与 $\left\{\dfrac{n}{d}\right\}$ 构成的集合相同；③ 若 $p \equiv 1 \pmod 4$，则 r 与 $p-r$ 同为模 p 的二次剩余或同为模 p 的二次非剩余(详见第 5 章).

值得注意的是，配对思想方法实质上是通过配对把局部补成整体的一种方法，因此，也可以说是整体化思想的一种变形．数论解题中运用整体化的思想方法较为普遍，体现了数论解题思维的灵活性．利用整体化思想或配对思想，可以另辟蹊径，获得巧妙简捷的解(证)题效果.

第3章 不定方程

不定方程是初等数论中的一个重要内容和课题. 古希腊数学家丢番图(Diophantus)于公元3世纪初就研究过它,故不定方程又叫丢番图方程. 本章首先讨论二元一次不定方程有整数解的条件和解法,进而讨论 n 元一次不定方程、费马方程和某些特殊不定方程的解法.

本章重点掌握二元一次不定方程、多元一次不定方程、费马方程 $x^2+y^2=z^2$ 有整数解的条件及一般求解方法,理解费马大定理的含义及费马无穷递降法,灵活运用数论知识求解(证)某些特殊的不定方程.

3.1 二元一次不定方程

所谓不定方程,指未知数的个数多于方程个数,且其解的取值范围受到某些限制(如整数、正整数和有理数等)的方程(组). 为了更好地理解不定方程,先考虑一个从古老问题演变而来的问题.

一只箱子中有若干只蜜蜂和蜘蛛,它们共有46只脚,问其中蜜蜂和蜘蛛各多少只?

如果设箱子中蜜蜂、蜘蛛数分别为 x,y 只,则依题意得

$$6x+8y=46 \tag{3.1}$$

这一方程有无限多组解,但是,符合题意的 x 和 y 只能是取正整数的解.

在介绍一般不定方程的求解之前,先尝试解决如上给出的蜜蜂和蜘蛛的只数问题.

由式(3.1)可得 $x=\dfrac{23-4y}{3}$,由于 x,y 必须是正整数,故 y 只能取1,2,3,4,5(否则,若 y 大于5,则 x 必为负数). 下面通过直接计算得到相应的 x 值为

y	1	2	3	4	5
x	$\frac{19}{3}$	5	$\frac{11}{3}$	$\frac{7}{3}$	1

由此可知,蜜蜂和蜘蛛的只数分别为 $x=5,y=2$ 或 $x=1,y=5$.

注 直接进行计算尝试有时并非解不定方程的最好方法,因此,希望能找出不定方程的一般解法. 为此,本节介绍一般二元一次不定方程的定义及其有整数解的条件,并且说明在有解情况下如何求出其一切整数解.

定义 设 a,b 是非零整数,c 是整数,关于未知数 x,y 的方程

$$ax+by=c \tag{3.2}$$

称为**二元一次不定方程**.

首先讨论二元一次方程是否有整数解的判别条件. 为了避免与代表方程解的有序数组混淆,本章将整数 $a_1,\cdots,a_k$ 的最大公因数记作 $\gcd(a_1,\cdots,a_k)$.

定理 3.1.1　设 $d=\gcd(a,b)$,则式(3.2)有整数解的充分必要条件是 $d|c$.

证明　**必要性**　若式(3.2)有一组整数解,设为 $x=x_0,y=y_0$,则 $ax_0+by_0=c$. 因 d 整除 a 及 b,因而也整除 c. 必要性得证.

充分性　若 $d|c$,则存在整数 c_1,使得 $c=dc_1$. 又由于 $d=\gcd(a,b)$,由推论 1.3.1 知,存在整数 s,t 满足

$$as+bt=d$$

于是有

$$a(sc_1)+b(tc_1)=dc_1$$

令 $x_0=sc_1,y_0=tc_1$,即得 $ax_0+by_0=c$,故式(3.2)有整数解$(x_0,y_0)=(sc_1,tc_1)$. 充分性得证.

证毕.

下面讨论当式(3.2)有解时,如何求得其全部整数解.

定理 3.1.2　若方程(3.2)有整数解(x_0,y_0),则其全部整数解为

$$\begin{cases}x=x_0-b_1t\\y=y_0+a_1t\end{cases}\quad(t=0,\pm1,\pm2,\cdots)\tag{3.3}$$

其中,$d=\gcd(a,b)$,$a=a_1d$,$b=b_1d$.

证明　首先证明,式(3.3)给出的任一组整数(x,y)都适合式(3.2).

事实上,由于 $x=x_0,y=y_0$ 是式(3.2)的解,所以 $ax_0+by_0=c$. 因此,将式(3.3)代入式(3.2)得

$$a(x_0-b_1t)+b(y_0+a_1t)=(ax_0+by_0)+(ba_1-ab_1)t=$$
$$c+(db_1a_1-da_1b_1)t=c$$

这就表明对任意整数 t,式(3.3)给出的任一组整数(x,y)是式(3.2)的解.

其次证明,式(3.2)的任一组解(x',y')都具有式(3.3)的形式.

设(x',y')是式(3.2)的任一组解,则 $ax'+by'=c$;又因为 $ax_0+by_0=c$,两式相减得

$$a(x'-x_0)+b(y'-y_0)=0$$

但 $a=a_1d$,$b=b_1d$,于是

$$a_1(x'-x_0)=-b_1(y'-y_0)\tag{3.4}$$

由于 $d=\gcd(a,b)$,故 $\gcd(a_1,b_1)=1$,因此,由式(3.4)知 $a_1|(y'-y_0)$. 故存在整数 t,使得 $y'-y_0=a_1t$,亦即 $y'=y_0+a_1t$,代入式(3.4)得 $x'=x_0-b_1t$,因此,(x',y')可以表示成式(3.3)的形式,故式(3.3)给出了式(3.2)的一切整数解. 证毕.

注　定理 3.1.2 中的式(3.3)也可写成

$$\begin{cases}x=x_0+b_1t\\y=y_0-a_1t\end{cases}\quad(t=0,\pm1,\pm2,\cdots)$$

的形式.

从定理 3.1.1 的证明过程可以发现,关键是证明方程

$$ax + by = \gcd(a,b) = d$$

有整数解. 因此,若要找出一般二元一次不定方程求特解的方法,应该从此方程入手.

首先,方程 $ax+by=\gcd(a,b)$ 等价于

$$\frac{a}{\gcd(a,b)}x + \frac{b}{\gcd(a,b)}y = 1$$

而在此方程里,未知数 x,y 的系数是互素的,所以,不失一般性,只要讨论如何求出形如

$$ax + by = 1,\quad \gcd(a,b) = 1 \tag{3.5}$$

的方程的一个整数解即可.

容易知道,由式(3.5)的一个特殊解可以得出方程 $|a|x+|b|y=1$ 的一个特殊解,反之亦然. 于是,可以假定 $a>0,b>0$. 为了求出满足式(3.5)的 x,y,运用辗转相除法,有

$$\begin{aligned} a &= bq_1 + r_1, & 0 < r_1 < b \\ b &= r_1q_2 + r_2, & 0 < r_2 < r_1 \\ &\cdots \\ r_{n-2} &= r_{n-1}q_n + r_n, & 0 < r_n < r_{n-1} \\ r_{n-1} &= r_nq_{n+1}, & r_{n+1} = 0 \end{aligned}$$

因为 $\gcd(a,b)=1$,故 $r_n=1$. 由定理 1.5.1 知,利用辗转相除及列表方法可计算出

$$Q_na - P_nb = (-1)^{n-1}r_n$$

即

$$a[(-1)^{n-1}Q_n] + b[(-1)^nP_n] = 1$$

因此,式 (3.5)有一组特解

$$x_0=(-1)^{n-1}Q_n,\quad y_0=(-1)^nP_n$$

注 在求解二元一次不定方程时,首先利用定理 3.1.1 判断不定方程是否有解;在有解的情况下,关键在于求出其特解;当不定方程有解且其系数绝对值不大时,可用观察法求出其特解;当方程系数较大时,可考虑用辗转相除法求特解.

下面讨论一般情形下的二元一次不定方程特解的求法.

例 1 求不定方程 $18x+24y=9$ 的整数解.

解 由于 $\gcd(18,24)=6\nmid 9$,所以原方程无整数解.

例 2 求 $10x-7y=17$ 的全部整数解.

解 由于 $\gcd(10,7)=1\mid 17$,所以原方程有整数解. 由观察可得原方程的一组特解为 $x_0=1,y_0=-1$. 因此,原方程的全部整数解是

$$x = 1-7t,\quad y=-1-10t\quad (t=0,\pm 1,\pm 2,\cdots)$$

例 3 求方程 $907x_1+731x_2=2\,107$ 的整数解.

解法一 先用辗转相除法得

$$907 = 731 \times 1 + 176$$
$$731 = 176 \times 4 + 27$$
$$176 = 27 \times 6 + 14$$
$$27 = 14 \times 1 + 13$$
$$14 = 13 \times 1 + 1$$
$$13 = 13 \times 1$$

故 gcd(907,731)=1. 再用列表方法计算相应的特解如下表.

n	0	1	2	3	4	5
q_n		1	4	6	1	1
P_n	1	1	5	31	36	67
Q_n	0	1	4	25	29	54

所以

$$907 \times 54 - 731 \times 67 = \gcd(907,731) = 1$$

因而,原方程有一组特解

$$x_1' = 54 \times 2\,107, \quad x_2' = -67 \times 2\,107$$

故,原方程组的一切整数解为

$$\begin{cases} x_1 = 54 \times 2\,107 + 731t \\ x_2 = -67 \times 2\,107 - 907t \end{cases} \quad (t = 0, \pm 1, \cdots)$$

注　辗转相除法求特解的计算量较大. 因此,在实际求解一次不定方程时,往往直接对不定方程进行多次辗转相除. 这种方法的优点是可直接判定方程是否有解,若有解可以直接求出其解或求出其特解. 下面仍以例 3 为例来说明这种解法.

解法二　因为 gcd(907,731)=1,故方程有整数解. 对系数绝对值较小的 x_2 进行如下变形:

$$x_2 = \frac{1}{731}(-907x_1 + 2\,107) = -x_1 + 3 + \frac{1}{731}(-176x_1 - 86) \in \mathbf{Z}$$

令 $x_3 = \dfrac{1}{731}(-176x_1 - 86) \in \mathbf{Z}$,则

$$x_1 = -4x_3 + \frac{1}{176}(-27x_3 - 86)$$

令 $x_4 = \dfrac{1}{176}(-27x_3 - 86) \in \mathbf{Z}$,则

$$x_3 = -7x_4 - 3 + \frac{1}{27}(13x_4 - 5)$$

令 $x_5=\frac{1}{27}(13x_4-5)\in\mathbf{Z}$,则

$$x_4=2x_5+\frac{1}{13}(x_5+5)$$

令 $x_6=\frac{1}{13}(x_5+5)\in\mathbf{Z}$,则

$$x_5=13x_6-5$$

此处 x_5 的系数为 1,辗转相除到此为止,将 x_6 视为参数,按上述过程逆向依次代入,直至得出 x_1,x_2 的表达式为止. 具体操作过程是

$$x_4=2x_5+x_6=2(-5+13x_6)+x_6=-10+27x_6$$
$$x_3=-7x_4-3+x_5=-7(-10+27x_6)-3+(-5+13x_6)=62-176x_6$$
$$x_1=-258+731x_6$$
$$x_2=323-907x_6$$

令 $x_6=t$,则方程的解为

$$\begin{cases}x_1=-258+731t\\x_2=323-907t\end{cases}\quad(t=0,\pm1,\pm2,\cdots)$$

注 虽然解法一和解法二解得的表达式不同,但实质上是相同的. 解法二实际上是对整个不定方程实施辗转相除法,依次化为等价的不定方程,直至得到存在某个变元的系数为 ±1 的二元一次不定方程为止,这样的不定方程可以直接求解出来;再依次反推,即可得到原方程的通解. 在此例中也可以对 x_6 赋一个固定的值,依次逆向代入,则得到原方程的一组特解,再利用公式写出通解. 在使用辗转相除法求不定方程的解时,如果原不定方程无整数解,则在施行这种运算时,到达某一步就可以直接看出,如例 4 的情况.

例 4 求不定方程 $117x_1+21x_2=38$ 的整数解.

解
$$x_2=\frac{1}{21}(-117x_1+38)=-6x_1+2+\frac{1}{21}(9x_1-4)$$

令 $x_3=\frac{1}{21}(9x_1-4)\in\mathbf{Z}$,则

$$x_1=\frac{1}{9}(21x_3+4)=2x_3+\frac{1}{9}(3x_3+4)$$

令 $x_4=\frac{1}{9}(3x_3+4)\in\mathbf{Z}$,则

$$x_3=3x_4-1-\frac{1}{3}$$

此式表示 x_3,x_4 不可能同时为整数,所以原不定方程无整数解.

例 5 甲种书每本 5 元,乙种书每本 3 元,丙种书 1 元三本,现用 100 元买这三种书籍共 100 本,问甲、乙、丙三种书各买多少本?

解　设甲、乙、丙三种书籍分别买 x,y,z 本，依题意得方程组

$$\begin{cases}5x+3y+\frac{1}{3}z=100\\ x+y+z=100\end{cases}$$

消去 z，得

$$7x+4y=100 \tag{3.6}$$

显然 $x=0,y=25$ 是方程(3.6)的特解，因此，方程(3.6)的所有整数解是

$$\begin{cases}x=4t\\ y=25-7t\end{cases}\quad(t=0,\pm1,\pm2,\cdots)$$

令 $x\geqslant0,y\geqslant0$，所以 $0\leqslant t\leqslant3$，即 t 可以取整数值 $t_1=0,t_2=1,t_3=2,t_4=3$. 相应地求得 x,y,z 的值是 $(x,y,z)=(0,25,75),(4,18,78),(8,11,81),(12,4,84)$.

注　对于具有实际意义的不定方程，应根据问题的实际意义求得符合题意的整数解.

习题 3.1

1. 求下列方程的整数解 (x,y)：

(1) $14x-21y=105$；　　(2) $903x+731y=1\,106$；

(3) $15x+25y=90$；　　(4) $133x-105y=217$.

2. 求解以下方程的全部非负整数解和全部正整数解 (x,y)：

(1) $5x+7y=41$；　　(2) $7x+3y=123$.

3. 求解下列不定方程组：

(1) $\begin{cases}x+y+z=100\\ 15x+9y+z=300\end{cases}$；　　(2) $\begin{cases}x+y+z+w=100\\ x+2y+3z+4w=300\\ x+4y+9z+16w=1\,000\end{cases}$.

4. 证明：二元一次不定方程 $ax+by=n(n\geqslant0,a>0,b>0,\gcd(a,b)=1)$ 的非负整数解的个数为 $\left[\frac{n}{ad}\right]$ 或 $\left[\frac{n}{ad}\right]+1$.

5. 设 a,b,c 是整数，$\gcd(a,b)=1$，证明：在直线 $ax+by=c$ 上，任何一个长度大于 $\sqrt{a^2+b^2}$ 的线段上至少有一个点的坐标都是整数.

6. 设 a 与 b 是正整数，$\gcd(a,b)=1$，证明：

(1) 对于任意满足 $n>ab-a-b$ 的整数 n，不定方程 $n=ax+by$ 总有非负整数解；

(2) 当 $n=ab-a-b$ 时，不定方程 $n=ax+by$ 无非负整数解.

3.2　n 元一次不定方程

定义　设 $a_1,a_2,\cdots,a_n$ 是非零整数，c 是整数，关于未知数 $x_1,x_2,\cdots,x_n$ 的方程

$$a_1x_1+a_2x_2+\cdots+a_nx_n=b \tag{3.7}$$

称为**n 元一次不定方程**. 若存在整数 $x_1^0,x_2^0,\cdots,x_n^0$满足方程(3.7),则称$(x_1^0,x_2^0,\cdots,x_n^0)$是不定方程(3.7)的**解**.

类似于二元一次不定方程,可得到 n 元一次不定方程有整数解的判别条件.

定理 3.2.1 方程(3.7)有整数解的充分必要条件是

$$\gcd(a_1,a_2,\cdots,a_n)\mid b \tag{3.8}$$

证明 必要性 记 $d=\gcd(a_1,a_2,\cdots,a_n)$,若方程(3.7)有整数解$(x_1,x_2,\cdots,x_n)$,则由$d\mid a_i(1\leqslant i\leqslant n)$及整除的性质易知式(3.8)成立. 必要性得证.

充分性 由推论 1.3.1 知,存在整数 $y_1,y_2,\cdots,y_n$使得

$$a_1y_1+a_2y_2+\cdots+a_ny_n=\gcd(a_1,a_2,\cdots,a_n)=d$$

因此,若式(3.8)成立,则$\left(\frac{b}{d}y_1,\frac{b}{d}y_2,\cdots,\frac{b}{d}y_n\right)$就是方程(3.7)的一个整数解. 充分性得证.

证毕.

定理 3.2.2 设 $a_1,a_2,\cdots,a_n$是非零整数,b 是整数,且

$$\gcd(a_1,a_2,\cdots,a_{n-1})=d_{n-1},\quad \gcd(a_1,a_2,\cdots,a_n)=d_n$$

则$(x_1',x_2',\cdots,x_n')$是方程(3.7)的整数解的充分必要条件是:存在整数 t,使得$(x_1',x_2',\cdots,x_n',t)$是方程组

$$\begin{cases}a_1x_1+a_2x_2+\cdots+a_{n-1}x_{n-1}=d_{n-1}t\\ d_{n-1}t+a_nx_n=b\end{cases} \tag{3.9}$$

的整数解.

证明 若有整数 t,使得$(x_1',x_2',\cdots,x_n',t)$是方程组(3.9)的整数解,则显然$(x_1',x_2',\cdots,x_n')$满足方程(3.7).

反之,设$(x_1',x_2',\cdots,x_n')$是方程(3.7)的任一整数解,则

$$a_1x_1'+a_2x_2'+\cdots+a_{n-1}x_{n-1}'+a_nx_n'=b \tag{3.10}$$

令

$$a_1x_1'+a_2x_2'+\cdots+a_{n-1}x_{n-1}'=b'$$

则由定理 3.2.1 知

$$d_{n-1}=\gcd(a_1,a_2,\cdots,a_{n-1})\mid b'$$

因此存在 $t\in\mathbf{Z}$,使得

$$a_1x_1'+a_2x_2'+\cdots+a_{n-1}x_{n-1}'=d_{n-1}t \tag{3.11}$$

再由式(3.10),得到

$$d_{n-1}t+a_nx'_n=b$$

即 $(x_1',x_2',\cdots,x_n',t)$ 满足方程组(3.9). 证毕.

注 定理 3.2.2 给出了求解 n 元一次不定方程的思路:① 解方程组(3.9)中的第二个关于 t,x_n 的二元一次不定方程;② 解方程组(3.9)中的第一个关于 $x_1,\cdots,x_{n-1}$ 的 $n-1$ 元一次

不定方程，并在此方程中视参变量 t 为常数，于是，解 n 元一次不定方程就化归为解 $n-1$ 元一次不定方程和二元一次不定方程；③ 重复过程①、②，最终归结为求解 $n-1$ 个二元一次不定方程.

n 元一次不定方程(3.7)的具体求解过程如下.

记 $\gcd(a_1,a_2)=d_2$，$\gcd(d_2,a_3)=d_3$，…，$\gcd(d_{n-2},a_{n-1})=d_{n-1}$，$\gcd(d_{n-1},a_n)=d_n$，则求解方程(3.7)就等价于依次求解如下 $n-1$ 个二元一次不定方程：

$$\begin{aligned} a_1x_1+a_2x_2&=d_2t_2\\ d_2t_2+a_3x_3&=d_3t_3\\ &\cdots\\ d_{n-2}t_{n-2}+a_{n-1}x_{n-1}&=d_{n-1}t_{n-1}\\ d_{n-1}t_{n-1}+a_nx_n&=b \end{aligned}$$

并且消去中间参变量 $t_2,t_3,\cdots,t_{n-1}$，即可得到方程(3.7)的全部整数解.

由于每个二元一次方程的全部整数解的表达式中都包含一个自由参变量，因此，当方程(3.7)有解时，其全部整数解的表达式中必定包含 $n-1$ 个相互无关的自由参变量.

例 1　求 $9x+24y-5z=1\ 000$ 的一切整数解.

解　因为 $\gcd(9,24)=3$，$\gcd(3,-5)=1$，而 $1\mid 1\ 000$，所以原方程有整数解.

考虑二元一次不定方程

$$9x+24y=3t\quad 即\quad 3x+8y=t \tag{3.12}$$

及

$$3t-5z=1\ 000 \tag{3.13}$$

在方程(3.12)中将 t 视为常数，解得其通解为

$$\begin{cases}x=3t-8u\\ y=-t+3u\end{cases}\quad (u=0,\pm1,\pm2,\cdots) \tag{3.14}$$

类似地，方程(3.13)的解为

$$\begin{cases}t=2\ 000+5v\\ z=1\ 000+3v\end{cases}\quad (v=0,\pm1,\pm2,\cdots) \tag{3.15}$$

由方程(3.14)和方程(3.15)中消去中间参变量 t，得原方程的全部整数解为

$$\begin{cases}x=6\ 000+15v-8u\\ y=-2\ 000-5v+3u\quad (u,v=0,\pm1,\pm2,\cdots)\\ z=1\ 000+3v\end{cases}$$

例 2　将 $\frac{19}{30}$ 写成三个既约真分数之和，使得它们的分母分别是 2，3 和 5.

解　设 $\frac{19}{30}=\frac{x}{2}+\frac{y}{3}+\frac{z}{5}$，其中 $|x|\leqslant1$，$|y|\leqslant2$，$|z|\leqslant4$，则

$$15x+10y+6z=19$$

依次解方程

$$15x+10y=5t \quad 即 \quad 3x+2y=t$$

及

$$5t+6z=19$$

解得

$$\begin{cases}x=t+2v\\ y=-t-3v\end{cases}(v=0,\pm 1,\pm 2,\cdots) \quad 和 \quad \begin{cases}t=-1+6u\\ z=4-5u\end{cases}(u=0,\pm 1,\pm 2,\cdots)$$

从以上两式消去参变量 t 得

$$\begin{cases}x=-1+6u+2v\\ y=\ \ 1-6u-3v\\ z=\ \ 4-5u\end{cases}(u,v=0,\pm 1,\pm 2,\cdots)$$

由 $|z|=|4-5u|\leqslant 4$ 得 $u=0,1$.

由 $u=0$ 及 $|x|\leqslant 1,|y|\leqslant 2$ 得 $v=0,1$. 由此得 $x=-1,y=1,z=4$ 和 $x=1,y=-2,z=4$.

由 $u=1$ 及 $|x|\leqslant 1,|y|\leqslant 2$ 得 $v=-2$. 由此得 $x=1,y=1,z=-1$.

因此 $\frac{19}{30}=-\frac{1}{2}+\frac{1}{3}+\frac{4}{5}=\frac{1}{2}-\frac{2}{3}+\frac{4}{5}=\frac{1}{2}+\frac{1}{3}-\frac{1}{5}$.

例 3 求不定方程 $x+2y+3z=7$ 的所有正整数解.

解 依次解方程 $x+2y=t$ 和 $t+3z=7$,得

$$\begin{cases}x=t+2v\\ y=\ \ -v\end{cases}(v=0,\pm 1,\pm 2,\cdots) \quad 和 \quad \begin{cases}t=1+3u\\ z=2-u\end{cases}(u=0,\pm 1,\pm 2,\cdots)$$

从以上两式消去参变量 t 得

$$\begin{cases}x=1+3u+2v\\ y=-v\\ z=2-u\end{cases}(u,v=0,\pm 1,\pm 2,\cdots) \tag{3.16}$$

令 $x\geqslant 1,y\geqslant 1,z\geqslant 1$,则

$$3u+2v\geqslant 0,\quad -v\geqslant 1,\quad 1-u\geqslant 0 \tag{3.17}$$

所以

$$3u\geqslant -2v\geqslant 2,\quad u\leqslant 1\Rightarrow \frac{2}{3}\leqslant u\leqslant 1 \quad 即 \quad u=1$$

由此及式(3.17),有 $3+2v\geqslant 0,-v\geqslant 1\Rightarrow -\frac{2}{3}\leqslant v\leqslant -1$,所以 $v=-1$.

将 $u=1,v=-1$ 代入式(3.16),得原不定方程唯一的正整数解 $x=2,y=1,z=1$.

类似于 3.1 节例 3 解法二,也可以直接利用辗转相除法求 n 元一次不定方程的整数解. 但当 n 较大时,用辗转相除法求解,计算较为复杂、冗长.

例 4 求 $15x_1+10x_2+6x_3=61$ 的全部整数解.

解 由于 x_3 的系数绝对值最小,故将原方程变形为

$$x_3 = -2x_1 - 2x_2 + 10 + \frac{1}{6}(-3x_1 + 2x_2 + 1)$$

令 $x_4 = \frac{1}{6}(-3x_1 + 2x_2 + 1) \in \mathbf{Z}$,则

$$x_2 = 3x_4 + x_1 + \frac{1}{2}(x_1 - 1)$$

令 $x_5 = \frac{1}{2}(x_1 - 1) \in \mathbf{Z}$,则

$$x_1 = 1 + 2x_5 \quad (x_5 = 0, \pm 1, \pm 2, \cdots)$$

逆推上去,依次解得

$$x_2 = 3x_4 + x_1 + x_5 = 1 + 3x_4 + 3x_5$$

$$x_3 = -2x_1 - 2x_2 + 10 + x_4 = 6 - 5x_4 - 10x_5$$

令 $x_4 = u, x_5 = v$,则原方程的全部整数解为

$$\begin{cases} x_1 = 1 + 2u \\ x_2 = 1 + 3u + 3v \quad (u, v = 0, \pm 1, \cdots) \\ x_3 = 6 - 5u - 10v \end{cases}$$

习题 3.2

1. 把$\frac{17}{60}$写成分母两两互质的三个既约真分数之和.
2. 求下列不定方程的全部整数解:

(1) $3x + 6y + 12z = 15$;　　(2) $50x + 45y + 36z = 10$.

3. 利用定理 3.2.2 的方法求 $15x_1 + 10x_2 + 6x_3 = 61$ 的通解及其全部非负整数解.
4. 求不定方程 $6x_1 + 10x_2 - 21x_3 + 14x_4 = 1$ 的全部整数解.

3.3　费马方程

定义　不定方程 $x^n + y^n = z^n$(其中 n 是大于 1 的正整数)称为**费马方程**.

当 $n=2$ 时,费马方程 $x^2 + y^2 = z^2$ 的一组正整数解(x, y, z),对应于一个三边长分别为整数 x, y, z 的直角三角形. 我国古代《周髀算经》中就有"勾广三,股修四,弦隅五"的记载,即$(x, y, z) = (3, 4, 5)$是直角三角形三边的长,因此,适合 $x^2 + y^2 = z^2$ 的一组正整数解(x, y, z)也称为**勾股数**. 在刘徽的《九章算术》(公元 263 年)中还记载了这个方程的另外四组整数解,即$(x, y, z) = (5, 12, 13), (8, 15, 17), (7, 24, 25), (20, 21, 29)$. 下面给出费马方程

$$x^2 + y^2 = z^2 \tag{3.18}$$

的全部整数解.

首先考察费马方程 $x^2 + y^2 = z^2$ 的整数解的特点.

显然，$(x,y,z)=(0,0,0)$，$(0,\pm a,\pm a)$，$(\pm a,0,\pm a)$（其中 $a\neq 0, a\in\mathbf{Z}$）都是方程(3.18)的整数解，它们称为方程(3.18)的**平凡整数解**，且若 (x,y,z) 是方程(3.18)的整数解，则对于任何整数 k，(kx,ky,kz) 也是方程(3.18)的整数解.

又设 $(x,y,z)=(a,b,c)$ 是 $x^2+y^2=z^2$ 的一组整数解，如果 $d=\gcd(a,b)$，则 $d^2\mid(a^2+b^2)$，也即 $d^2\mid c^2$. 于是 $d\mid c$.

令 $a=da'$，$b=db'$，$c=dc'$，则 (a',b',c') 也是 $x^2+y^2=z^2$ 的一组整数解. 由 $\gcd(a',b')=1$，易证 $\gcd(a',c')=\gcd(b',c')=1$.

事实上，若 $\gcd(b',c')=k>1$，则 $b'=kb''$，$c'=kc''$，于是 $a'^2=k^2(c''^2-b''^2)$，即 $k^2\mid a'^2$，故 $k\mid a'$，从而 $k\mid\gcd(a',b')$，这与 $\gcd(a',b')=1$ 矛盾.

上面的结论说明，如果方程(3.18)的一组整数解 (x,y,z) 中某两数互素，则 x,y,z 必定两两互素. 因此，只需研究方程(3.18)的满足条件 $\gcd(x,y)=1$ $(x>0,y>0,z>0)$ 的整数解. 由于 $\gcd(x,y)=1$，从而 x 和 y 不能同时为偶数. 又若 x 和 y 均为奇数，则 z 必为偶数. 由于 $z^2\equiv 0 \pmod 4$，而 $x^2+y^2\equiv 2 \pmod 4$，因此 $z^2\neq x^2+y^2$. 所以 x 和 y 只能一个为奇数，另一个为偶数.

定义 方程(3.18)的满足条件 $\gcd(x,y)=1$ $(x>0,y>0,z>0)$ 的整数解，称为方程(3.18)的**本原解**.

显然，只要求出方程(3.18)的所有本原解，并将每个本原解乘以任意整数，即得到方程(3.18)的全部整数解.

定理 3.3.1 不定方程(3.18)的适合条件

$$\gcd(x,y)=1,\quad x>0,y>0,z>0,\quad 2\mid y \tag{3.19}$$

的整数解为

$$\begin{cases} x=r^2-s^2 \\ y=2rs \\ z=r^2+s^2 \end{cases} \tag{3.20}$$

其中，$\gcd(r,s)=1$ $(r>s>0)$，r,s 为一奇一偶.

证明 首先，证明方程(3.18)适合条件(3.19)的任一正整数解具有式(3.20)的形式.

由于 y 为偶数，于是 x 和 z 均为奇数，且 $\gcd(x,z)=1$. 从而 $\frac{z+x}{2}$，$\frac{z-x}{2}$，$\frac{y}{2}$ 均是整数，并且由 $z^2-x^2=y^2$ 可得 $\frac{z+x}{2}\cdot\frac{z-x}{2}=\left(\frac{y}{2}\right)^2$.

由于

$$\gcd\left(\frac{z+x}{2},\frac{z-x}{2}\right)\Bigm|\left(\frac{z+x}{2}+\frac{z-x}{2}\right)=z \quad 及 \quad \gcd\left(\frac{z+x}{2},\frac{z-x}{2}\right)\Bigm|\left(\frac{z+x}{2}-\frac{z-x}{2}\right)=x$$

得

$$\gcd\left(\frac{z+x}{2},\frac{z-x}{2}\right)\Bigm|\gcd(z,x)=1$$

故 $\gcd\left(\frac{z+x}{2},\frac{z-x}{2}\right)=1$.

因为$\frac{z+x}{2}$和$\frac{z-x}{2}$互素，且其乘积为整数的平方，由定理 1.3.7 知它们均是整数的平方，即有正整数 r,s 使得

$$\frac{z+x}{2}=r^2,\quad \frac{z-x}{2}=s^2$$

于是

$$z=r^2+s^2,\quad x=r^2-s^2,\quad y=2rs$$

由 $\gcd\left(\frac{z+x}{2},\frac{z-x}{2}\right)=1$ 知 $\gcd(r,s)=1$，又由 x 和 z 为奇数，可知 r,s 为一奇一偶，且 $r>s>0$. 这就证明了方程(3.18)的适合条件(3.19)的任一正整数解可表示为

$$\begin{cases}x=r^2-s^2\\ y=2rs\\ z=r^2+s^2\end{cases}$$

其中，$\gcd(r,s)=1$，$r>s>0$，r,s 为一奇一偶.

其次，证明式(3.20)给出的任一组整数(x,y,z)必为方程(3.18)的适合条件(3.20)的解.

事实上，显然有 $x>0,y>0,z>0,2|y$，且$(r^2-s^2)^2+(2rs)^2=(r^2+s^2)^2$.

若 r^2-s^2 和 $2rs$ 有公共素因数 p，由于 r^2-s^2 是奇数，从而 p 为奇素数，由 $p|2rs$ 可知，$p|s$ 或 $p|r$. 再由 $p|(r^2-s^2)$可知，$p|s$ 和 $p|r$ 同时成立，这与$(r,s)=1$ 矛盾，因此

$$\gcd(x,y)=\gcd(r^2-s^2,2rs)=1$$

即式(3.20)是方程(3.18)的适合条件(3.19)的整数解. 证毕.

推论 3.3.1　方程(3.18)的适合条件

$$\gcd(x,y)=1,\quad x>0,y>0,z>0,\quad 2\mid x$$

的本原解为

$$\begin{cases}x=2rs\\ y=r^2-s^2\\ z=r^2+s^2\end{cases}$$

其中，$\gcd(r,s)=1$，$r>s>0$，r,s 为一奇一偶.

由上面讨论可知，当 $z\neq0$ 时，设 $\xi=\frac{x}{z}$，$\eta=\frac{y}{z}$，则方程(3.18)可变形为

$$\left(\frac{x}{z}\right)^2+\left(\frac{y}{z}\right)^2=1$$

此即 $\xi^2+\eta^2=1$ 的全部有理解为

$$\left(\pm\frac{r^2-s^2}{r^2+s^2},\pm\frac{2rs}{r^2+s^2}\right)\quad 或\quad \left(\pm\frac{2rs}{r^2+s^2},\pm\frac{r^2-s^2}{r^2+s^2}\right)$$

于是，可得出如下推论.

推论 3.3.2 单位圆周上的全部有理点(坐标都是有理数的点)可以表示成

$$\left(\pm\frac{r^2-s^2}{r^2+s^2},\pm\frac{2rs}{r^2+s^2}\right)\quad 及\quad \left(\pm\frac{2rs}{r^2+s^2},\pm\frac{r^2-s^2}{r^2+s^2}\right)$$

其中,r 与 s 是不全为零的整数,$\pm$ 号可以任意取.

例 1 求 $x^2+y^2=65^2$ 的本原解及全部整数解.

解 显然 $x=\pm 65, y=0$ 和 $x=0, y=\pm 65$ 为此方程的平凡整数解.

令 $65=k(r^2+s^2)$,其中 $(r,s)=1, 2\nmid(r+s), k\mid 65, 0<k<65$,所以 k 可以取 1,5,13.

当 $k=1$ 时,$65=8^2+1^2=7^2+4^2$,即 $r=8, s=1$ 和 $r=7, s=4$,相应的解为

$$x=\pm 16, y=\pm 63;\quad x=\pm 33, y=\pm 56;\quad x=\pm 63, y=\pm 16;\quad x=\pm 56, y=\pm 33$$

当 $k=5$ 时,$65=5\times 13=5\cdot(3^2+2^2)$,即 $r=3, s=2$,相应的解为

$$x=\pm 25, y=\pm 60;\quad x=\pm 60, y=\pm 25$$

当 $k=13$ 时,$65=13\times 5=13\cdot(2^2+1^2)$,即 $r=2, s=1$,相应的解为

$$x=\pm 52, y=\pm 39;\quad x=\pm 39, y=\pm 52$$

以上就是原方程的全部整数解,其中本原解为(63,16,65),(33,56,65),(16,63,65),(56,33,65).

注 费马方程 $x^n+y^n=z^n(n>2)$ 与 $n=2$ 的解呈现完全不同的情形. 当 $xyz=0$ 时,费马方程显然对 $n\geqslant 3$ 有整数解,这些解称为费马方程的**平凡整数解**. 然而,费马(大约在 1637 年)提出如下令人瞩目的论断:"当 $n\geqslant 3$ 时,$x^n+y^n=z^n$ 没有非平凡的整数解". 这就是所谓的费马猜想. 在自此之后的 385 年里,许多著名科学家都试图证明它,并且在 n 不太大或者 n 满足某些条件的情况下,这个猜想被证明是正确的;但最终结果的证明直到 1995 年才由英国数学家安德鲁·怀尔斯(Andrew Wiles)完成. 因此,这个猜想又称为费马大定理(参见附录 A.3). 下面仅介绍费马大定理 $n=4$ 的情形,这一工作是由费马本人完成的. 首先证明如下定理.

定理 3.3.2 不定方程

$$x^4+y^4=z^2 \tag{3.21}$$

没有满足 $xyz\neq 0$ 的整数解.

证明 反证法. 不妨只考虑方程(3.21)的正整数解. 若它有满足 $xyz\neq 0$ 的正整数解,则设 (x_0,y_0,z_0) 是方程(3.21)的有最小 z 值的一组正整数解. 下面证明 x_0, y_0 必互素.

令 $d=\gcd(x_0,y_0)$,则由式(3.21)得到 $d^4\mid z_0^2$,即 $d^2\mid z_0$,从而 $\left(\frac{x_0}{d},\frac{y_0}{d},\frac{z_0}{d^2}\right)$ 也是方程(3.21)的解. 因此,由 z_0 的最小性可知,$d^2=1$,即 $d=1$.

显然,x_0^2 与 y_0^2 有不同的奇偶性. 不妨设 $2\mid x_0, 2\nmid y_0$. 将方程(3.21)改写成

$$(x_0^2)^2+(y_0^2)^2=z_0^2$$

由于 $\gcd(x_0,y_0)=1$,故 $\gcd(x_0^2,y_0^2)=1$,由推论 3.3.1 知,存在正整数 a,b,使得

$$\gcd(a,b)=1,\quad a>b>0,\quad a,b\ 一奇一偶 \tag{3.22}$$

且

$$x_0^2 = 2ab,\quad y_0^2 = a^2 - b^2,\quad z_0 = a^2 + b^2 \tag{3.23}$$

下面按照 a 与 b 的奇偶性,考察两种可能情形:

(ⅰ) $2|a, 2\nmid b$. 此时,$a^2 \equiv 0 \pmod 4$,$b^2 \equiv 1 \pmod 4$,因此,由式(3.23),有

$$y_0^2 = a^2 - b^2 \equiv -1 \pmod 4$$

这与 $2\nmid y_0$,$y_0^2 \equiv 1 \pmod 4$ 矛盾. 所以这种情况不可能发生.

(ⅱ) $2\nmid a, 2|b$. 此时,由式(3.22)及式(3.23),有

$$x_0^2 = 2ab,\quad \gcd(a, 2b) = 1,\quad a > b > 0 \tag{3.24}$$

由式(3.24)及定理 1.3.7 知,存在正整数 u, v_1,使得

$$x_0 = uv_1,\quad a = u^2,\quad 2b = v_1^2,\quad \gcd(u, v_1) = 1,\quad u > 0,\quad v_1 > 0$$

由 $2b = v_1^2$ 推出

$$2 \mid v_1^2,\quad 2 \mid v_1,\quad v_1 = 2v$$

因此,存在整数 u, v,使得

$$a = u^2,\quad b = 2v^2,\quad \gcd(u, v) = 1,\quad u > 0,\quad v > 0 \tag{3.25}$$

代入式(3.23),得

$$y_0^2 = u^4 - 4v^4 \quad 即 \quad y_0^2 + (2v^2)^2 = (u^2)^2 \tag{3.26}$$

其中 $\gcd(u, v) = 1$,从而易证 $\gcd(y_0, 2v) = 1$. 利用定理 3.3.1 知存在正整数 s, t,$\gcd(s, t) = 1$,且 s 与 t 一奇一偶,$s > t > 0$,使得

$$y_0 = s^2 - t^2,\quad 2v^2 = 2st,\quad u^2 = s^2 + t^2$$

亦即

$$y_0 = s^2 - t^2,\quad v^2 = st,\quad u^2 = s^2 + t^2 \tag{3.27}$$

由 $\gcd(s, t) = 1$,式(3.27)中的第二个等式,以及定理 1.3.7 可知,存在正整数 m, n,$\gcd(m, n) = 1$,使得

$$v = mn,\quad s = m^2,\quad t = n^2$$

由上式及式(3.27)中第三个等式,得

$$m^4 + n^4 = u^2 \tag{3.28}$$

即 (m, n, u) 也满足方程(3.21).

又由式(3.23)及式(3.25),有

$$z_0 = a^2 + b^2 = u^4 + 4v^4 > u$$

于是,(m, n, u) 的存在与 z_0 的最小性矛盾. 这即证明了定理. 证毕.

注　定理 3.3.2 中使用的证明方法称为**无穷递降法**. 这是费马首创的一个重要方法,其论证的核心是:从相反的结论出发,假设存在一组正整数解,设法构造出这个方程(或者同类方程)的另一组正整数解,而证明新的解比已选择的解“严格地小”,由此产生矛盾. 无穷递降法常用来判定方程的可解性.

推论 3.3.3 证明:方程 $x^4+y^4=z^4$ 没有满足 $xyz\neq 0$ 的整数解.

证明 反证法. 设 $x^4+y^4=z^4$ 有满足 $xyz\neq 0$ 的整数解 (x',y',z'),即 $(x')^4+(y')^4=[(z')^2]^2$,这就说明方程 $x^4+y^4=z^2$ 有非零整数解 $(x',y',(z')^2)$. 这与定理 3.3.2 矛盾. 因而所证推论成立.

习题 3.3

1. 求不定方程 $x^2+y^2=z^2$ 适合 $0<z<30$ 的所有本原解.

2. 设 x,y,z 是勾股数,x 是素数,证明:$2z-1$,$2(x+y+1)$ 都是完全平方数.

3. 求整数 $x,y,z(x>y>z)$,使得 $x-y$,$x-z$,$y-z$ 都是完全平方数.

4. 证明:方程 $x^2+2y^2=z^2$ 满足 $\gcd(x,y,z)=1$ 的整数解为

$$x=\pm(a^2-2b^2),\quad y=2ab,\quad z=a^2+2b^2$$

其中,$\gcd(a,b)=1$,$2\nmid a$,$a>0$,$b>0$.

5. 求方程 $x^2+y^2=z^4$ 的满足 $\gcd(x,y)=1$,$2\mid x$ 的正整数解.

6. 证明:方程 $x^2+y^2=x^2y^2$ 没有满足 $xy\neq 0$ 的整数解.

3.4* 一些特殊不定方程的解法

不定方程是一个内容丰富的课题,许多不定方程的解法有其特殊性和灵活性. 在初等范围内,处理不定方程主要有三种方法:因数(式)分解法、不等分析法和同余分析法. 其中因数(式)分解法是最为基本的方法. 本节介绍一些特殊不定方程的这三种带有普遍性的解法.

3.4.1 因数(式)分解法

因数(式)分解法主要是通过"分解"将原方程分解为若干个易于处理的因式(或方程). 这里所指的分解包含两个方面的方法:其一,是代数(整式)的分解;其二,是应用整数的某些性质,如,算术基本定理、互素的性质及整数的某些分解性质(见定理 1.3.7),导出适用的分解.

例 1 若某正整数 x 加上 100 为一个完全平方数,而加上 168,则为另一个完全平方数,求此数.

解 依题意存在正整数 $y,z(0<y<z)$,使得

$$\begin{cases}x+100=y^2\\x+168=z^2\end{cases}$$

从这两个方程中消去 x,得 $z^2-y^2=68$. 将该式左边分解因式,而将右边写成标准分解式,得

$$(z-y)(z+y)=2^2\times 17$$

由于 $z-y$ 及 $z+y$ 都是正整数,且 $z-y<z+y$,由上式得

$$\begin{cases}z-y=1\\z+y=2^2\times 17\end{cases},\quad\begin{cases}z-y=2\\z+y=2\times 17\end{cases},\quad\begin{cases}z-y=2^2\\z+y=17\end{cases}$$

因为 $z-y$ 及 $z+y$ 奇偶性相同，故只须解第二个方程组，即得 $y=16$，$z=18$，从而 $x=156$.

例 2　求方程 $x^3+y^3=1\,072$ 的正整数解.

解　容易看出，对于任何正整数 a，$(x,y)=(1,a)$，$(a,1)$，(a,a) 都不是方程的解. 所以，只须考虑 $x\geqslant 2$，$y\geqslant 2(x\neq y)$ 的情况. 原方程即

$$(x+y)(x^2-xy+y^2)=2^4\times 67$$

由于

$$x^2-xy+y^2>xy>x+y$$

由此得

$$\begin{cases}x+y=2^4\\x^2-xy+y^2=67\end{cases}$$

解之得

$$\begin{cases}x=7\\x=9\end{cases}\quad 或 \quad \begin{cases}x=9\\y=7\end{cases}$$

例 3　证明：两个连续正整数之积不能是完全平方数，也不能是完全立方数.

证明　反证法. 假设有正整数 x,y，使得 $x(x+1)=y^2$. 将方程两边乘以 4，再变形为 $(2x+1)^2=4y^2+1$，则它可以分解为

$$(2x+1+2y)(2x+1-2y)=1$$

由于 $2x+1+2y\geqslant 1$，故 $2x+1-2y\geqslant 1$. 从而

$$\begin{cases}2x+1+2y=1\\2x+1-2y=1\end{cases}$$

解得 $x=y=0$，与条件矛盾.

所以，两个连续正整数之积不能是完全平方数.

然而，若同样令 $x(x+1)=y^3$，则上面的分解法不易奏效. 因此可考虑整数的分解性质.

设方程 $x(x+1)=y^3$ 有整数解 x,y，由于 x 和 $x+1$ 互素，根据定理 1.3.7 知，它们都是正整数的立方，即

$$x=u^3,\quad x+1=v^3,\quad y=uv\quad (u,v\in\mathbf{N},v>u>0)$$

由此可得 $v^3-u^3=1$，即

$$(v-u)(v^2+uv+u^2)=1$$

但是，u,v 为正整数，且显然 $v-u\geqslant 1$，而上式左边后一因式显然大于 1，导出矛盾. 证毕.

例 4　设 k 是给定的正整数，$k\geqslant 2$，证明：连续三个正整数之积不能是整数的 k 次幂.

证明　假设有正整数 $x\geqslant 2$ 及 y，使得

$$(x-1)x(x+1)=y^k \tag{3.29}$$

由于式(3.29)左边的三个因数 $x-1,x,x+1$ 并非总有两两互素，因此，不能由式(3.29)推出它们都是 k 次方幂，克服这个困难的一种方法是将式(3.29)变形为

$$(x^2-1)x=y^k \tag{3.30}$$

因$(x,x^2-1)=1$,故由式(3.30)及定理1.3.7得,有正整数a,b使得

$$x=a^k,\quad x^2-1=b^k,\quad ab=y$$

由此可得

$$x^2-1=a^{2k}-1=b^k\Rightarrow a^{2k}-b^k=1$$

但是

$$1=a^{2k}-b^k=(a^2)^k-b^k=(a^2-b)(a^{2k-2}+a^{2k-4}b+\cdots+a^2b^{k-2}+b^{k-1})$$

由于$x\geqslant 2$,故$a\geqslant 2$;又$k\geqslant 2$,故上式后一因数必大于1,导出矛盾. 因而所证结论成立. 证毕.

注 在例4的证明中,判明乘积式(3.29)中的各个因数是否互素非常重要,否则无法利用定理1.3.7的结论. 有兴趣的读者可尝试证明:连续四个正整数之积不能是整数的$k(k\geqslant 2)$次幂.

3.4.2 不等分析法

不等分析法是首先对变量的整除性或不等关系进行分析,从而确定出不定方程整数解的可能取值范围,再在这些取值范围内用枚举法确定原不定方程的整数解.

例5 求方程$\omega!=x!+y!+z!$的所有整数解.

解 由对称性可以设$x\leqslant y\leqslant z$,显然$\omega\geqslant z+1$,于是

$$(z+1)!\leqslant \omega!=x!+y!+z!\leqslant 3(z!)$$

由此得

$$(z+1)!\leqslant 3(z!)$$

于是$z+1\leqslant 3$,$z\leqslant 2$,由$x\leqslant y\leqslant z$知:

① 当$z=2,y=2,x=2$时,$\omega=3$;

② 当$z=2,y=2,x=1$时,ω无解;

③ 当$z=2,y=1,x=1$时,ω无解;

④ 当$z=1,y=1,x=1$时,ω无解.

于是原方程组只有一组解,即$x=2,y=2,z=2,\omega=3$.

例6 求不定方程$3x^2+7xy-2x-5y-35=0$的正整数解.

解 对于正整数x,y,由原方程得到

$$y=\frac{-3x^2+2x+35}{7x-5} \tag{3.31}$$

因此,若$x\geqslant 1,y\geqslant 1$,则应有

$$\begin{cases}x\geqslant 1\\ -3x^2+2x+35\geqslant 7x-5\end{cases}$$

解这个不等式组,得$1\leqslant x\leqslant 2$.

分别取$x=1$和$x=2$,由式(3.31)得到$y=17$和$y=3$. 故所求的解是$(x,y)=(1,17),(2,3)$.

例7 求方程$5(xy+yz+zx)=4xyz$的正整数解.

解　原方程即

$$\frac{1}{x}+\frac{1}{y}+\frac{1}{z}=\frac{4}{5} \tag{3.32}$$

设 $x\leqslant y\leqslant z$，则由 $\frac{1}{x}<\frac{1}{x}+\frac{1}{y}+\frac{1}{z}\leqslant\frac{3}{x}$ 及式(3.32)，得到 $\frac{1}{x}<\frac{4}{5}\leqslant\frac{3}{x}$，即 $1<x<4$，故 $x=2$ 或 3.

① 若 $x=2$，则式(3.32)为 $\frac{1}{y}+\frac{1}{z}=\frac{3}{10}$. 由此及 $\frac{1}{y}<\frac{1}{y}+\frac{1}{z}\leqslant\frac{2}{y}$，得 $\frac{1}{y}<\frac{3}{10}\leqslant\frac{2}{y}$，即 $3<y<7$，故 $y=4,5$ 或 6. 将 $x=2$ 以及 $y=4,5$ 或 6 分别代入式(3.32)，得到所求的正整数解为

$$(x,y,z)=(2,4,20),(2,5,10)$$

② 若 $x=3$，同样的方法可以推出，方程(3.32)无解.

综合上述结论，并注意到式(3.32)对于 x,y,z 的对称性，得到方程的 12 个正整数解为

$$(x,y,z)=(2,4,20),(2,5,10),(2,20,4),(2,10,5),(4,2,20),(5,2,10),$$
$$(20,2,4),(10,2,5),(20,4,2),(10,5,2),(4,20,2),(5,10,2)$$

例 8　求不定方程 $\frac{xy}{z}+\frac{xz}{y}+\frac{yz}{x}=3$ 的整数解.

解　显然 x,y,z 均不为零，且方程左端三项中至少有一项不小于 1，不妨设

$$\frac{xy}{z}\geqslant 1\Rightarrow xyz\geqslant z^2>0$$

故若 (x_0,y_0,z_0) 是方程的解，则 $(-x_0,-y_0,z_0)$，$(-x_0,y_0,-z_0)$，$(x_0,-y_0,-z_0)$ 也是方程的解，因此，只须求原方程的正整数解. 将原方程变形为

$$x^2y^2+y^2z^2+z^2x^2=3xyz$$

由于

$$\begin{aligned}6xyz=&2x^2y^2+2y^2z^2+2z^2x^2=\\&(x^2y^2+x^2z^2)+(y^2z^2+x^2y^2)+(y^2z^2+z^2x^2)\geqslant\\&2x^2yz+2y^2xz+2z^2xy=2xyz(x+y+z)\end{aligned}$$

所以

$$3\geqslant x+y+z$$

因为 x,y,z 均为正整数，所以 $x=y=z=1$，故原方程的整数解为 $(x,y,z)=(1,1,1),(-1,-1,1),(-1,1,-1),(1,-1,-1)$.

3.4.3　余数分析法

余数分析法是将不定方程的解按某个正整数的余数进行分类，或者考察方程中的项对某个正整数的余数，再利用同余的性质进行分析、求解或证明.

例 9　设 d 为不等于 2,5,13 的任一整数，证明：在集合 $\{2,5,13,d\}$ 中可以找到两个不相同的元素 a,b，使得 $ab-1$ 不能构成一个完全平方数.

证明 只须证明下列方程中至少有一个无解：

$$2d-1=x^2,\quad 5d-1=y^2,\quad 13d-1=z^2$$

其中 x,y,z 为整数.

反证法. 假设存在整数 x,y,z 使上述三个方程都成立，则 x 必为奇数. 不妨设

$$x=2n+1\quad (n\in\mathbf{Z})$$

则
$$2d=x^2+1=4n^2+4n+2=4n(n+1)+2\equiv 2(\bmod 8)$$

故 $d\equiv 1(\bmod 4)$，因此 d 为奇数，故 y,z 为偶数. 设 $z=2v,y=2u$，又因为 $z^2-y^2=8d$，得

$$(v-u)(v+u)=2d$$

从而 $2\mid(v-u)(v+u)$，故 v,u 同为奇数或同为偶数，于是 $4\mid(v-u)(v+u)$，即 $4\mid 2d$，故 d 为偶数，这与 d 为奇数矛盾. 因此，上述三个方程中至少有一个无解，从而原命题得证. 证毕.

例 10 已知方程

$$x^3-3xy^2+y^3=n \tag{3.33}$$

其中 n 为正整数，试证明：当 $n=2\ 891$ 时，方程没有整数解.

证明 假设当 $n=2\ 891$ 时，方程(3.33)有整数解 (x,y)，则

$$x^3+y^3=3xy^2+2\ 891=3xy^2+3\times 963+2 \tag{3.34}$$

因而
$$x^3+y^3\equiv 2(\bmod 3)$$

于是，对 x,y 有如下三种可能情况：

(ⅰ) $\begin{cases}x\equiv 0(\bmod 3)\\ y\equiv 2(\bmod 3)\end{cases}$； (ⅱ) $\begin{cases}x\equiv 1(\bmod 3)\\ y\equiv 1(\bmod 3)\end{cases}$； (ⅲ) $\begin{cases}x\equiv 2(\bmod 3)\\ y\equiv 0(\bmod 3)\end{cases}$.

对第(ⅰ)种情况，令 $x=3s,y=3t+2(s,t\in\mathbf{Z})$，代入式(3.34)得

$$(3s)^3+(3t+2)^3=9s(3t+2)^2+9\times 321+2$$

上式左端模 9 等于 8，右端模 9 等于 2，两者矛盾，故当 $n=2\ 891$ 时，方程(3.33)没有整数解.

类似可证(ⅱ)、(ⅲ)两种情况，当 $n=2\ 891$ 时，方程(3.33)也没有整数解. 证毕.

例 11 证明：若实数 x 与 y 满足方程

$$x^2-3y^2=2 \tag{3.35}$$

则 x 与 y 不能都是有理数.

证明 反证法. 设存在有理数

$$x=\frac{n}{m},\quad y=\frac{l}{m}\quad (m,n,l\in\mathbf{Z},m\neq 0,\gcd(m,n,l)=1)$$

满足方程(3.35)，则

$$n^2-3l^2=2m^2 \tag{3.36}$$

考察两种可能的情形：

(ⅰ) $3\nmid n$. 此时，由于 $n\equiv\pm 1(\bmod 3)$，故 $n^2\equiv 1(\bmod 3)$，因此，由式(3.36)得到

$$2m^2\equiv 1(\bmod 3)$$

而这是不可能的,因为对于 $m\equiv1$ 或 $2\pmod 3$,都有 $2m^2\equiv2\pmod 3$.

(ⅱ) $3|n$. 此时,由式(3.36)得到 $2m^2\equiv0\pmod 3$,因此 $3|m$. 再由式(3.36)得到 $3|l$,所以 $\gcd(m,n,l)>1$,这与假设 $\gcd(m,n,l)=1$ 矛盾. 证毕.

习题 3.4

1. 求方程 $x^2y+2x^2-3y-7=0$ 的整数解.
2. 求方程 $x^2-x-y^2+y+18=0$ 的整数解.
3. 证明:任何连续四个正整数之积不能是一个完全平方.
4. 证明:方程 $3^x+1=5^y+7^z$ 除 $x=y=z=0$ 之外没有其他整数解.
5. 求方程 $2^x-3^y=1$ 的正整数解.
6. 求方程 $\frac{1}{x}+\frac{1}{y}=\frac{1}{z}$ 的正整数解.
7. 设 p 是素数,求方程 $\frac{2}{p}=\frac{1}{x}+\frac{1}{y}$ 的整数解.
8. 求不定方程组 $\begin{cases}x^3+y^3+z^3=3\\x+y+z=3\end{cases}$ 的所有整数解.
9. 试求方程 $x_1^4+x_2^4+\cdots+x_{14}^4=1\,599$ 的所有整数解.

本章小结

1. 基本概念

本章基本概念主要包括:二元一次不定方程、n 元一次不定方程、费马方程、勾股数(二次不定方程 $x^2+y^2=z^2$ 的每一组正整数解)、本原解($x^2+y^2=z^2$ 满足 $\gcd(x,y,z)=1$ 的正整数解)、非平凡解($x^2+y^2=z^2$ 满足 $xyz=0$ 的整数解)和费马大定理.

2. 主要定理或结论

本章主要定理有:二元一次不定方程有解的充分必要条件(定理 3.1.1)、二元一次不定方程的解法(定理 3.1.2)、n 元一次不定方程有解的充分必要条件(定理 3.2.1)、n 元一次不定方程的解法(定理 3.2.2)、费马方程 $x^2+y^2=z^2$ 的解(定理 3.3.1 及其推论)和费马方程 $x^4+y^4=z^4$ 无 $xyz\neq0$ 的整数解(定理 3.3.2 及其推论).

3. 重要方法

(1) 判断 n 元一次不定方程是否有整数解的方法

根据定理 3.2.1 的结论知,不定方程 $a_1x_1+\cdots+a_nx_n=b(n\geqslant2)$ 有整数解的充分必要条件是

$$d=\gcd(a_1,\cdots,a_n)\mid b$$

(2) 二元一次不定方程一般解的求法

1）利用特解求其一般解的方法

首先判断二元一次不定方程是否有解，在有解的情况下，先求出其特解，再根据定理 3.1.2 写出其一般解的表达式.

2）直接对不定方程辗转相除求解的方法

设二元一次不定方程为 $ax+by=c(a>b>0)$，$\gcd(a,b)\mid c$，对其进行变形得

$$y=q_1-q_2x+\frac{r'_1-r_1x}{b}\quad(a=bq_2+r_1,c=bq_1+r'_1,0\leqslant r_1,r'_1<b)$$

令 $y'=\frac{r'_1-r_1x}{b}\in\mathbf{Z}$，得到一个新的二元一次不定方程 $by'+r_1x=r'_1$；重复此过程，并注意到 $a>b>r_1>\cdots$，则在有限步之后必得到一个二元一次不定方程，它有一个变元的系数等于±1，从而其解可以用观察法直接得出. 再依次逆向代入，即可求出原二元一次不定方程的一般解.

(3) n 元一次不定方程一般解的求法

首先，判断 n 元一次不定方程是否有解，若有解，根据定理 3.2.2 将其化归为 $n-1$ 个二元一次不定方程；再求出每一个方程的解的一般形式，从结果中消去参数，即得原不定方程的解.

(4) 费马方程 $x^2+y^2=z^2$ 一般解的求法

先利用定理 3.3.1 及其推论求 $x^2+y^2=z^2$ 的本原解，再由此得出全部整数解.

(5) 费马无穷递降法

在证明一类不定方程无整数解(如，不定方程 $x^4+y^4=z^2$ 无 $xyz\neq0$ 的整数解)时，费马发明了一种非常巧妙的证明方法，即无穷递降法. 其论证的核心是：从相反的结论出发，假设存在一组正整数解，设法构造出这个方程(或者同类方程)的另一组正整数解，而证明新的解比已选择的解“严格地小”，由此产生矛盾. 无穷递降法常用来判定方程的可解性.

(6) 一些特殊不定方程的解法

因数(式)分解法、不等分析法和余数分析法等.

值得注意的是，不定方程的证明(或解法)较为灵活，没有固定的解(证)题模式，只能根据具体情况，灵活运用数论知识来解(证)题. 本章主要体现了化归思想和分类思想方法.

第 4 章 同余方程

代数研究中一个重要的内容是求解方程,在初等数论中同余方程是同余理论研究的核心内容. 本章首先给出同余方程的概念和基本性质,在此基础上着重讨论一次同余方程与一次同余方程组,证明驰名中外的中国剩余定理——孙子定理,同时给出孙子定理的一些应用;特别地,讨论素数幂模的同余方程的解法及素数模同余方程的解数.

本章重点是一次同余方程、一次同余方程组、素数幂模的同余方程的一般求解方法,以及素数模同余方程的解数的判别.

4.1 一次同余方程

本节首先给出 n 次同余方程的概念,再介绍一次同余方程有解的条件、解的个数及其求解方法等. 本章中,约定 m 是正整数.

定义 设 $f(x)=a_nx^n+\cdots+a_1x+a_0$ 是未知数 x 的整系数多项式,称

$$f(x)\equiv 0(\mathrm{mod}\ m) \tag{4.1}$$

是**关于未知数 x 的模 m 的一元同余方程**,简称为**模 m 的同余方程**.

若 $a_n\not\equiv 0(\mathrm{mod}\ m)$,则称式(4.1)为**$n$ 次同余方程**(或**n 次同余式**).

设 a 是整数,当 $x=a$ 时,式(4.1)成立,则称 a 是同余方程(4.1)的**解**.

因为 $f(x)$ 是整系数多项式,所以由同余性质可知,当 $x=a$ 是式(4.1)的解时,

$$x=a+qm\quad(q\in\mathbf{Z}) \tag{4.2}$$

也是式(4.1)的解. 因此,将所有形如式(4.2)的解统称为同余方程(4.1)的解,记作 $x\equiv a(\mathrm{mod}\ m)$.

由此可知,同余方程(4.1)的**解数**指其关于模 m 互不同余的所有解的个数. 显然,同余方程(4.1)的一个解就是模 m 的一个剩余类. 因此,模 m 的同余方程(4.1)的解数不会超过 m. 在模 m 的任意取定的一组完全剩余系中,适合同余方程(4.1)的解的个数就是式(4.1)的解数. 特别地,可以通过将整数 $x=0,1,\cdots,m-1$ 逐个代入式(4.1)验证其是否成立的方法找出其全部解. 此种求解方法称为**穷举法**. 但是,当同余方程(4.1)中多项式 $f(x)$ 的次数较高,系数绝对值较大,或模 m 较大时,穷举法往往难以奏效. 因此,需要讨论同余方程有解的条件、解的个数及如何求解等问题. 为此,先从最简单的一次同余方程开始.

定义 设 a,b 是整数,x 是未知数,m 是正整数,则

$$ax\equiv b(\mathrm{mod}\ m),\quad a\not\equiv 0(\mathrm{mod}\ m) \tag{4.3}$$

称为模 m 的**一次同余方程**(或**一次同余式**).

下面研究一次同余方程(4.3)的解.

定理 4.1.1 设 a,b 是整数，$d=(a,m)$，$a\not\equiv 0(\bmod m)$，则一次同余方程(4.3)有解的充分必要条件是 $d|b$. 若方程(4.3)有解，则它恰有 $d=(a,m)$ 个解.

证明 **必要性** 若同余方程(4.3)有解 $x\equiv t(\bmod m)$，则必定存在整数 y，使得

$$ax+my=b$$

因为 $d|a,d|m$，故由上式即得 $d|b$.

充分性 由于 $d=(a,m)$，根据最大公因数的性质知，存在整数 u,v，使得 $au+mv=d$. 由于 $d|b$，则有整数 c 使得 $b=cd$. 于是 $a(cu)+m(cv)=cd=b$，因而方程(4.3)有解 $x\equiv cu(\bmod m)$.

若同余方程(4.3)有解 x_0，则存在 y_0，使得 x_0 与 y_0 是不定方程 $ax+my=b$ 的特解，且其全部整数解是

$$\begin{cases} x=x_0+\dfrac{m}{(a,m)}t \\ y=y_0-\dfrac{a}{(a,m)}t \end{cases} \quad (t=0,\pm 1,\cdots) \tag{4.4}$$

显然式(4.4)所确定的 x 都满足式(4.3).

由于 $d=(a,m)$，令 $t=dq+r(q\in\mathbf{Z};r=0,1,2,\cdots,d-1)$，代入式(4.4)，得

$$x=x_0+\frac{m}{(a,m)}t=x_0+qm+\frac{m}{d}r\equiv x_0+\frac{m}{d}r(\bmod m)\quad(0\leqslant r\leqslant d-1)$$

容易验证，当 $r=0,1,2,\cdots,d-1$ 时，相应的解

$$x\equiv x_0,\ x_0+\frac{m}{d},\ x_0+\frac{2m}{d},\ \cdots,\ x_0+\frac{(d-1)m}{d}(\bmod m) \tag{4.5}$$

对于模 m 是两两互不同余的，所以同余方程(4.3)恰有 d 个解. 证毕.

注 在定理 4.1.1 的证明中，同时给出了一次同余方程(4.3)的可解性和解数问题. 但是，对于具体的同余方程(4.3)，可以采用不同的方法求解.

由定理 4.1.1 可知，当 $d=(a,m)$ 且 $d|b$ 时方程(4.3)有解，此时求解方程(4.3)化归为求解同余方程

$$\frac{a}{d}x\equiv\frac{b}{d}\left(\bmod \frac{m}{d}\right)$$

由此可知，一次同余方程(4.3)的求解问题转换成求解形如同余方程

$$ax\equiv b(\bmod m),\quad (a,m)=1,\quad a\not\equiv 0(\bmod m) \tag{4.6}$$

的问题. 对于同余方程(4.6)，有以下四种常用的求解方法.

(1) 穷举法

令未知数 x 依次取 $x=0,1,\cdots,m-1$ 并代入方程(4.6)进行验证，此时若有整数 $r(0\leqslant r\leqslant m-1)$，使得当 $x=r$ 时方程(4.6)成立，则 $x\equiv r(\bmod m)$ 即为方程(4.6)的解. 当模 m 的数值很大时，此法所需的计算量较大.

(2) 辗转相除法

由于$(a,m)=1$，所以可以运用辗转相除法求出适合 $au+mv=1$ 的整数 u 和 v. 此时，$x\equiv bu(\mathrm{mod}\ m)$即为同余方程(4.6)的整数解；或者将同余方程(4.6)转换为与之等价的不定方程，通过辗转相除求不定方程的特解，从而得出方程(4.6)的一般解(参见下面的例 3)；但是，有时此法的计算比较冗长.

(3) 公式法

由于$(a,m)=1$，所以，根据 Euler 定理可知 $a^{\varphi(m)}\equiv 1(\mathrm{mod}\ m)$，其中 $\varphi(m)$是 Euler 函数. 于是，由方程(4.6)可得

$$ax\equiv b\equiv a^{\varphi(m)}b(\mathrm{mod}\ m)$$

因为$(a,m)=1$，故从上式可知 $x\equiv a^{\varphi(m)-1}b(\mathrm{mod}\ m)$，即为同余方程(4.6)的解. 此法虽然计算量较大，但其在推理证明中十分有用.

(4) 同余变形法

首先，将同余方程(4.6)写成 $x\equiv\frac{b}{a}(\mathrm{mod}\ m)$的形式；然后，在$\frac{b}{a}$的分子或分母位置上加上 m 的适当倍数(或者分子分母同时乘以一个与 m 互素的非零整数)，使得通过约分后(或者分子分母同时模 m 后)所得新分数的分母的绝对值逐渐变小. 如果变形后的新分母为 1 或 -1，分子为 r，则此时可得方程(4.6)的解为 $x\equiv r(\mathrm{mod}\ m)$或 $x\equiv -r(\mathrm{mod}\ m)$. 此法在一次同余方程的求解中往往比较有效.

例 1　解同余方程 $8x\equiv 9(\mathrm{mod}\ 11)$.

解　此时$(8,11)=1$，故原同余方程只有一解. 以下分别用四种方法求解.

① 穷举法.

将 $x=0,1,2,\cdots,10$ 分别代入同余方程，当 $x=8$ 时，$8x=64\equiv 9(\mathrm{mod}\ 11)$，除此之外，其他数都不适合原同余方程. 故 $x\equiv 8(\mathrm{mod}\ 11)$是原同余方程的解.

② 辗转相除法.

由于 $11=1\times 8+3$，$8=2\times 3+2$，$3=1\times 2+1$，经逆推计算可得$(-4)\times 8+3\times 11=1$，即 $8\times(-4)\times 9+11\times 3\times 9=9$. 因此 $x\equiv(-4)\times 9\equiv 8(\mathrm{mod}\ 11)$是原同余方程的解.

③ 公式法.

因为 11 是素数，$\varphi(11)=10$，故 $x\equiv 9\times 8^9\equiv 8(\mathrm{mod}\ 11)$是原同余方程的解.

④ 同余变形法.

因为

$$x\equiv\frac{9}{8}\equiv\frac{9+11}{8}\equiv\frac{5}{2}\equiv\frac{5+11}{2}\equiv\frac{8}{1}(\mathrm{mod}\ 11)$$

或者

$$x\equiv\frac{9}{8}\equiv\frac{9\times 3}{8\times 3}\equiv\frac{27}{24}\equiv\frac{5}{2}\equiv\frac{5\times 6}{2\times 6}\equiv\frac{30}{12}\equiv\frac{8}{1}(\mathrm{mod}\ 11)$$

所以 $x\equiv 8 \pmod{11}$是原同余方程的解.

根据以上分析可知,一次同余方程(4.3)可按以下步骤求解:

① 求出 $d=(a,m)$,如果 $d\nmid b$,则方程(4.3)无解;如果 $d\mid b$,则先求出同余方程 $\frac{a}{d}x\equiv\frac{b}{d}\left(\bmod \frac{m}{d}\right)$的解 $x\equiv r\left(\bmod \frac{m}{d}\right)$.

② 利用式(4.5)写出式(4.3)的全部 d 个解.

例 2 解同余方程 $24x\equiv 17 \pmod{32}$.

解 由于$(24,32)=8$ 且 $8\nmid 17$,所以原同余方程无解.

例 3 解同余方程

$$111x \equiv 75 \pmod{321} \tag{4.7}$$

解 因为$(111,321)=3$,而 $3\mid 75$,故方程(4.7)有 3 个解. 将方程(4.7)变形后的同余方程为

$$37x \equiv 25 \pmod{107} \tag{4.8}$$

再将式(4.8)化归为等价的不定方程

$$37x-107y=25 \quad (y\in \mathbf{Z})$$

利用不定方程的辗转相除得

$$x=3y+\frac{-4y+25}{37}\in \mathbf{Z}$$

令 $w=\frac{-4y+25}{37}\in \mathbf{Z}$,则$-37w+25=4y$,即 $y=-9w+6+\frac{-w+1}{4}\in \mathbf{Z}$,此式中令 $w=1$,相应得到 $y=-3$ 及 $x=-8$.

故方程(4.8)的解为 $x\equiv -8 \pmod{107}$.

因此,方程(4.7)的 3 个解为 $x\equiv -8,99,206 \pmod{321}$.

注 对于如下模相同的一次同余方程组,通过消元法可以化归为一元一次同余方程求解.

例 4 解同余方程组

$$\begin{cases}3x+5y\equiv 1 \pmod 7\\ 2x-3y\equiv 2 \pmod 7\end{cases} \tag{4.9}$$

解 将方程组(4.9)的第一个式子乘以 2,减去第二个式子乘以 3,得到 $19y\equiv -4 \pmod 7$,即

$$5y\equiv -4 \pmod 7$$

解之得

$$y\equiv 2 \pmod 7$$

再代入方程组(4.9)的第一个式子中,得到 $3x+10\equiv 1 \pmod 7$,解之得 $x\equiv 4 \pmod 7$.

故同余方程组(4.9)的解是

$$\begin{cases}x\equiv 4 \pmod 7\\ y\equiv 2 \pmod 7\end{cases}$$

习题 4.1

1. 解下列同余方程：

(1) $8x\equiv 9 \pmod{11}$；　(2) $6x\equiv 22 \pmod{36}$；

(3) $31x\equiv 25 \pmod{17}$；　(4) $256x\equiv 123 \pmod{337}$；

(5) $9x\equiv 12 \pmod{15}$；　(6) $64x\equiv 83 \pmod{105}$.

2. 解同余方程组 $\begin{cases}3x+5y\equiv 38 \pmod{47}\\ x-y\equiv 10 \pmod{47}\end{cases}$.

3. 设 p 是素数，$0<a<p$，证明：

$$x\equiv b(-1)^{a-1}\frac{(p-1)(p-2)\cdots(p-a+1)}{a!} \pmod p$$

是同余方程 $ax\equiv b \pmod p$ 的解.

4. 证明：同余方程 $a_1x_1+a_2x_2+\cdots+a_nx_n\equiv b \pmod m$ 有解的充分必要条件是

$$(a_1,a_2,\cdots,a_n,m)=d\mid b$$

若同余方程有解，则对于模 m 恰有 $d\cdot m^{n-1}$ 个解.

5. 解同余方程 $2x+7y\equiv 5 \pmod{12}$.

6. 找出所有适合 $2^xy\equiv 11 \pmod 7$ 的正整数解 x,y.

4.2　一次同余方程组

本节介绍驰名中外的中国剩余定理——孙子定理，同时给出孙子定理的一些应用.

我国古代的孙子算经（纪元前后）里提出了如下一个问题：今有物不知其数，三三数之剩二，五五数之剩三，七七数之剩二，问物几何？答曰：二十三.

设此物的数量为 x，则这个问题用同余符号可以简洁地表述为

$$\begin{cases}x\equiv 2 \pmod 3\\ x\equiv 3 \pmod 5\\ x\equiv 2 \pmod 7\end{cases}$$

这个问题实际上就是求解同余方程组. 将此概念推广到一般情形，得出定义如下.

定义　设 $m_1,m_2,\cdots,m_k$ 是大于 1 的正整数，$a_1,a_2,\cdots,a_k$ 是整数，由 $k(k\geqslant 2)$ 个一元一次同余方程联立而成的同余式

$$\begin{cases}x\equiv a_1 \pmod{m_1}\\ x\equiv a_2 \pmod{m_2}\\ \cdots\\ x\equiv a_k \pmod{m_k}\end{cases}\tag{4.10}$$

称为**一元一次同余方程组**.

对于整数 a,如果当 $x=a$ 时,方程组(4.10)中的每个同余方程都成立,则称 $x=a$ 是同余方程组(4.10)的**公共解**. 设 $M=[m_1,\cdots,m_k]$,如果 $x=a$ 是方程组(4.10)的公共解,则显然

$$x = a + qM \quad (q \in \mathbf{Z}) \tag{4.11}$$

都是方程组(4.10)的公共解. 因此,下面将所有形如式(4.11)的公共解统称为同余方程组(4.10)的一个**解**,记为 $x\equiv a(\bmod M)$. 由此可知,同余方程组(4.10)的一个解实际上就是模 M 的一个剩余类.

下面讨论方程组(4.10) 中 $m_1,m_2,\cdots,m_k(k\geqslant 2)$两两互素的情形.

定理 4.2.1(孙子定理) 设 $m_1,m_2,\cdots,m_k$是正整数,

$$(m_i,m_j) = 1 \quad (1 \leqslant i,j \leqslant k, i \neq j) \tag{4.12}$$

记

$$m = m_1m_2\cdots m_k, \quad M_i = \frac{m}{m_i} \quad (1 \leqslant i \leqslant k)$$

则存在整数 $M_i'(1\leqslant i\leqslant k)$,使得

$$M_iM_i' \equiv 1(\bmod m_i) \tag{4.13}$$

$$M_iM_i' \equiv 0(\bmod m_j) \quad (1 \leqslant j \leqslant k,\ i \neq j) \tag{4.14}$$

并且

$$x \equiv \sum_{i=1}^{k} a_iM_iM_i'(\bmod m) \tag{4.15}$$

是同余方程组(4.10)关于模 m 的唯一解,即若还有 $x\equiv x_1(\bmod m)$使同余方程组(4.10)成立,则 $x_1\equiv x_0(\bmod m)$,其中 $x_0 = \sum\limits_{i=1}^{k} a_iM_iM_i'$.

证明 由式(4.12)有$(M_i,m_i)=1$,因此,利用辗转相除可求出 M_i'与 y_i,使得

$$M_iM_i' + y_im_i = 1$$

即 M_i'满足式(4.13)和式(4.14). 由式(4.13)与式(4.14),并且对于 $1\leqslant i\leqslant k$,显然有

$$x_0 \equiv a_iM_iM_i' \equiv a_i(\bmod m_i) \quad (1 \leqslant i \leqslant k)$$

因此,$x \equiv \sum\limits_{i=1}^{k} a_iM_iM'_i(\bmod m)$ 是同余方程组(4.10) 关于模 m 的解.

又若 $x\equiv x_1(\bmod m)$也适合同余方程组(4.10),则

$$x_1 \equiv x_0(\bmod m_i) \quad (1 \leqslant i \leqslant k)$$

因此,由同余性质得

$$x_1 \equiv x_0(\bmod [m_1,m_2,\cdots,m_k])$$

但是,由式(4.12)可知$[m_1,m_2,\cdots,m_k]=m$,这就证明了方程组(4.10)关于模 m 的唯一解. 证毕.

定理 4.2.2 在定理 4.2.1 的条件下,若同余方程组(4.10)中的 $a_1,a_2,\cdots,a_k$分别通过模 $m_1,m_2,\cdots,m_k$的完全剩余系,则式(4.15)中的 x_0通过模 $m_1m_2\cdots m_k$的完全剩余系.

证明 这是习题 2.2 中第 7 题的特殊情形,由此知结论成立. 证毕.

现在，讨论方程组(4.10) 中 $m_1,m_2,\cdots,m_k(k\geqslant 2)$不互素的情形. 首先讨论 $k=2$ 的情形.

定理 4.2.3　设 a_1,a_2是整数，m_1,m_2是正整数，$d=(m_1,m_2)$，证明:同余方程组

$$\begin{cases}x\equiv a_1(\mathrm{mod}\ m_1)\\ x\equiv a_2(\mathrm{mod}\ m_2)\end{cases}\tag{4.16}$$

有解的充分必要条件是 $d\mid(a_1-a_2)$，即 $a_1\equiv a_2(\mathrm{mod}(m_1,m_2))$.

若方程组(4.16)有解，则对模$[m_1,m_2]$是唯一的，即若 x_1 与 x_2 都是同余方程组(4.16)的解，则

$$x_1\equiv x_2(\mathrm{mod}\ [m_1,m_2])$$

证明　必要性　设 x 是同余方程组(4.16)的解，则

$$\begin{cases}x\equiv a_1(\mathrm{mod}\ m_1)\\ x\equiv a_2(\mathrm{mod}\ m_2)\end{cases}$$

从而存在整数 q_1,q_2 使得 $x=a_1+m_1q_1$，$x=a_2+m_2q_2$，消去 x 即得 $a_1-a_2=m_2q_2-m_1q_1$. 由于 $d=(m_1,m_2)$，故 $d\mid(a_1-a_2)$，即 $a_1\equiv a_2(\mathrm{mod}(m_1,m_2))$.

充分性　若 $d=(m_1,m_2)\mid(a_1-a_2)$成立，则由定理 4.1.2 知，以 y 为未知数的方程 $m_2y\equiv a_1-a_2(\mathrm{mod}\ m_1)$有解 $y\equiv y_0(\mathrm{mod}\ m_1)$，亦即 $m_2y_0\equiv a_1-a_2(\mathrm{mod}\ m_1)$.

记 $x_1=a_2+m_2y_0$，则 $x_1\equiv a_2(\mathrm{mod}\ m_2)$，且

$$x_1=a_2+m_2y_0\equiv a_2+(a_1-a_2)\equiv a_1(\mathrm{mod}\ m_1)$$

因此，$x\equiv x_1(\mathrm{mod}[m_1,m_2])$是同余方程组(4.16)的解.

另外，若 x_1与 x_2都是同余方程组(4.16)的解，则 $x_1\equiv x_2(\mathrm{mod}\ m_1)$，$x_1\equiv x_2(\mathrm{mod}\ m_2)$，由同余性质得 $x_1\equiv x_2(\mathrm{mod}\ [m_1,m_2])$，即对于模 $[m_1,m_2]$，同余方程组(4.16)的解是唯一的. 证毕.

其次讨论 $k>2$ 的情形。

定理 4.2.4　同余方程组(4.10)有解的充分必要条件是

$$a_i\equiv a_j(\mathrm{mod}(m_i,m_j))\quad(1\leqslant i,j\leqslant k)$$

且若方程组(4.10)有解，则对模 $M=[m_1,\cdots,m_k]$是唯一的，即若 x_1与 x_2都是同余方程组(4.10)的解，则 $x_1\equiv x_2(\mathrm{mod}[m_1,\cdots,m_k])$.

证明　必要性　设 x 是同余方程组(4.10)的解，则对方程组

$$\begin{cases}x\equiv a_i(\mathrm{mod}\ m_i)\\ x\equiv a_j(\mathrm{mod}\ m_j)\end{cases}\quad(1\leqslant i,j\leqslant k)$$

进行类似于定理 4.2.3 必要性的证明，可得 $a_i\equiv a_j(\mathrm{mod}(m_i,m_j))(1\leqslant i,j\leqslant k)$.

充分性　对 k 进行数学归纳. 当 $k=2$ 时，由定理 4.2.3 可知充分性成立.

假设对于 $k(k>2)$时充分性成立. 下面考虑 $k+1$ 的情形，若此时同余方程组满足条件

$$a_i\equiv a_j(\mathrm{mod}(m_i,m_j))\quad(1\leqslant i,j\leqslant k+1)\tag{4.17}$$

由定理 4.2.3 知存在 b_k，使得 $x\equiv b_k(\mathrm{mod}\ [m_k,m_{k+1}])$满足同余方程组 $x\equiv a_k(\mathrm{mod}\ m_k)$，$x\equiv a_{k+1}(\mathrm{mod}\ m_{k+1})$. 由于在同余方程组

$$\begin{cases} x \equiv a_1 (\bmod m_1) \\ \cdots \\ x \equiv a_{k-1} (\bmod m_{k-1}) \\ x \equiv b_k (\bmod [m_k, m_{k+1}]) \end{cases}$$

中，由式(4.17)有

$$a_i \equiv a_j (\bmod (m_i, m_j)) \quad (1 \leqslant i, j \leqslant k-1)$$

因此，若能证明

$$a_i \equiv b_k (\bmod (m_i, [m_k, m_{k+1}])) \quad (1 \leqslant i \leqslant k-1) \tag{4.18}$$

则由归纳假设即可证明充分性成立.

事实上，由 b_k 的定义，有

$$a_k \equiv b_k (\bmod m_k), \quad a_{k+1} \equiv b_k (\bmod m_{k+1}) \tag{4.19}$$

且由式(4.17)，对于 $1 \leqslant i \leqslant k-1$ 有

$$a_i \equiv a_k (\bmod (m_i, m_k)), \quad a_i \equiv a_{k+1} (\bmod (m_i, m_{k+1}))$$

由上式及式(4.19)得到，对于 $1 \leqslant i \leqslant k-1$，有

$$a_i \equiv b_k (\bmod (m_i, m_k)), \quad a_i \equiv b_k (\bmod (m_i, m_{k+1}))$$

因此，由此式及同余方程性质，得

$$a_i \equiv b_k (\bmod [(m_i, m_k), (m_i, m_{k+1})]) \quad (1 \leqslant i \leqslant k-1)$$

根据习题 1.4 中第 6 题的结论知 $[(m_i, m_k), (m_i, m_{k+1})] = (m_i, [m_k, m_{k+1}])$，由此即得到式(4.18). 再由归纳假设可知充分性得证，即方程组(4.10)有解.

此外，若 x_1 与 x_2 都是同余方程组(4.10)的解，则 $x_1 \equiv x_2 (\bmod m_i)(1 \leqslant i \leqslant k)$，由同余基本性质，得 $x_1 \equiv x_2 (\bmod [m_1, \cdots, m_k])$，即关于模 $[m_1, \cdots, m_k]$，方程组(4.10)的解唯一. 证毕.

作为孙子定理的一个应用，下面讨论一般同余方程 $f(x) \equiv 0 (\bmod m)$ 的解数问题.

定理 4.2.5 设 $m = m_1 m_2 \cdots m_k$，其中 $m_1, m_2, \cdots, m_k$ 是两两互素的正整数，$f(x)$ 是整系数多项式，以 T 与 $T_i (1 \leqslant i \leqslant k)$ 分别表示同余方程

$$f(x) \equiv 0 (\bmod m) \tag{4.20}$$

与

$$f(x) \equiv 0 (\bmod m_i) \tag{4.21}$$

的解的个数，则 $T = T_1 T_2 \cdots T_k$.

证明 由于 $m = m_1 m_2 \cdots m_k$，且 $m_1, m_2, \cdots, m_k$ 两两互素，故由同余性质可知，同余方程(4.20)等价于同余方程组

$$f(x) \equiv 0 (\bmod m_i) \quad (i = 1, 2, \cdots, k) \tag{4.22}$$

对于每个 $i (1 \leqslant i \leqslant k)$，设同余方程(4.21)的全部解是

$$x \equiv x_1^{(i)}, x_2^{(i)}, \cdots, x_{T_i}^{(i)} (\bmod m_i) \tag{4.23}$$

则同余方程组(4.22)等价于下面的 $T_1 T_2 \cdots T_k$ 个方程组

$$\begin{cases} x \equiv x_{j_1}^{(1)} \pmod{m_1} \\ x \equiv x_{j_2}^{(2)} \pmod{m_2} \\ \cdots \\ x \equiv x_{j_k}^{(k)} \pmod{m_k} \end{cases} \tag{4.24}$$

其中 $x_{j_i}^{(i)}$ 通过式(4.23)中的数值，即通过同余方程(4.21)的全部解.

由孙子定理，对于选定的每一组$\{x_{j_1}^{(1)}, x_{j_2}^{(2)}, \cdots, x_{j_k}^{(k)}\}$，同余方程组(4.24)对模 m 有唯一解，而且由定理 4.2.2，当每个 $x_{j_i}^{(i)}$ 通过式(4.23)中的值时，所得到的 $T_1T_2\cdots T_k$ 个同余方程组(4.24)的解关于模 m 是两两不同余的. 因此，式(4.20)的解数为 $T=T_1T_2\cdots T_k$. 证毕.

下面给出孙子定理应用的一些实例.

例 1　求最小正整数 x，使得它被 3，5，7 除的余数分别是 1，2，3.

解　设 x 是所求整数，则它满足方程组 $x\equiv1 \pmod 3$，$x\equiv2 \pmod 5$，$x\equiv3 \pmod 7$. 由于 3，5，7 两两互素，故由孙子定理知，此同余方程组恰有一解. 因为

$$m_1 = 3,\quad m_2 = 5,\quad m_3 = 7,\quad m = 3\times5\times7 = 105$$

$$M_1 = 5\times7 = 35,\quad M_2 = 3\times7 = 21,\quad M_3 = 3\times5 = 15$$

令 $M_i \cdot M_i' \equiv 1 \pmod{m_i}\ (i=1,2,3)$，可分别求得 $M_1'=-1$，$M_2'=1$，$M_3'=1$，于是

$$x \equiv 1\times35\times(-1)+2\times21\times1+3\times15\times1 \equiv 52 \pmod{105}$$

因此，所求整数为 $x=52+105t\ (t=0,\pm1,\pm2,\cdots)$，故所求最小正整数 x 是 52.

例 2　解同余方程组

$$\begin{cases} x \equiv -2 \pmod{12} \\ x \equiv 6 \pmod{10} \\ x \equiv 1 \pmod{15} \end{cases}$$

解　由于原同余方程组中的模不两两互素，容易验证，它满足定理 4.2.4 的条件，所以原同余方程组有解. 为此，需先将原方程组化归为可用孙子定理求解的情形.

原方程组可化归为等价的方程组

$$\begin{cases} x \equiv -2 \pmod{2^2} \\ x \equiv -2 \pmod 3 \\ x \equiv 6 \pmod 2 \\ x \equiv 6 \pmod 5 \\ x \equiv 1 \pmod 5 \\ x \equiv 1 \pmod 3 \end{cases}$$

显然，同余方程组

$$\begin{cases} x \equiv -2 \pmod{2^2} \\ x \equiv 6 \pmod{2} \end{cases} \quad \text{等价于 } x \equiv -2 \pmod{2^2}$$

$$\begin{cases} x \equiv -2 \pmod{3} \\ x \equiv 1 \pmod{3} \end{cases} \quad \text{等价于 } x \equiv 1 \pmod{3}$$

$$\begin{cases} x \equiv 1 \pmod{5} \\ x \equiv 6 \pmod{5} \end{cases} \quad \text{等价于 } x \equiv 1 \pmod{5}$$

于是,原同余方程组等价于

$$\begin{cases} x \equiv -2 \pmod{2^2} \\ x \equiv 1 \pmod{3} \\ x \equiv 1 \pmod{5} \end{cases}$$

再由孙子定理解得 $x \equiv 46 \pmod{60}$,此也即原同余方程的解.

注 例 2 说明,对于一次同余方程组中模 $m_1, m_2, \cdots, m_k (k \geqslant 2)$ 不互素的情形,应该先判断此方程组是否有解,在有解时,通过将同余方程组化归为模两两互素的等价方程组,再利用孙子定理求解.

例 3 解同余方程

$$5x^2 + 6x + 49 \equiv 0 \pmod{60} \tag{4.25}$$

解 因为 $60 = 3 \times 2^2 \times 5$,所以方程(4.25)等价于同余方程组

$$\begin{cases} 5x^2 + 6x + 49 \equiv 0 \pmod{3} \\ 5x^2 + 6x + 49 \equiv 0 \pmod{4} \\ 5x^2 + 6x + 49 \equiv 0 \pmod{5} \end{cases}$$

分别解上面三个同余方程,得

$$x_1^{(1)} \equiv 1, \quad x_2^{(1)} \equiv -1 \pmod{3}$$
$$x_1^{(2)} \equiv 1, \quad x_2^{(2)} \equiv -1 \pmod{4}$$
$$x_1^{(3)} \equiv 1 \pmod{5}$$

这样,方程(4.25)的解 x 可由方程组

$$\begin{cases} x = a_1 \pmod{3} \\ x = a_2 \pmod{4} \\ x = a_3 \pmod{5} \end{cases}$$

决定,其中,$a_1 = 1, -1, a_2 = 1, -1, a_3 = 1$. 利用孙子定理解该方程组,记 $m_1 = 3, m_2 = 4, m_3 = 5, m = 60$,于是 $M_1 = 20, M_2 = 15, M_3 = 12$,且 $M'_1 = 2, M'_2 = -1, M'_3 = 3$,则

$$x \equiv 40a_1 - 15a_2 + 36a_3 \pmod{60}$$

将 a_1, a_2, a_3 所有可能的取值代入上式,得到方程(4.25)的全部解是

$$x \equiv 1, -19, 31, 11 \pmod{60}$$

例 4　证明:对任意给定的正整数 n,存在连续 n 个正整数,其中每一个都有大于 1 的平方因子.

证明　由于素数有无穷多个,故可以取出 n 个互不相同的素数 $p_1,p_2,\cdots,p_n$,之后再考虑同余方程组 $x\equiv -i(\bmod\ p_i^2)(i=1,2,\cdots,n)$. 由于 $p_1^2,p_2^2,\cdots,p_n^2$ 两两互素,由孙子定理知,上述同余方程组有正整数解,于是,存在 n 个连续整数 $x+1,x+2,\cdots,x+n$,它们分别被平方数 $p_1^2,p_2^2,\cdots,p_n^2$ 整除. 证毕.

注　例 4 说明,孙子定理的重要作用在于:它断言同余方程组(4.10)当模两两互素时一定有唯一解. 它的一个基本功能是:可以将"找连续 n 个具有某种性质"的整数的问题,化归为"找 n 个两两互素的数具有某种性质"的问题,而后者往往更容易解决.

习题 4.2

1. 求解下列一次同余方程组:

(1) $\begin{cases}x\equiv 4(\bmod\ 11)\\ x\equiv 3(\bmod\ 17)\end{cases}$;　(2) $\begin{cases}x\equiv 2(\bmod\ 5)\\ x\equiv 1(\bmod\ 6)\\ x\equiv 3(\bmod\ 7)\\ x\equiv 0(\bmod\ 11)\end{cases}$;

(3) $\begin{cases}x\equiv 3(\bmod\ 8)\\ x\equiv 11(\bmod\ 20)\\ x\equiv 1(\bmod\ 15)\end{cases}$;　(4) $\begin{cases}8x\equiv 6(\bmod\ 10)\\ 3x\equiv 10(\bmod\ 17)\end{cases}$.

2. 解同余方程 $3x^2+11x-20\equiv 0(\bmod\ 105)$.

3. 有一队士兵,若三人一组,则余 1 人;若五人一组,则缺 2 人;若十一人一组,则余 3 人. 已知这队士兵不超过 170 人,问这队士兵的人数是多少?

4. 求一个最小的自然数 n,使得它的 $\frac{1}{2}$ 是一个平方数,它的 $\frac{1}{3}$ 是一个立方数,它的 $\frac{1}{5}$ 是一个 5 次方数.

5. 证明:对于任意给定的 n 个不同的素数 $p_1,p_2,\cdots,p_n$,必存在 n 个连续整数,使得它们中的第 k 个数能被 $p_k(k=1,2,\cdots,n)$ 整除.

4.3　素数幂模的同余方程

在 4.2 节中已经看到,求解模 $m=p_1^{\alpha_1}p_2^{\alpha_2}\cdots p_k^{\alpha_k}$ 的同余方程 $f(x)\equiv 0(\bmod\ m)$ 等价于求解 m 的素数幂模同余方程组 $f(x)\equiv 0(\bmod\ p_i^{\alpha_i})(1\leqslant i\leqslant k,\alpha_i\geqslant 1)$. 因此,本节主要对素数幂模的同余方程的求解作进一步讨论.

容易看出,若 x_0 是同余方程

$$f(x)\equiv 0(\bmod\ p^{\alpha})\quad(\alpha>1)\tag{4.26}$$

的解,即 $f(x_0)\equiv 0(\bmod p^{\alpha})$,由同余性质知,有 $f(x_0)\equiv 0(\bmod p^{\alpha-1})$,即 x_0 必是方程

$$f(x)\equiv 0(\bmod p^{\alpha-1}) \tag{4.27}$$

的解,因此,必有与 x_0 相应的方程(4.27)的某个解 x_1,使得 $x_0\equiv x_1(\bmod p^{\alpha-1})$,亦即存在 $t_0\in\mathbf{Z}$,使得 $x_0=x_1+p^{\alpha-1}t_0$.

这就启发我们:可从方程(4.27)的解中求方程(4.26)的解. 现在的问题是,对于方程(4.27)的每个解 x_1,是否必有方程(4.26)的解 x_0 与之对应?若有,如何确定它?下面的定理回答了这个问题.

定理 4.3.1 设 p 是素数,正整数 $\alpha\geqslant 2$, $f(x)=a_nx^n+\cdots+a_1x+a_0$ 是整系数多项式,又设 x_1 是同余方程(4.27)的一个解,以 $f'(x)$ 表示 $f(x)$ 的一阶导数,则:

(ⅰ) 若 $f'(x_1)\not\equiv 0(\bmod p)$,则存在整数 t,使得

$$x=x_1+p^{\alpha-1}t \tag{4.28}$$

是同余方程(4.26)的解.

(ⅱ) 若 $f'(x_1)\equiv 0(\bmod p)$,并且 $f(x_1)\equiv 0(\bmod p^{\alpha})$,则对于 $t=0,1,2,\cdots,p-1$,由式(4.28)确定的 x 都是方程(4.26)的解.

(ⅲ) 若 $f'(x_1)\equiv 0(\bmod p)$,并且 $f(x_1)\not\equiv 0(\bmod p^{\alpha})$,则无法从方程(4.27)的解 x_1 出发去求同余方程(4.26)的解.

证明 下面说明,如何确定式(4.28)中的 t,使 $x_1+p^{\alpha-1}t$ 满足同余方程(4.26),即

$$f(x_1+p^{\alpha-1}t)\equiv 0(\bmod p^{\alpha}) \tag{4.29}$$

将式(4.29)左端利用泰勒式展开,得

$$f(x_1)+f'(x_1)\cdot p^{\alpha-1}t+\frac{f''(x_1)}{2!}\cdot(p^{\alpha-1}t)^2+\cdots+\frac{f^{(n)}(x_1)}{n!}\cdot(p^{\alpha-1}t)^n\equiv 0(\bmod p^{\alpha})$$

亦即

$$f(x_1)+p^{\alpha-1}t\,f'(x_1)\equiv 0(\bmod p^{\alpha})$$

于是

$$tf'(x_1)\equiv-\frac{f(x_1)}{p^{\alpha-1}}(\bmod p) \tag{4.30}$$

下面考虑三种可能情形.

(ⅰ) 若 $f'(x_1)\not\equiv 0(\bmod p)$,则关于 t 的方程(4.30)有唯一解 $t\equiv t_0(\bmod p)$,即 $t=t_0+pk$ $(k\in\mathbf{Z})$,代入 $x_1+p^{\alpha-1}t$ 得

$$x\equiv x_1+p^{\alpha-1}t_0(\bmod p^{\alpha})$$

此即同余方程(4.26)的解.

(ⅱ) 若 $f'(x_1)\equiv 0(\bmod p)$,且 $f(x_1)\equiv 0(\bmod p^{\alpha})$,则式(4.30)对于任意的整数 t 成立,即同余方程(4.30)有 p 个解

$$t\equiv i(\bmod p)\quad(i=0,1,\cdots,p-1)$$

于是 $x\equiv x_1+p^{\alpha-1}i(\bmod p^{\alpha})(i=0,1,\cdots,p-1)$ 都是同余方程(4.26)的解.

（ⅲ）若 $f'(x_1)\equiv 0 \pmod p$，且 $f(x_1)\not\equiv 0 \pmod{p^\alpha}$，此时，同余方程(4.30)无解，即此时无法从同余方程(4.27)的解 x_1 出发去求同余方程(4.26)的解. 证毕.

注　由定理 4.3.1 知，在（ⅰ）、（ⅱ）两种情形下，求解同余方程 $f(x)\equiv 0 \pmod{p^\alpha}$ $(\alpha\geqslant 2)$ 可化归为求解同余方程 $f(x)\equiv 0 \pmod{p^{\alpha-1}}$，反复进行这种操作，最终化归为求解 $f(x)\equiv 0 \pmod p$. 值得注意的是，在（ⅲ）的情形，这时并不一定意味着同余方程(4.26)无解，因为此时虽然无法从同余方程(4.27)的解 x_1 出发去求同余方程(4.26)的解，但是可能存在从同余方程(4.27)的其他解出发得到同余方程(4.26)的解.

推论 4.3.1　沿用定理 4.3.1 的记号，

（ⅰ）若 $x\equiv a \pmod p$ 是同余方程

$$f(x)\equiv 0 \pmod p \tag{4.31}$$

的解，且 $f'(a)\not\equiv 0 \pmod p$，则存在 x_α，$x_\alpha\equiv a \pmod p$，使得 $x\equiv x_\alpha \pmod{p^\alpha}$ 是同余方程(4.26)的解.

（ⅱ）若 $f'(x)\equiv 0 \pmod p$ 与同余方程(4.31)没有公共解，则对于任意整数 $\alpha\geqslant 1$，同余方程(4.26)与同余方程(4.31)的解数相同.

证明　（ⅰ）若 $x\equiv a \pmod p$ 是方程(4.31)的解，且 $f'(a)\not\equiv 0 \pmod p$，则由定理 4.3.1 知，存在整数 $x_2=a+pt_1$ $(t_1\in\mathbf{Z})$，使得 $x\equiv x_2 \pmod{p^2}$ 是同余方程 $f(x)\equiv 0 \pmod{p^2}$ 的解，且 $x_2\equiv a \pmod p$. 同理，再由定理 4.3.1 得知，存在整数 $x_3=x_2+p^2t_2$ $(t_2\in\mathbf{Z})$，使得 $x\equiv x_3 \pmod{p^3}$ 是方程 $f(x)\equiv 0 \pmod{p^3}$ 的解，且 $x_3\equiv x_2\equiv a \pmod p$. 如此继续下去得知，存在整数 $x_\alpha=x_{\alpha-1}+p^{\alpha-1}t_{\alpha-1}$ $(t_{\alpha-1}\in\mathbf{Z})$，使得 $x\equiv x_\alpha \pmod{p^\alpha}$ 是方程 $f(x)\equiv 0 \pmod{p^\alpha}$ 的解，且 $x_\alpha\equiv x_{\alpha-1}\equiv\cdots\equiv x_2\equiv a \pmod p$.

（ⅱ）若方程 $f'(x)\equiv 0 \pmod p$ 与方程(4.31)没有公共解，亦即 $f(x)\equiv 0 \pmod p$ 的每个解 $x\equiv x_1 \pmod p$ 都不是 $f'(x)\equiv 0 \pmod p$ 的解，也即 $f'(x_1)\not\equiv 0 \pmod p$，故由（ⅰ）知，从解 $x\equiv x_1 \pmod p$ 出发可导出 $f(x)\equiv 0 \pmod{p^\alpha}$ 的一个解 $x\equiv x_\alpha \pmod{p^\alpha}$，且满足条件 $x_\alpha\equiv a \pmod p$；反之，$f(x)\equiv 0 \pmod{p^\alpha}$ 的任一个解显然都是 $f(x)\equiv 0 \pmod p$ 的解. 因此，对于任意整数 $\alpha\geqslant 1$，同余方程(4.26)与方程(4.31)的解数相同. 证毕.

例 1　解同余方程

$$2x^2+13x-34\equiv 0 \pmod{5^3} \tag{4.32}$$

解　容易验证，同余方程

$$2x^2+13x-34\equiv 0 \pmod 5 \tag{4.33}$$

有两个解 $x\equiv -1,2 \pmod 5$.

（ⅰ）由 $x\equiv -1 \pmod 5$，得

$$x=-1+5t \quad (t\in\mathbf{Z}) \tag{4.34}$$

将式(4.34)代入方程

$$2x^2+13x-34\equiv 0 \pmod{5^2} \tag{4.35}$$

得 $$2(-1+5t)^2+13(-1+5t)-34\equiv 0\pmod{25}$$

即 $$-45+45t\equiv 0\pmod{25}$$

也即 $9t\equiv 9\pmod 5$，解得 $t\equiv 1\pmod 5$，即

$$t=1+5t_1\quad (t_1\in \mathbf{Z})\tag{4.36}$$

于是，将式(4.36)代入式(4.34)，得到方程(4.35)的解

$$x=-1+5(1+5t_1)=4+25t_1\quad (t_1\in \mathbf{Z})\tag{4.37}$$

将式(4.37)代入方程(4.32)，得

$$2(4+25t_1)^2+13(4+25t_1)-34\equiv 0\pmod{5^3}$$

即 $$50+725t_1\equiv 0\pmod{5^3}$$

$$2+29t_1\equiv 0\pmod 5$$

解得 $t_1\equiv 2\pmod 5$，即 $t_1=2+5t_2(t\in \mathbf{Z})$，代入式(4.37)，得

$$x=4+25t_1=4+25(2+5t_2)\equiv 54\pmod{125}$$

此即方程(4.32)的一个解.

(ⅱ) 由 $x\equiv 2\pmod 5$ 得 $x=2+5t(t\in \mathbf{Z})$，将此式代入方程

$$2x^2+13x-34\equiv 0\pmod{5^2}$$

整理得 $5\times 21t\equiv 0\pmod{25}$，即 $t\equiv 0\pmod 5$，所以 $t=5t_1(t_1\in \mathbf{Z})$，也即

$$x=2+5\times(5t_1)=2+25t_1$$

将此式代入方程(4.32)，得

$$2(2+25t_1)^2+13(2+25t_1)-34\equiv 0\pmod{5^3}$$

整理得 $21t_1\equiv 0\pmod 5$，解得 $t_1\equiv 0\pmod 5$，所以 $t_1=5t_2(t_2\in \mathbf{Z})$，于是

$$x=2+25\times(5t_2)=2+125t_2$$

所以 $x\equiv 2\pmod{125}$ 是方程(4.32)的另一个解.

例 2 解同余方程 $x^3+3x-14\equiv 0\pmod{45}$.

解 原同余方程等价于

$$\begin{cases} x^3+3x-14\equiv 0\pmod 9\\ x^3+3x-14\equiv 0\pmod 5\end{cases}$$

先解第一个同余方程.

易知 $x^3+3x-14\equiv 0\pmod 3$ 的解是 $x\equiv 2\pmod 3$.

令 $x=2+3t(t\in \mathbf{Z})$，代入同余方程 $x^3+3x-14\equiv 0\pmod 9$，得到

$$(2+3t)^3+3(2+3t)-14\equiv 0\pmod 9\quad 即\quad 3t\equiv 0\pmod 3$$

容易看出，这是一个对于任何整数 t 都成立的同余方程，所以它的解是 $t\equiv 0,1,2\pmod 3$，于是第一个方程的解为 $x\equiv 2,5,8\pmod 9$.

再解第二个同余方程. 用 $x=0,1,2,3,4$ 去验证，得到它的解 $x\equiv 1,2\pmod 5$.

因此，原同余方程等价于下面六个同余方程组

$$\begin{cases} x \equiv a_1 \pmod 9 \\ x \equiv a_2 \pmod 5 \end{cases}$$

其中 $a_1=2,5,8;a_2=1,2$.

记 $m_1=9,m_2=5,m=45,M_1=5,M_2=9,M_1'=2,M_2'=-1$,利用孙子定理,得

$$x \equiv 10a_1 - 9a_2 \pmod{45}$$

将 a_1 和 a_2 的不同取值代入上式,得到原方程的解是 $x\equiv 11,2,41,32,26,17 \pmod{45}$.

例 3　解同余方程

$$x^2 \equiv 1 \pmod{2^k} \quad (k \in \mathbf{N}) \tag{4.38}$$

解　若 $k=1$,则方程(4.38)的解是 $x\equiv 1 \pmod 2$.

若 $k=2$,则方程(4.38)的解是 $x\equiv 1,3 \pmod 4$.

若 $k\geqslant 3$,则同余方程(4.38)即

$$x^2-1=(x+1)(x-1)\equiv 0 \pmod{2^k} \tag{4.39}$$

的解必是奇数,设 $x=2y+1$,则同余方程(4.39)为

$$(2y+2)2y \equiv 0 \pmod{2^k}$$

即

$$y(y+1) \equiv 0 \pmod{2^{k-2}} \tag{4.40}$$

同余方程(4.40)的解是 $y_1\equiv 0 \pmod{2^{k-2}}$,或 $y_2\equiv -1 \pmod{2^{k-2}}$,即

$$y_1 = 2^{k-2}u \quad 或 \quad y_2 = -1+2^{k-2}v \quad (u,v \in \mathbf{Z})$$

所以,方程(4.38)的解是

$$x_1 = 2^{k-1}u+1, \quad x_2 = 2^{k-1}v-1 \quad (u,v \in \mathbf{Z})$$

即

$$x \equiv 1, 1+2^{k-1}, -1, -1+2^{k-1} \pmod{2^k}$$

因此,当 $k=1$ 时 $x^2\equiv 1 \pmod{2^k}$ 只有一解;当 $k=2$ 时有两解;当 $k\geqslant 3$ 时有四解.

注　例 3 说明,对于一些特殊形式的素数幂模同余方程,可以采取灵活的解题策略,而不必拘泥于定理 4.3.1 给出的一般求解方法.

习题 4.3

1. 求下列同余方程的解:

(1) $x^3+2x-3\equiv 0 \pmod{45}$;　　(2) $4x^2-5x+13\equiv 0 \pmod{33}$;

(3) $x^3-9x^2+23x-15\equiv 0 \pmod{143}$.

2. 求下列模为素数幂的同余方程的解:

(1) $x^4+x+1\equiv 0 \pmod{3^3}$;　　(2) $x^3+x^2-4\equiv 0 \pmod{7^3}$;

(3) $x^3+x^2-5\equiv 0 \pmod{7^3}$;　　(4) $x^2+5x+13\equiv 0 \pmod{3^3}$.

3. 设素数 $p>2$,求同余方程 $x^2\equiv 1 \pmod{p^l}$ $(l\in\mathbf{N})$ 的解及解数.

4. 证明:对于任意给定的正整数 n,必存在无穷多个正整数 m,使得同余方程 $x^2\equiv 1 \pmod m$

的解数 $T>n$.

4.4 素数模同余方程及其解数

4.3 节中已经证明,对于素数模的同余方程 $f(x)\equiv 0\pmod{p^\alpha}$ $(\alpha>1)$ 的求解可以化归为对素数模同余方程 $f(x)\equiv 0\pmod p$ 的求解. 本节主要讨论素数模的同余方程及其解数.

以下约定 $f(x)=a_nx^n+\cdots+a_1x+a_0$ 是整系数多项式,p 是素数,$p\nmid a_n$.

定理 4.4.1 设 $k\leqslant n$,若同余方程

$$f(x)=a_nx^n+\cdots+a_1x+a_0\equiv 0\pmod p \tag{4.41}$$

有 k 个不同的解 $x_1,x_2,\cdots,x_k$,则对于任意整数 x,有

$$f(x)\equiv(x-x_1)(x-x_2)\cdots(x-x_k)f_k(x)\pmod p$$

其中,$f_k(x)$ 是次数为 $n-k$ 的整系数多项式,且它的 x^{n-k} 项的系数是 a_n.

证明 对 k 作数学归纳.

当 $k=1$ 时,由于 x_1 是方程(4.41)的一个解,所以 $f(x_1)\equiv 0\pmod p$. 由多项式带余数除法,有

$$f(x)=(x-x_1)f_1(x)+r_1 \tag{4.42}$$

其中,$f_1(x)$ 是首项系数为 a_n 的 $n-1$ 次整系数多项式,r_1 是常数.

在式(4.42)两边令 $x=x_1$,则由于 $f(x_1)=r_1\equiv 0\pmod p$,故式(4.42)为

$$f(x)\equiv(x-x_1)f_1(x)\pmod p \tag{4.43}$$

因此,当 $k=1$ 时,定理成立.

假设对于 $f(x)\equiv 0\pmod p$ 有 $k-1$ $(1\leqslant k-1<n)$ 个不同解时定理成立.

下面设 $f(x)\equiv 0\pmod p$ 有 k 个不同的解 $x\equiv x_i\pmod p$ $(i=1,\cdots,k)$. 如果 $k>1$,在式(4.43)中,令 $x=x_i$ $(i=2,3,\cdots,k)$,则有

$$0\equiv f(x_i)\equiv(x_i-x_1)f_1(x_i)\pmod p \tag{4.44}$$

由于 $x_1,x_2,\cdots,x_k$ 对于模 p 两两不同余,所以 $x_i\not\equiv x_1\pmod p$ $(i=2,3,\cdots,k)$,由式(4.44)得

$$f_1(x_i)\equiv 0\pmod p\quad(i=2,3,\cdots,k) \tag{4.45}$$

由式(4.45)及归纳假设即得

$$f_1(x)\equiv(x-x_2)(x-x_3)\cdots(x-x_k)f_k(x)\pmod p$$

其中,$f_k(x)$ 是 $(n-1)-(k-1)=n-k$ 次的整系数多项式,且 $x^{(n-1)-(k-1)}$ 项的系数为 a_n. 由此及式(4.43)得

$$f(x)\equiv(x-x_1)(x-x_2)\cdots(x-x_k)f_k(x)\pmod p$$

由归纳原理知定理结论成立. 证毕.

推论 4.4.1 若 p 是素数,则对于任何整数 x,有:

(ⅰ) 对于任何整数 x,$x^{p-1}-1\equiv(x-1)(x-2)\cdots(x-p+1)\pmod p$;

(ⅱ) Wilson 定理,即 $(p-1)!\equiv -1\pmod p$.

证明　(ⅰ) 由 Fermat 小定理知，数 $1,2,\cdots,p-1$ 是同余方程 $x^{p-1}\equiv 1 \pmod p$ 的 $p-1$ 个不同的解，因此，利用定理 4.4.1 即得(ⅰ).

(ⅱ) 在(ⅰ)中令 $x=p$，即得 $(p-1)!\equiv -1 \pmod p$. 证毕.

定理 4.4.2　同余方程(4.41)的解数小于等于 n.

证明　反证法. 假设同余方程(4.41)有 $n+1$ 个不同的解 $x\equiv x_i \pmod p\ (i=1,2,\cdots,n+1)$，对其前 n 个不同的解，利用定理 4.4.1 有

$$f(x)\equiv a_n(x-x_1)\cdots(x-x_n) \pmod p$$

上式中令 $x=x_{n+1}$，得

$$0\equiv f(x_{n+1})\equiv a_n(x_{n+1}-x_1)\cdots(x_{n+1}-x_n) \pmod p \tag{4.46}$$

由于 $p\nmid a_n$，$x_{n+1}\not\equiv x_i \pmod p\ (i=1,2,\cdots,n)$，所以式(4.46)不能成立. 这个矛盾说明同余方程(4.41)不可能有 $n+1$ 个解. 证毕.

推论 4.4.2　若同余方程 $b_nx^n+\cdots+b_0\equiv 0 \pmod p$ 的解数大于 n，则

$$p\mid b_i\quad (i=0,1,\cdots,n) \tag{4.47}$$

证明　反证法. 若式(4.47)不是对一切的 $i=0,1,\cdots,n$ 都成立，设 b_d 是 $b_n,\cdots,b_1,b_0$ 中第 1 个不能被 p 整除的数，即 $p\nmid b_d\ (0\leqslant d\leqslant n)$，$p\mid b_i\ (d<i\leqslant n)$，则

$$b_nx^n+\cdots+b_0\equiv b_dx^d+\cdots+b_0\equiv 0 \pmod p \tag{4.48}$$

由定理 4.4.2 知，同余方程(4.48)的解数不大于 d，因而不大于 n，这与假设矛盾. 因此，式(4.47)必成立. 证毕.

定理 4.4.3　同余方程(4.41)或者有 p 个解，或者存在次数不超过 $p-1$ 的整系数多项式 $r(x)$，使得同余方程(4.41)与 $r(x)\equiv 0 \pmod p$ 等价.

证明　由多项式带余数除法可知，存在整系数多项式 $g(x)$ 与 $r(x)$，使得

$$f(x)=g(x)(x^p-x)+r(x) \tag{4.49}$$

其中 $r(x)$ 的次数小于 p.

由 Fermat 定理知，对于任意整数 x，有 $x^p\equiv x \pmod p$，因此，如果 $r(x)$ 的系数都是 p 的倍数，则对于任意整数 x，$f(x)\equiv 0 \pmod p$，即同余方程(4.41)有 p 个解.

如果 $r(x)$ 的系数不都是 p 的倍数，则 $r(x)$ 的次数不超过 $p-1$. 由式(4.49)知对于任意整数 x，$f(x)\equiv r(x) \pmod p$，即同余方程(4.41)与 $r(x)\equiv 0 \pmod p$ 等价. 证毕.

定理 4.4.4　设 $n\leqslant p$，则同余方程

$$f(x)=x^n+a_{n-1}x^{n-1}+\cdots+a_1x+a_0\equiv 0 \pmod p \tag{4.50}$$

有 n 个解的充分必要条件是存在整系数多项式 $q(x)$ 和 $r(x)$，其中 $r(x)$ 的次数小于 n，使得

$$x^p-x=f(x)q(x)+p\cdot r(x) \tag{4.51}$$

证明　**必要性**　由多项式除法知，存在整系数多项式 $q(x)$ 与 $r_1(x)$，其中 $r_1(x)$ 的次数小于 n，使得

$$x^p-x=f(x)q(x)+r_1(x) \tag{4.52}$$

若同余方程(4.50)有 n 个解 $x\equiv x_i \pmod p$ $(1\leqslant i\leqslant n)$，则由式(4.52)和 Fermat 小定理，得

$$r_1(x_i)\equiv 0 \pmod p \quad (1\leqslant i\leqslant n)$$

由上式及推论 4.4.2 可知，$r_1(x)$的系数都能被 p 整除，即 $r_1(x)=p\cdot r(x)$，其中 $r(x)$是整系数多项式. 这就证明了式(4.51).

充分性 若式(4.51)成立，由 Fermat 小定理知，对于任意整数 x，有

$$0\equiv x^p-x\equiv f(x)q(x) \pmod p \tag{4.53}$$

即同余方程

$$f(x)q(x)\equiv 0 \pmod p$$

有 p 个解.

但是，$q(x)$是 $p-n$ 次多项式，所以由定理 4.4.2 知，方程 $q(x)\equiv 0 \pmod p$的解数小于等于 $p-n$. 以 λ 表示同余方程(4.50)的解数，则由于 $f(x)q(x)\equiv 0 \pmod p$ 的解 x_0 必定是 $f(x)\equiv 0 \pmod p$或 $q(x)\equiv 0 \pmod p$的解，因此 $\lambda+(p-n)\geqslant p$，即 $\lambda\geqslant n$，再由定理 4.4.2 知，$\lambda\leqslant n$，故有 $\lambda=n$. 证毕.

注 定理 4.4.4 成立的前提条件是 $f(x)$的首项系数为 1. 当 $f(x)$的首项系数 $a_n\neq 1$ 时，由于 $p\nmid a_n$，则可求出 a'_n，$p\nmid a'_n$，使得 $a_na'_n\equiv 1 \pmod p$，于是，方程(4.41)与同余方程

$$a'_nf(x)\equiv x^n+a'_na_{n-1}x^{n-1}+\cdots+a'_na_1x+a'_na_0\equiv 0 \pmod p$$

等价. 因此，定理 4.4.4 的结论具有普遍性.

定理 4.4.5 若 p 是素数，$n\mid(p-1)$，$p\nmid a$，则

$$x^n\equiv a \pmod p \tag{4.54}$$

有解的充分必要条件是

$$a^{\frac{p-1}{n}}\equiv 1 \pmod p \tag{4.55}$$

且若方程(4.54)有解，则解数为 n.

证明 **必要性** 若方程(4.54)有解 x_0，则$(x_0)^n\equiv a \pmod p$，且 $p\nmid x_0$，由此式及 Fermat 小定理，得

$$a^{\frac{p-1}{n}}\equiv (x_0^n)^{\frac{p-1}{n}}=x_0^{p-1}\equiv 1 \pmod p$$

充分性 若式(4.55)成立，则

$$x^p-x=x\cdot(x^{p-1}-1)=x\cdot\left((x^n)^{\frac{p-1}{n}}-a^{\frac{p-1}{n}}+a^{\frac{p-1}{n}}-1\right)=$$

$$(x^n-a)\cdot P(x)+x\cdot\left(a^{\frac{p-1}{n}}-1\right)$$

其中 $P(x)$是关于 x 的整系数多项式. 由定理 4.4.4 及式(4.55)可知同余方程(4.54)有 n 个解. 证毕.

例 1 判定同余方程 $2x^3+3x+1\equiv 0 \pmod 7$是否有 3 个解.

解 因为 $2\times 4\equiv 1 \pmod 7$，所以，原方程等价于

$$4\times 2x^3+4\times 3x+4\equiv 0 \pmod 7$$

即 $$x^3-2x-3\equiv 0 \pmod 7$$

由于 $$x^7-x=(x^3-2x-3)(x^4+2x^2+3x+4)+(12x^2+16x+12)$$

而余式 $12x^2+16x+12$ 中的系数都不是7的倍数，所以，由定理4.4.4可知，原同余方程的解数小于3.

例2　解同余方程 $21x^{18}+2x^{15}-x^{10}+4x-3\equiv 0 \pmod 7$.

解　先简化同余方程(即去掉系数为7的倍数的项)，得

$$2x^{15}-x^{10}+4x-3\equiv 0 \pmod 7$$

作多项式带余数除法，得

$$2x^{15}-x^{10}+4x-3=(x^7-x)(2x^8-x^3+2x^2)+(-x^4+2x^3+4x-3)$$

由上式得等价同余方程为

$$x^4-2x^3-4x+3\equiv 0 \pmod 7$$

直接代入 $x=0,\pm1,\pm2,\pm3$ 验算知，原同余方程无解.

注　例2中利用多项式带余数除法求得 $f(x)\equiv 0 \pmod m$ 的等价同余方程，当同余方程的次数较高时，进行带余数除法计算较麻烦，而且也没必要，因为实际上并不需要知道带余数除法中的商式. 因此，可以利用费马小定理中的恒等同余式 $x^p\equiv x \pmod p$ 来直接化简，以求得等价同余方程. 参见例3的解法.

例3　解同余方程 $3x^{14}+4x^{10}+6x-18\equiv 0 \pmod 5$.

解　由恒等同余式 $x^5\equiv x \pmod 5$，得

$$x^{14}\equiv x^6\equiv x^2 \pmod 5,\quad x^{10}\equiv x^2 \pmod 5$$

故原方程等价于

$$7x^2+6x-18\equiv 0 \pmod 5$$

也即 $$2x^2+x-3\equiv 0 \pmod 5 \tag{4.56}$$

将 $x\equiv 0,\pm1,\pm2 \pmod 5$ 分别代入方程(4.56)进行验算，得同余方程的解为 $x\equiv 1 \pmod 5$.

习题4.4

1. 解下列同余方程：

(1) $3x^{11}+2x^8+5x^4-1\equiv 0 \pmod 7$；

(2) $4x^{20}+3x^{12}+2x^7+3x-2\equiv 0 \pmod 5$.

2. 判定下列方程：

(1) $2x^3-x^2+3x-1\equiv 0 \pmod 5$ 是否有3个解？

(2) $x^6+2x^5-4x^2+3\equiv 0 \pmod 5$ 是否有6个解？

3. 设 $(a,m)=1$，k 与 m 是正整数，又设 $x_0^k\equiv a \pmod m$，证明：同余方程 $x^k\equiv a \pmod m$ 的一切整数解 x 都可以表示成 $x\equiv yx_0 \pmod m$，其中 y 满足同余方程 $y^k\equiv 1 \pmod m$.

4. 设 n 是正整数，p 是素数，$(n,p-1)=k$，证明：同余方程 $x^n\equiv 1 \pmod p$ 有 k 个解.

5. 设 $p\geqslant 3$ 是素数，证明：$f(x)=(x-1)(x-2)\cdots(x-p+1)$ 的展开式中除首项及常数项外，所有系数都是 p 的倍数.

本章小结

1. 基本概念

本章基本概念主要包括：模 m 的同余方程、同余方程的解及解数、一次同余方程的解及其解数、一次同余方程组的解及其解数、素数幂模的同余方程和素数模的同余方程.

2. 主要定理或结论

本章主要定理有：一次同余方程有解的充分必要条件(定理 4.1.1)、一次同余方程的解及解数(定理 4.1.2)、孙子定理(定理 4.2.1)、模不互素的一次同余方程组有解的条件(定理 4.2.4、定理 4.2.5)、素数幂模的同余方程的解法(定理 4.3.1)以及素数模的同余方程的解数(定理 4.4.4).

3. 重要方法

(1) 一次同余方程 $ax\equiv b(\mathrm{mod}\ m)$，$(a,m)=1$ 的求解方法

常用的求解方法有：① 穷举法；② 辗转相除法；③ 公式法；④ 分数法.

(2) 一次同余方程 $ax\equiv b(\mathrm{mod}\ m)$，$(a,m)=d>1$ 的求解方法

若 $d\nmid b$，则同余方程 $ax\equiv b(\mathrm{mod}\ m)$ 无解；若 $d\mid b$，则 $ax\equiv b(\mathrm{mod}\ m)$ 有 d 个解，先求解同余方程 $\dfrac{a}{d}x\equiv\dfrac{b}{d}\left(\mathrm{mod}\ \dfrac{m}{d}\right)$，再根据定理 4.1.2 写出原同余方程的 d 个解.

(3) 一次同余方程组的求解方法

求解方法包括：

① 当同余方程组中的模两两互素时，直接利用孙子定理求解.

② 当同余方程组中的模不两两互素时，首先利用定理 4.2.4 判别同余方程组是否有解，当有解时，先将同余方程组化归为模两两互素的等价方程组，再利用孙子定理求解.

(4) 素数幂模同余方程 $f(x)\equiv 0(\mathrm{mod}\ p^{\alpha})(\alpha>1)$ 的求解方法

首先求方程 $f(x)\equiv 0(\mathrm{mod}\ p)$ 的解，然后将所求得的解代入 $f(x)\equiv 0(\mathrm{mod}\ p^2)$ 并求出其解，再将所求得的解代入 $f(x)\equiv 0(\mathrm{mod}\ p^3)$ 并求出其解，…，直至求出方程 $f(x)\equiv 0(\mathrm{mod}\ p^{\alpha})$ $(\alpha>1)$ 的解.

(5) 合数模同余方程 $f(x)\equiv 0(\mathrm{mod}\ m)$ 的求解方法

求解步骤是：

① 将模 m 进行标准素因数分解 $m=p_1^{\alpha_1}p_2^{\alpha_2}\cdots p_k^{\alpha_k}(\alpha_i\geqslant 1;i=1,2,\cdots,k)$；

② 将同余方程 $f(x)\equiv 0(\mathrm{mod}\ m)$ 等价化归为求解素数幂模同余方程组 $f(x)\equiv 0(\mathrm{mod}\ p_i^{\alpha_i})(1\leqslant i\leqslant k,\alpha_i\geqslant 1)$；

③ 根据方法(4)求解方程 $f(x)\equiv 0(\mathrm{mod}\ p_i^{\alpha_i})$，相应得到 T_i 个解

$$x \equiv a_{i_1}, a_{i_2}, \cdots, a_{i_{T_i}} \pmod{p_i^{\alpha_i}} \quad (i = 1, 2, \cdots, k)$$

④ 利用孙子定理求解同余方程组

$$\begin{cases} x \equiv a_{1j_1} \pmod{p_1^{\alpha_1}} \\ \quad\cdots \\ x \equiv a_{kj_k} \pmod{p_k^{\alpha_k}} \end{cases} \quad (1 \leqslant j_i \leqslant T_i; i = 1, \cdots, k)$$

由此求得 $f(x) \equiv 0 \pmod m$ 的 $T_1 \cdot T_2 \cdot \cdots \cdot T_k$ 个解.

注意到,合数模同余方程 $f(x) \equiv 0 \pmod m$ 的解法蕴含着丰富的化归思想,是化归思想方法的一个典型应用. 比如,对于合数模同余方程求解问题,首先,利用同余方程性质和算术基本定理化归为素数幂模的方程组问题;其次,对于每一个素数幂模同余方程通过降次化归为素数模的同余方程的求解;最终,化归为可用孙子定理求解的一元同余方程组问题.

第 5 章　二次同余方程

在前面一次同余方程(组)及素数幂模同余方程解法的基础上，本章进一步讨论二次同余方程的求解问题. 为此，首先引入二次剩余、二次非剩余的概念及欧拉判别法；其次介绍数论函数勒让德（Legendre）符号，从而将判断模为素数的二次同余方程是否有解归结为对Legendre符号的计算. 此外，还将证明 Legendre 符号的二次互反律，这一定理从理论上完全解决了 Legendre 符号的计算问题. 为了使 Legendre 符号计算更方便，紧接着引入雅可比(Jacobi)符号；最后，给出一般二次同余方程的解法及解数的理论上的结论.

本章重点理解欧拉判别法、Legendre 符号和 Jacobi 符号的含义与性质，并能运用这些性质判别素数模同余方程的解数，从理论上掌握一般二次同余方程的解数定理及求解方法.

5.1　二次剩余

由第 4 章同余方程的定义知，二次同余方程的一般形式是

$$ax^2+bx+c\equiv 0 \pmod m,\quad a\not\equiv 0 \pmod m \tag{5.1}$$

设模 m 的标准分解式是 $m=p_1^{\alpha_1}\cdots p_k^{\alpha_k}$，则由定理 4.2.5 知，二次同余方程(5.1)有解的充分必要条件是同余方程

$$ax^2+bx+c\equiv 0 \pmod{p_i^{\alpha_i}}\quad (i=1,2,\cdots,k)$$

有解. 利用同余式的性质，将上述素数幂模同余方程化归为求解形如

$$ax^2+bx+c\equiv 0 \pmod p \tag{5.2}$$

的素数模 p 的同余方程.

如果 $p=2$，则可直接验证 $x\equiv 0$ 或 $1 \pmod 2$ 是否是同余方程(5.2)的解.

如果 $(a,p)=p$，则方程(5.2)成为一元一次同余方程. 因此，只须考察 $p>2$，$(a,p)=1$ 的情形，此时，因为 $(4a,p)=1$，所以，方程(5.2)等价于方程

$$4a^2x^2+4abx+4ac\equiv 0 \pmod p$$

即

$$(2ax+b)^2\equiv b^2-4ac \pmod p$$

容易看出，通过变量替换式 $y\equiv 2ax+b \pmod p$ 和 $l=b^2-4ac$，即可将方程(5.2)归结为形如

$$y^2\equiv l \pmod p \tag{5.3}$$

的同余方程. 由于当 $l\equiv 0 \pmod p$ 时，显然式(5.3)只有解 $y\equiv 0 \pmod p$，因此，只需考虑 p 与 l 互素的情形. 为此，引入如下概念.

定义　对于奇素数 p 和整数 a，$(a,p)=1$，若同余方程

$$x^2 \equiv a \pmod p \tag{5.4}$$

有解，则称 a 是模 p 的**二次**(或**平方**)**剩余**，记为 $a \in \mathrm{QR}(p)$；否则，称 a 是模 p 的**二次**(或**平方**)**非剩余**，记为 $a \in \mathrm{QNR}(p)$.

显然，若 $a_1 \equiv a_2 \pmod p$，则它们同是模 p 的二次剩余(或二次非剩余). 因此，当 $a_1 \equiv a_2 \pmod p$ 时，将 a_1, a_2 视为模 p 的同一个二次剩余(或二次非剩余)，也即当 a 是模 p 的二次剩余(或二次非剩余)时，任何形如

$$a + qp \quad (q \in \mathbf{Z}) \tag{5.5}$$

的整数都是模 p 的二次剩余(或二次非剩余)，因此，下面将所有形如式(5.5)的整数统称为模 p 的一个二次剩余(或二次非剩余). 由此可知，模 p 的一个二次剩余(或二次非剩余)实质上就是模 p 的一个简化剩余类.

注意到，如果 $x \equiv b \pmod p$ 是方程(5.4)的解，则 $x \equiv -b \pmod p$ 也是方程(5.4)的解. 又因为 p 是奇素数，并且 $p \nmid a$，故 $b \not\equiv -b \pmod p$，即 $x \equiv \pm b \pmod p$ 是方程(5.4)的两个不同的解. 于是，若方程(5.4)有解，则它一定有两个解. 下面约定，除特别申明外，本章中同余方程有解均指有整数解.

下面给出 a 是模 p 的二次剩余或二次非剩余的判别条件.

定理 5.1.1(Euler 判别法)　对于奇素数 p 和整数 a，$(a,p)=1$，

(ⅰ) a 是模 p 的二次剩余的充分必要条件为

$$a^{\frac{p-1}{2}} \equiv 1 \pmod p \tag{5.6}$$

且若 a 是模 p 的二次剩余，则方程(5.4)有两个解；

(ⅱ) a 是模 p 的二次非剩余的充分必要条件为

$$a^{\frac{p-1}{2}} \equiv -1 \pmod p \tag{5.7}$$

证明　(ⅰ) 因为 p 是奇素数，故 $2 \mid (p-1)$，因而

$$x^{p-1} - a^{\frac{p-1}{2}} = (x^2)^{\frac{p-1}{2}} - a^{\frac{p-1}{2}} = (x^2 - a) \cdot q(x)$$

其中 $q(x)$ 是 x 的整系数多项式，故

$$x^p - x = x\left(x^{p-1} - a^{\frac{p-1}{2}}\right) + \left(a^{\frac{p-1}{2}} - 1\right)x = (x^2 - a)x \cdot q(x) + \left(a^{\frac{p-1}{2}} - 1\right)x \tag{5.8}$$

若 a 是模 p 的二次剩余，即 $x^2 \equiv a \pmod p$ 有两解，因而，由式(5.8)及定理 4.4.4 知，式(5.6)成立.

反之，若式(5.6)成立，则同样由式(5.8)及定理 4.4.4 知，$x^2 \equiv a \pmod p$ 有两解. 因此，a 是模 p 的二次剩余.

(ⅱ) 由费马小定理，若 $(a,p)=1$，则 $a^{p-1} \equiv 1 \pmod p$，因此

$$\left(a^{\frac{p-1}{2}} + 1\right)\left(a^{\frac{p-1}{2}} - 1\right) \equiv 0 \pmod p$$

由上式及 p 是奇素数知，式(5.6)和式(5.7)有且仅有一个成立. 再由结论(ⅰ)知，a 是模

p 的二次非剩余的充分必要条件是 $a^{\frac{p-1}{2}}\not\equiv 1 \pmod p$.

因此,a 是模 p 的二次非剩余的充分必要条件为 $a^{\frac{p-1}{2}}\equiv -1 \pmod p$. 证毕.

定理 5.1.2 在模 p 的简化剩余系中,二次剩余与二次非剩余的个数都是$\frac{p-1}{2}$,且模 p 的每个二次剩余与且仅与数列

$$1^2,2^2,\cdots,\left(\frac{p-1}{2}\right)^2 \tag{5.9}$$

中的一个数同余.

证明 由定理 5.1.1 知,模 p 的二次剩余的个数等于同余方程 $x^{\frac{p-1}{2}}\equiv 1 \pmod p$ 的解数.

由于 $x^{\frac{p-1}{2}}-1$ 能整除 x^p-x,根据定理 4.4.4 知,$x^{\frac{p-1}{2}}\equiv 1 \pmod p$ 的解数为$\frac{p-1}{2}$,故模 p 的二次剩余的个数是$\frac{p-1}{2}$. 因此,模 p 的二次非剩余的个数为 $p-1-\frac{p-1}{2}=\frac{p-1}{2}$.

显然,数列(5.9)中的数都是模 p 的二次剩余,且任何两个数关于模 p 互不同余.

事实上,对任意两个整数 $k,s\left(1\leqslant k<s\leqslant\frac{p-1}{2}\right)$,若

$$k^2\equiv s^2 \pmod p \tag{5.10}$$

则 $p\mid(k+s)$ 或 $p\mid(s-k)$. 然而,由于 $1\leqslant s-k<k+s<p$,故 $p\mid(k+s)$ 或 $p\mid(s-k)$ 都是不可能成立的,所以式(5.10)不能成立.

再由定理的前一部分即知定理的后一部分结论成立. 证毕.

例 1 利用欧拉判别法判断:

① 3 是否是模 17 的二次剩余;

② 7 是否是模 29 的二次剩余.

解 ① 由 $3^{\frac{17-1}{2}}\equiv -1 \pmod{17}$ 知,3 不是模 17 的二次剩余,而是模 17 的二次非剩余.

② 由 $7^{\frac{29-1}{2}}\equiv 1 \pmod{29}$ 知,7 是模 29 的二次剩余.

例 2 求 $p=11$ 和 17 的全部二次剩余和二次非剩余.

解 ① 根据定理 5.1.2 知,模 11 的每个二次剩余与且仅与 $1,2^2,\cdots,5^2$ 中的一个同余. 因此可列出下表求解.

i	1	2	3	4	5
$a\equiv i^2 \pmod{11}$	1	4	-2	5	3

所以,模 11 的二次剩余是 $1,-2,3,4,5$;二次非剩余是 $-1,2,-3,-4,-5$.

② 根据定理 5.1.2 知,模 17 的每个二次剩余与且仅与 $1,2^2,\cdots,8^2$ 中的一个数同余. 因此可列出下表求解.

i	1	2	3	4	5	6	7	8
$a\equiv i^2 \pmod{17}$	1	4	−8	−1	8	2	−2	−4

所以，模 17 的二次剩余是 $\pm1,\pm2,\pm4,\pm8$；二次非剩余是 $\pm3,\pm5,\pm6,\pm7$.

注　对于具体的奇素数 p，当其值不太大时，可利用 Euler 判别法或定理 5.1.2 的数列(5.9)来确定素数 p 的二次剩余和二次非剩余. 但是，当素数 p 较大时，计算量较大，因此，这两种方法都不太实用.

例 3　设 p 是奇素数，证明：

① -1 是模 p 的二次剩余的充分必要条件是 $p\equiv1 \pmod 4$.

② 当 $p\equiv1 \pmod 4$ 时，$\left(\pm\left(\frac{p-1}{2}\right)!\right)^2\equiv-1 \pmod p$.

证明　① 由定理 5.1.1 知，-1 是模 p 的二次剩余的充分必要条件是 $(-1)^{\frac{p-1}{2}}\equiv1 \pmod p$，由此及 $p>2$ 即得 $p\equiv1 \pmod 4$.

② 由 $p\equiv1 \pmod 4$ 及 Wilson 定理，有

$$-1\equiv(p-1)!=(-1)^{\frac{p-1}{2}}\cdot(p-1)!=$$
$$(-1)^{\frac{p-1}{2}}\cdot1\cdot2\cdot\cdots\cdot\frac{p-1}{2}\cdot\frac{p+1}{2}\cdot\cdots\cdot(p-1)\equiv$$
$$\left(\left(\frac{p-1}{2}\right)!\right)^2 \pmod p$$

证毕.

注　由例 3 及定理 5.1.2 说明，当素数 $p\equiv1 \pmod 4$ 时，模 p 的所有二次剩余之积模 p 同余于 -1. 此外，若 p 是素数，$p\equiv1 \pmod 4$，则同余方程 $x^2\equiv-1 \pmod p$ 的两个解为

$$x\equiv\pm\left(\frac{p-1}{2}\right)! \pmod p$$

例 4　判断下列同余方程的解数：

① $x^2\equiv1 \pmod{41}$；　② $x^2\equiv16 \pmod{51}$；　③ $x^2\equiv-53 \pmod{187}$.

解　① 因为 $41\equiv1 \pmod 4$，由例 3 知，方程①的解数为 2.

② 同余方程②等价于方程组 $x^2\equiv1 \pmod 3$，$x^2\equiv-1 \pmod{17}$，由欧拉判别法知，它们的解数都为 2，故方程②的解数为 4.

③ 同余方程③等价于方程组 $x^2\equiv2 \pmod{11}$，$x^2\equiv=-2 \pmod{17}$，由例 2 知，2 是模 11 的二次非剩余，故前一个方程无解，所以方程组无解，从而方程③无解.

例 5　设 p 是奇素数，$(a,p)=1$，证明：存在整数 x,y，$(x,y)=1$，使得 $x^2+ay^2\equiv0 \pmod p$ 的充分必要条件是 $(-a)$ 为模 p 的平方剩余.

证明　**必要性**　设存在整数 x,y，$(x,y)=1$，使得 $x^2+ay^2\equiv0 \pmod p$，由此得 $p\nmid y$；否

则,若 $p|y$ 及 $x^2+ay^2\equiv0(\bmod p)\Rightarrow p|x$,从而 $(x,y)\geqslant p>1$,矛盾. 所以 $(p,y)=1$. 因而存在整数 y' 使得 $yy'\equiv1(\bmod p)$,由此及 $x^2+ay^2\equiv0(\bmod p)$ 可得

$$(xy')^2+a(yy')^2\equiv0(\bmod p)\quad 即\quad (xy')^2+a\equiv0(\bmod p)$$

因此,存在整数适合同余式 $x^2\equiv-a(\bmod p)$,所以 $(-a)$ 是模 p 的平方剩余.

充分性 若 $(-a)$ 是模 p 的平方剩余,则 $x^2\equiv-a(\bmod p)$ 有解,即存在整数 x_0 使得 $(x_0)^2\equiv-a(\bmod p)$,取 $x=x_0$,$y=1$,则 $(x,y)=1$,且 $x^2+ay^2\equiv0(\bmod p)$. 证毕.

习题 5.1

1. 求下列同余方程的解数:

(1) $x^2\equiv3(\bmod 31)$; (2) $x^2\equiv2(\bmod 31)$;

(3) $x^2\equiv6(\bmod 31)$; (4) $x^2\equiv2(\bmod 231)$.

2. 求出模 $p=19$ 全部的二次剩余和二次非剩余.

3. 设 p 是奇素数,证明:

(1) 模 p 的两个二次剩余之积是二次剩余;

(2) 模 p 的两个二次非剩余之积是二次剩余;

(3) 模 p 的一个二次剩余与一个二次非剩余之积是二次非剩余.

4. 设 p 是奇素数,

(1) 证明:模 p 的所有二次剩余之积关于模 p 与 $(-1)^{\frac{p+1}{2}}$ 同余;

(2) 证明:模 p 的所有二次非剩余之积关于模 p 与 $(-1)^{\frac{p-1}{2}}$ 同余.

(3) 求:模 p 的所有二次剩余之和关于模 p 的剩余是多少?

(4) 求:模 p 的所有二次非剩余之和关于模 p 的剩余是多少?

5. (1) 设 p 是适合 $p\equiv1(\bmod 4)$ 的素数,$y\equiv a(\bmod p)$ 是模 p 的二次剩余,证明:$y\equiv-a(\bmod p)$ 也是模 p 的二次剩余.

(2) 设 p 是适合 $p\equiv3(\bmod 4)$ 的素数,$y\equiv a(\bmod p)$ 是模 p 的二次剩余,证明:$y\equiv-a(\bmod p)$ 是模 p 的二次非剩余.

5.2 勒让德(Legendre)符号

5.1 节虽然给出了二次剩余与二次非剩余的欧拉判别条件,但是这个条件在素数 p 较大时计算量较大,难以实际运用. 因此,在本节引入 Legendre 符号之后,将给出一个比较便于实际计算的判别方法.

定义 Legendre 符号是一个对于给定的奇素数 p 定义在一切整数 a 上的函数,其值规定为

$$\left(\frac{a}{p}\right)=\begin{cases}0, & (a,p)\neq 1\\ 1, & a\in \mathrm{QR}(p)\\ -1, & a\in \mathrm{QNR}(p)\end{cases}$$

由 Legendre 符号的定义可以看出，如果能够计算出$\left(\frac{a}{p}\right)$的值，那么就可以立即判断同余式 $x^2\equiv a(\bmod\ p)$是否有解．为了计算$\left(\frac{a}{p}\right)$的值，首先讨论 Legendre 符号的基本性质.

定理 5.2.1　设 p 是奇素数，a 是整数，则：

（ⅰ）$\left(\frac{a}{p}\right)\equiv a^{\frac{p-1}{2}}(\bmod\ p)$；

（ⅱ）若 $a_1\equiv a_2(\bmod\ p)$，则$\left(\frac{a_1}{p}\right)=\left(\frac{a_2}{p}\right)$；

（ⅲ）$\left(\frac{1}{p}\right)=1,\left(\frac{-1}{p}\right)=(-1)^{\frac{p-1}{2}}$；

（ⅳ）对任意整数 $a_i(i=1,2,\cdots,k)$，有$\left(\frac{a_1a_2\cdots a_k}{p}\right)=\left(\frac{a_1}{p}\right)\left(\frac{a_2}{p}\right)\cdots\left(\frac{a_k}{p}\right)$.

证明　（ⅰ）由 Legendre 符号的定义及定理 5.1.1 得$\left(\frac{a}{p}\right)\equiv a^{\frac{p-1}{2}}(\bmod\ p)$.

（ⅱ）由 $a_1\equiv a_2(\bmod\ p)$，得 $a_1^{\frac{p-1}{2}}\equiv a_2^{\frac{p-1}{2}}(\bmod\ p)$，由（ⅰ）有$\left(\frac{a_1}{p}\right)\equiv\left(\frac{a_2}{p}\right)(\bmod\ p)$，又$\left|\left(\frac{a_1}{p}\right)-\left(\frac{a_2}{p}\right)\right|\leqslant 2$，而 $p>2$，所以$\left(\frac{a_1}{p}\right)=\left(\frac{a_2}{p}\right)$.

（ⅲ）由（ⅰ）有$\left(\frac{1}{p}\right)\equiv 1^{\frac{p-1}{2}}\equiv 1(\bmod\ p)$，又$\left|\left(\frac{1}{p}\right)-1\right|\leqslant 2$，而 $p>2$，所以$\left(\frac{1}{p}\right)=1$.

同理，由（ⅰ）有$\left(\frac{-1}{p}\right)\equiv(-1)^{\frac{p-1}{2}}(\bmod\ p)$，由于此同余式两端都只能取值$+1$或$-1$，因此$\left|\left(\frac{-1}{p}\right)-(-1)^{\frac{p-1}{2}}\right|\leqslant 2$，又 $p>2$，所以$\left(\frac{-1}{p}\right)=(-1)^{\frac{p-1}{2}}$.

（ⅳ）由（ⅰ）有

$$\left(\frac{a_1a_2\cdots a_k}{p}\right)\equiv(a_1a_2\cdots a_k)^{\frac{p-1}{2}}\equiv a_1^{\frac{p-1}{2}}a_2^{\frac{p-1}{2}}\cdots a_k^{\frac{p-1}{2}}\equiv\left(\frac{a_1}{p}\right)\left(\frac{a_2}{p}\right)\cdots\left(\frac{a_k}{p}\right)(\bmod\ p)$$

由于此同余式首末两端都是只能取-1，0 或 1 的整数，故

$$\left|\left(\frac{a_1a_2\cdots a_k}{p}\right)-\left(\frac{a_1}{p}\right)\left(\frac{a_2}{p}\right)\cdots\left(\frac{a_k}{p}\right)\right|\leqslant 2$$

又 $p>2$，因此

$$\left(\frac{a_1a_2\cdots a_k}{p}\right)=\left(\frac{a_1}{p}\right)\left(\frac{a_2}{p}\right)\cdots\left(\frac{a_k}{p}\right)$$

证毕.

特别地，对于整数 $a,b,p\nmid b$，有 $\left(\frac{ab^2}{p}\right)=\left(\frac{a}{p}\right)$.

推论 5.2.1 设 p 是奇素数，则

$$\left(\frac{-1}{p}\right)=\begin{cases}1, & p\equiv 1\pmod 4\\ -1, & p\equiv 3\pmod 4\end{cases}$$

例 1 判断同余方程 $x^2\equiv -1\pmod{365}$ 是否有整数解.

解 因为 $365=5\times 73$，所以同余方程等价于同余方程组

$$x^2\equiv -1\pmod 5,\quad x^2\equiv -1\pmod{73}$$

由于 $\left(\frac{-1}{5}\right)=\left(\frac{-1}{73}\right)=1$，故此方程组中每一个方程都有解，因此，原方程有四个解.

例 2 设 n 是整数，证明：n^2+1 的任何奇素因数都是 $4m+1(m\in\mathbf{Z})$ 的形式.

证明 若 p 是 n^2+1 的任一奇素因数，即 $p\mid(n^2+1)$，则 $n^2\equiv -1\pmod p$，因此，$\left(\frac{-1}{P}\right)=1$，由推论 5.2.1 即得奇素因数 p 是 $4m+1(m\in\mathbf{Z})$ 的形式. 证毕.

例 3 证明：形如 $4m+1(m\in\mathbf{Z})$ 的素数有无穷多个.

证明 反证法. 假设只有有限多个形如 $4m+1$ 的素数 $p_1,p_2,\cdots,p_k$，令

$$M=4(p_1p_2\cdots p_k)^2+1$$

由例 2 知，必有奇素数 $q\mid M$，且 $q\equiv 1\pmod 4$. 显然 $q\neq p_i(1\leqslant i\leqslant k)$；否则，若 q 与某一个 $p_j(j\in\{1,2,\cdots,k\})$ 相等，则由于 $q\mid p_1\cdots p_k$ 及 $q\mid M$，可推出 $q\mid 1$. 矛盾. 所以，形如 $4m+1$ 的素数有无穷多个. 证毕.

例 4 若 $a\equiv 1\pmod 4$，$2\mid b$，并且 b 没有形如 $4k+3(k\in\mathbf{Z})$ 的素因数，证明：方程

$$y^2=x^3-a^3-b^2 \tag{5.11}$$

没有整数解.

证明 反证法. 假设存在整数 x,y 满足方程(5.11).

若 $2\mid x$，则由 $a\equiv 1\pmod 4$，$2\mid b$ 及方程(5.11)得

$$y^2\equiv -1\pmod 4$$

由于对任何整数 t，$t^2\equiv 0,1\pmod 4$，而 $y^2\equiv -1\pmod 4$ 与之矛盾，所以 $2\nmid x$.

若 $x\equiv 3\pmod 4$，则

$$y^2\equiv x^3-a^3-b^2\equiv 3^3-1^3-0\equiv 2\pmod 4$$

同理可推出矛盾，所以 $x\not\equiv 3\pmod 4$.

若 $x\equiv 1\pmod 4$，则

$$x^2+ax+a^2\equiv 1+a+a^2\equiv 3\pmod 4 \tag{5.12}$$

因此，必有素数 $p\equiv 3\pmod 4$，使得

$$p\mid(x^2+ax+a^2) \tag{5.13}$$

由式(5.11)与式(5.13)得到

$$y^2=x^3-a^3-b^2=(x-a)(x^2+ax+a^2)-b^2\equiv -b^2 \pmod p$$

即

$$\left(\frac{-b^2}{p}\right)=1 \tag{5.14}$$

但是，由假设 $p\nmid b^2$ 及 $p\equiv 3 \pmod 4$，所以有 $\left(\frac{-b^2}{p}\right)=\left(\frac{-1}{p}\right)\left(\frac{b^2}{p}\right)=-1$，这与式(5.14)矛盾. 综上可知，方程(5.11)没有整数解. 证毕.

注　在例 4 的证明过程中综合利用了同余及 Legendre 符号的性质，以及分类的思想方法.

习题 5.2

1. 求同余方程 $x^2\equiv 12 \pmod{143}$ 的解数.

2. 设素数 $p\equiv 3 \pmod 4$，$\left(\frac{a}{p}\right)=1$，证明：$x\equiv \pm a^{\frac{p+1}{4}} \pmod p$ 是同余方程 $x^2\equiv a \pmod p$ 的解.

3. 设 p 是奇素数，$(a,p)=1$，α 是正整数，证明：同余方程 $x^2\equiv a \pmod{p^\alpha}$ 有解的充分必要条件是 $\left(\frac{a}{p}\right)=1$.

4. 若素数 $p\equiv 1 \pmod 4$，证明：$\sum\limits_{r=1}^{p-1} r\cdot\left(\frac{r}{p}\right)=0$，其中 $\left(\frac{r}{p}\right)$ 是 r 对模 p 的 Legendre 符号.

5. 证明：方程 $y^2=x^3+7$ 没有整数解.

5.3　高斯二次互反律

本节将对 Legendre 符号和二次剩余作进一步的讨论. 现约定 p 是奇素数.

引理　设 $(n,p)=1$，对于整数 $k\left(1\leqslant k\leqslant \frac{p-1}{2}\right)$，以 r_k 表示 nk 对模 p 的最小非负剩余. 设在 $r_1,r_2,\cdots,r_{\frac{p-1}{2}}$ 中大于 $\frac{p}{2}$ 的有 m 个，则 $\left(\frac{n}{p}\right)=(-1)^m$.

证明　在数列 $r_1,r_2,\cdots,r_{\frac{p-1}{2}}$ 中，假设大于 $\frac{p}{2}$ 的是 $a_1,a_2,\cdots,a_m$，小于 $\frac{p}{2}$ 的是 $b_1,b_2,\cdots,b_t$，$m+t=\frac{p-1}{2}$，则

$$n^{\frac{p-1}{2}}\left(\frac{p-1}{2}\right)!=\prod_{1\leqslant k\leqslant \frac{p-1}{2}}(nk)=\prod_{i=1}^{m}a_i\prod_{j=1}^{t}b_j \pmod p \tag{5.15}$$

因为 $\frac{p}{2}<a_i<p$，所以 $0<p-a_i<\frac{p}{2}$，而且对于任意的 $i,j\,(1\leqslant i\leqslant m,1\leqslant j\leqslant t)$，有 $b_j\neq p-a_i$；

否则,若 $b_j = p - a_i$ ($i \in \{1,2,\cdots,m\}$, $j \in \{1,2,\cdots,t\}$),即 $a_i + b_j = p$,则有整数 k_1 与 k_2 $\left(1 \leqslant k_1,\ k_2 \leqslant \frac{p-1}{2}\right)$,使得 $a_i = nk_1$, $b_j = nk_2$ 且 $nk_1 + nk_2 \equiv 0 \pmod p$,即 $p \mid n(k_1 + k_2)$,由于 $(n, p) = 1$,于是 $p \mid (k_1 + k_2)$,而这是不可能的. 这样,由式(5.15)推出

$$n^{\frac{p-1}{2}}\left(\frac{p-1}{2}\right)! \equiv (-1)^m \prod_{i=1}^{m}(p-a_i)\prod_{j=1}^{t} b_j \equiv (-1)^m \left(\frac{p-1}{2}\right)! \pmod p$$

从而

$$n^{\frac{p-1}{2}} \equiv (-1)^m \pmod p$$

由定理 5.2.1 推出 $\left(\frac{n}{p}\right) = (-1)^m$,故引理成立. 证毕.

定理 5.3.1 对于 Legendre 符号,下面的结论成立:

(ⅰ) $\left(\frac{2}{p}\right) = (-1)^{\frac{p^2-1}{8}}$; (5.16)

(ⅱ) 若 n 是奇数,$(n,p)=1$,则

$$\left(\frac{n}{p}\right) = (-1)^{\sum\limits_{i=1}^{l}\left[\frac{ni}{p}\right]} \quad \left(l = \frac{p-1}{2}\right) \tag{5.17}$$

证明 使用上述引理中的符号 r_k, a_i, b_j, m, t,由

$$nk = p\left[\frac{nk}{p}\right] + r_k \quad \left(1 \leqslant k \leqslant \frac{p-1}{2}\right)$$

及引理的证明过程,得到

$$\begin{aligned} n \cdot \frac{p^2-1}{8} = \sum_{k=1}^{\frac{p-1}{2}} nk = p\sum_{k=1}^{l}\left[\frac{nk}{p}\right] + \sum_{k=1}^{l} r_k = p\sum_{k=1}^{l}\left[\frac{nk}{p}\right] + \sum_{i=1}^{m} a_i + \sum_{i=1}^{t} b_i = \\ p\sum_{k=1}^{l}\left[\frac{nk}{p}\right] + \sum_{i=1}^{m}(p-a_i) + \sum_{i=1}^{t} b_i + 2\sum_{i=1}^{m} a_i - mp = \\ p\sum_{k=1}^{l}\left[\frac{nk}{p}\right] + \sum_{i=1}^{l} i + 2\sum_{i=1}^{m} a_i - mp = \\ p\sum_{k=1}^{l}\left[\frac{nk}{p}\right] + \frac{p^2-1}{8} + 2\sum_{i=1}^{m} a_i - mp \end{aligned}$$

因此

$$(n-1) \cdot \frac{p^2-1}{8} = p\sum_{k=1}^{l}\left[\frac{nk}{p}\right] + 2\sum_{i=1}^{m} a_i - mp \tag{5.18}$$

若 $n=2$,则当 $1 \leqslant k \leqslant l$ 时,$0 < \frac{nk}{p} < 1$,所以 $\left[\frac{nk}{p}\right] = 0$,于是,由式(5.18)得到

$$\frac{p^2-1}{8} \equiv m \pmod 2 \tag{5.19}$$

若 $2 \nmid n$,则由式(5.18)推出

$$\sum_{k=1}^{l}\left[\frac{nk}{p}\right]\equiv m(\bmod 2) \tag{5.20}$$

由式(5.19)、式(5.20)及引理，证得定理. 证毕.

推论 5.3.1　设 p 是奇素数，则

$$\left(\frac{2}{p}\right)=\begin{cases}1, & p\equiv\pm 1(\bmod 8)\\ -1, & p\equiv\pm 3(\bmod 8)\end{cases}$$

定理 5.3.2(高斯(Gauss)二次互反律)　设 p 与 q 是不相同的两个奇素数，则

$$\left(\frac{q}{p}\right)=(-1)^{\frac{p-1}{2}\cdot\frac{q-1}{2}}\left(\frac{p}{q}\right)$$

证明　只须证明

$$\left(\frac{q}{p}\right)\left(\frac{p}{q}\right)=(-1)^{\frac{p-1}{2}\cdot\frac{q-1}{2}} \tag{5.21}$$

记 $p_1=\dfrac{p-1}{2}, q_1=\dfrac{q-1}{2}$，由定理 5.3.1 之(ⅱ)，有

$$\left(\frac{q}{p}\right)\left(\frac{p}{q}\right)=(-1)^r\quad\left(r=\sum_{k=1}^{p_1}\left[\frac{kq}{p}\right]+\sum_{k=1}^{q_1}\left[\frac{kp}{q}\right]\right) \tag{5.22}$$

考察有序整数对(u, v)所组成的集合

$$S=\{(u, v)\mid u=py, v=qx, 1\leqslant x\leqslant p_1, 1\leqslant y\leqslant q_1\}$$

显然，S 中有 $p_1\cdot q_1=\dfrac{p-1}{2}\cdot\dfrac{q-1}{2}$个元素. 由于$(p, q)=1$，所以，对于任何$(u,v)\in S, u\neq v$，记

$$S_1=\{(u, v)\mid (u, v)\in S, u>v\}$$
$$S_2=\{(u, v)\mid (u, v)\in S, v>u\}$$

则

$$S_1\cap S_2=\varnothing,\quad S_1\cup S_2=S \tag{5.23}$$

对于$(u, v)\in S_1$，有 $u>v$，即由 $py>qx$，得 $x<\dfrac{p}{q}y$，其中 $1\leqslant y\leqslant q_1$，因此，$S_1$ 中有 $\displaystyle\sum_{y=1}^{q_1}\left[\frac{py}{q}\right]$ 个元素；同理，S_2 中有 $\displaystyle\sum_{x=1}^{p_1}\left[\frac{qx}{p}\right]$ 个元素，所以

$$\frac{p-1}{2}\cdot\frac{q-1}{2}=\sum_{k=1}^{p_1}\left[\frac{kq}{p}\right]+\sum_{k=1}^{q_1}\left[\frac{kp}{q}\right] \tag{5.24}$$

联合式(5.21)、式(5.22) 和式(5.24)，证得定理. 证毕.

注　利用欧拉判别法或 Legendre 符号，可以判定奇素数模的二次同余方程的可解性. 一般的，若 p 是奇素数，计算 Legendre 符号$\left(\dfrac{a}{p}\right)$可按以下步骤进行：

① 求出 $a\equiv a_0(\bmod p)(1\leqslant a_0\leqslant p-1)$；

② 将 a_0 写成 $a_0=b^2q_1q_2\cdots q_k$的形式，其中 $b\in\mathbf{Z}, q_1, q_2, \cdots, q_k$是互不相同的素数；

③ 若有某个 $q_i=2$,用推论 5.3.1 判定 $\left(\frac{q_i}{p}\right)$之值;

④ 若 $q_i\neq 2$,利用高斯二次互反律将 $\left(\frac{q_i}{p}\right)$的计算转换为计算 $\left(\frac{p}{q_i}\right)$;

⑤ 重复步骤①~④,直至求出每个 $\left(\frac{q_i}{p}\right)$;

⑥ 最后计算 $\left(\frac{a}{p}\right)=\prod_{i=1}^{k}\left(\frac{q_i}{p}\right)$.

例 1 已知 383 是素数,判定方程 $x^2\equiv 219 \pmod{383}$ 是否有解.

解 由于 383 是素数,而 $219=3\times 73$,由二次互反律得

$$\left(\frac{219}{383}\right)=\left(\frac{3}{383}\right)\left(\frac{73}{383}\right)=(-1)^{\frac{3-1}{2}\cdot\frac{383-1}{2}}\left(\frac{383}{3}\right)(-1)^{\frac{73-1}{2}\cdot\frac{383-1}{2}}\left(\frac{383}{73}\right)=$$

$$-\left(\frac{2}{3}\right)\left(\frac{18}{73}\right)=\left(\frac{2}{73}\right)=1$$

因此,原同余方程有两解.

注 高斯二次互反律不仅常用来判定二次同余方程是否有解,从理论上讲,还能够确定以给定(非零)整数为二次剩余或二次非剩余的素数 p 的表达式.

例 2 求所有奇素数 p,

① 使得(−2)是模 p 的二次剩余;

② 使得(−2)和 3 同时是模 p 的二次剩余.

解 ① 若 $-2\in \mathrm{QR}(p)$,则 $\left(\frac{-2}{p}\right)=1$,亦即 $\left(\frac{-2}{p}\right)=\left(\frac{-1}{p}\right)\left(\frac{2}{p}\right)=1$,它等价于

$$\begin{cases}\left(\frac{-1}{p}\right)=1\\ \left(\frac{2}{p}\right)=1\end{cases} \quad 或 \quad \begin{cases}\left(\frac{-1}{p}\right)=-1\\ \left(\frac{2}{p}\right)=-1\end{cases} \tag{5.25}$$

亦即

$$\begin{cases}p\equiv 1 \pmod 4\\ p\equiv 1 \pmod 8\end{cases} 或 \begin{cases}p\equiv 1 \pmod 4\\ p\equiv -1 \pmod 8\end{cases} 或 \begin{cases}p\equiv 3 \pmod 4\\ p\equiv 3 \pmod 8\end{cases} 或 \begin{cases}p\equiv 3 \pmod 4\\ p\equiv -3 \pmod 8\end{cases} \tag{5.26}$$

显然式(5.26)的第二个与第四个同余式组无解. 分别解式(5.26)的第一和第三个同余式组,得

$$p\equiv 1 \pmod 8 \quad 及 \quad p\equiv 3 \pmod 8 \tag{5.27}$$

所以,使得(−2)是模 p 的二次剩余的奇素数为 $p\equiv 1,3 \pmod 8$.

② 若 $p\equiv 1 \pmod 8$,由 $3\in \mathrm{QR}(p)$ 及高斯二次互反律,有

$$1=\left(\frac{3}{p}\right)=(-1)^{\frac{3-1}{2}\cdot\frac{p-1}{2}}\left(\frac{p}{3}\right)=\left(\frac{p}{3}\right)$$

因此 $p\equiv 1\pmod 3$，结合 $p\equiv 1\pmod 8$，故 $p\equiv 1\pmod{24}$.

若 $p\equiv 3\pmod 8$，由 $3\in QR(p)$ 及高斯二次互反律，有

$$1=\left(\frac{3}{p}\right)=(-1)^{\frac{3-1}{2}\cdot\frac{p-1}{2}}\left(\frac{p}{3}\right)=-\left(\frac{p}{3}\right)$$

因此 $p\equiv 2\pmod 3$，结合 $p\equiv 3\pmod 8$，故 $p\equiv 11\pmod{24}$.

综上可知，使得 (-2) 和 3 同时是模 p 的二次剩余的奇素数为 $p\equiv 1,11\pmod{24}$.

例 3　设 q 是一个奇素数，

① 若 $q\equiv 1\pmod 4$，证明：q 是模 p 的二次剩余的充分必要条件为 p 也是模 q 的二次剩余；

② 若 $q\equiv 3\pmod 4$，证明：q 是模 p 的二次剩余的充分必要条件是 $p\equiv \pm b^2\pmod{4q}$，其中 b 是任意奇整数，且 $(b,q)=1$.

证明　① 若 $q\equiv 1\pmod 4$，则由高斯二次互反律知

$$\left(\frac{q}{p}\right)=(-1)^{\frac{p-1}{2}\cdot\frac{q-1}{2}}\left(\frac{p}{q}\right)=\left(\frac{p}{q}\right)\tag{5.28}$$

由式(5.28)知，若 q 是模 p 的二次剩余，则 p 也是模 q 的二次剩余. 反之亦然，故结论①成立.

② 若 $q\equiv 3\pmod 4$，则由高斯二次互反律知

$$\left(\frac{q}{p}\right)=(-1)^{\frac{p-1}{2}\cdot\frac{q-1}{2}}\left(\frac{p}{q}\right)\tag{5.29}$$

充分性　设 $p\equiv \pm b^2\pmod{4q}$，其中 b 是与 q 互素的奇数，分以下两种情形讨论：

当 $p\equiv b^2\pmod{4q}$ 时，有 $p\equiv b^2\equiv 1\pmod 4$，且 $p\equiv b^2\pmod q$，因此 $(-1)^{\frac{p-1}{2}}=1$，且 $\left(\frac{p}{q}\right)=\left(\frac{b^2}{q}\right)=1$，从而由式(5.29)得 $\left(\frac{q}{p}\right)=1$.

当 $p\equiv -b^2\pmod{4q}$ 时，类似可得 $(-1)^{\frac{p-1}{2}}=-1$，且 $\left(\frac{p}{q}\right)=\left(\frac{-b^2}{q}\right)=\left(\frac{-1}{q}\right)=-1$（注意到 $q\equiv 3\pmod 4$），从而由式(5.29)有 $\left(\frac{q}{p}\right)=1$.

因此，无论哪种情形，q 是模 p 的二次剩余都成立.

必要性　假设 $\left(\frac{q}{p}\right)=1$，则由式(5.29)知 $(-1)^{\frac{p-1}{2}}=1$，且 $\left(\frac{p}{q}\right)=1$；或者 $(-1)^{\frac{p-1}{2}}=-1$ 且 $\left(\frac{p}{q}\right)=-1$. 当前者成立时，有 $p\equiv 1\pmod 4$ 及整数 b 适合 $p\equiv b^2\pmod q$. 显然可设 b 为奇数（否则以 $b'=q-b$ 代替之），于是 $b^2\equiv 1\pmod 4$，故 $p\equiv b^2\pmod{4q}$，其中 b 是与 q 互素的奇数. 当后者成立时，有 $p\equiv 3\pmod 4$ 及整数 b 适合 $p\equiv -b^2\pmod q$. 类似于前者成立的情形，可设 b 为奇数，于是 $b^2\equiv 1\pmod 4$，故 $p\equiv -b^2\pmod 4$. 从而 $p\equiv -b^2\pmod{4q}$. 证毕.

例 4　证明：x^4+1 的奇素因数 $p\equiv 1\pmod 8$.

证明 设 p 是 x^4+1 的奇素因数，则有 $(x^2)^2\equiv x^4\equiv -1 \pmod p$，所以 $\left(\frac{-1}{p}\right)=1$，从而得出 $p\equiv 1 \pmod 4$. 又因为 $x^4+1=(x^2+1)^2-2x^2$，因此，$(x^2+1)^2\equiv 2x^2 \pmod p$. 又由于 $(p,2x^2)=1$，所以 $1=\left(\frac{(x^2+1)^2}{p}\right)=\left(\frac{2x^2}{p}\right)=\left(\frac{2}{p}\right)\left(\frac{x^2}{p}\right)=\left(\frac{2}{p}\right)$，即 2 是模 p 的平方剩余，故由推论 5.3.1 知 $p\equiv \pm 1 \pmod 8$. 结合 $p\equiv 1 \pmod 4$ 知，必有 $p\equiv 1 \pmod 8$. 证毕.

例 5 证明：形如 $8k+3(k\in \mathbf{Z})$ 的素数有无穷多个.

证明 反证法. 假设只有有限个形如 $8k+3(k\in \mathbf{Z})$ 的素数 $p_1, p_2, \cdots, p_t(t\in \mathbf{N})$，记

$$M=(p_1p_2\cdots p_t)^2+2$$

设 q 是 M 的一个素因数，显然 $q>2$. 由于 $-2\in \mathrm{QR}(q)$，所以 $\left(\frac{-2}{q}\right)=\left(\frac{-1}{q}\right)\left(\frac{2}{q}\right)=1$. 此式等价于如下两种可能的情形：

① 若 $\begin{cases}\left(\frac{-1}{q}\right)=1\\ \left(\frac{2}{q}\right)=1\end{cases}$，则 $\begin{cases}q\equiv 1 \pmod 4\\ q\equiv \pm 1 \pmod 8\end{cases}$，因此 $q\equiv 1 \pmod 8$；

② 若 $\begin{cases}\left(\frac{-1}{q}\right)=-1\\ \left(\frac{2}{q}\right)=-1\end{cases}$，则 $\begin{cases}q\equiv 3 \pmod 4\\ q\equiv \pm 3 \pmod 8\end{cases}$，因此 $q\equiv 3 \pmod 8$.

这样，q 只能是 $8k+1$ 或 $8k+3$ 的形式. 由于 $p_i\equiv 3 \pmod 8$，故 $p_i^2\equiv 1 \pmod 8 (1\leqslant i\leqslant t)$，所以，$M\equiv 3 \pmod 8$，故 M 的素因数不可能都是 $8k+1$ 的形式，即至少有一个 $q, q\mid M$，且 q 具有 $8k+3$ 的形式. 显然，$q\neq p_i (1\leqslant i\leqslant t)$；否则，将推出 $q\mid 2$，这与 $q>2$ 矛盾.

因此，形如 $8k+3(k\in \mathbf{Z})$ 的素数有无穷多个.

习题 5.3

1. 已知 563 与 1 013 是素数，判定下列方程是否有解：

(1) $x^2\equiv 429 \pmod{563}$；　　(2) $x^2\equiv 1\,503 \pmod{1\,013}$.

2. (1) 确定以 -3 为二次剩余的所有素数；

(2) 确定以 ± 3 为二次剩余的所有素数；

(3) 确定以 ± 3 为二次非剩余的所有素数；

(4) 确定以 3 为二次剩余，-3 为二次非剩余的所有素数.

3. 确定以 6 为二次剩余的所有素数.

4. 求所有素数 p，使得方程 $x^2\equiv 11 \pmod p$ 有解.

5. 设 $(x, y)=1$，确定 x^2-3y^2 的奇素因数 $p(p>3)$ 的一般形式.

6. 证明：形如 $8k+5(k\in \mathbf{Z})$ 的素数有无穷多个.

7. 证明：对任意奇素数 p，总存在整数 n，使得 $p\mid(n^2+1)(n^2+2)(n^2-2)$.

5.4　雅可比(Jacobi)符号

在 5.3 节中看到，对于奇素数 p，利用 Legendre 符号可以判定方程

$$x^2 \equiv a(\mathrm{mod}\ p),\quad (a,p)=1 \tag{5.30}$$

是否有解.

对于一般正奇数 m，如果其标准分解式是 $m=p_1^{\alpha_1}p_2^{\alpha_2}\cdots p_k^{\alpha_k}$，那么，由定理 4.2.5 知，判定方程

$$x^2 \equiv a(\mathrm{mod}\ m),\quad (a,m)=1 \tag{5.31}$$

是否有解，最终归结为判定形如方程(5.30)(其中 $p=p_i(1\leqslant i\leqslant k)$)的可解性.

由此可知，从理论上讲，利用 Legendre 符号可以判定方程(5.31)是否有解. 但是，求出正整数 m 的标准分解式经常会遇到实际困难，所以利用 Legendre 符号判定方程(5.31)的可解性并非容易实现. 为此，本节将介绍一个更为切实可行的方法.

定义　给定正奇数 $m>1$，$m=p_1p_2\cdots p_k$，其中 $p_i(1\leqslant i\leqslant k)$是奇素数，对于任意整数 a，定义

$$\left(\frac{a}{m}\right)=\left(\frac{a}{p_1}\right)\left(\frac{a}{p_2}\right)\cdots\left(\frac{a}{p_k}\right)$$

其中右端的$\left(\frac{a}{p_i}\right)(1\leqslant i\leqslant k)$是 Legendre 符号，称$\left(\frac{a}{m}\right)$是**雅可比(Jacobi)符号**.

注　当 m 是奇素数时，Jacobi 符号就是 Legendre 符号，前者是后者的推广. 如果 m 是奇素数，当$\left(\frac{a}{m}\right)=1$ 时，方程(5.31)一定有解. 当 m 不是奇素数时，由$\left(\frac{a}{m}\right)=1$ 无法判定方程(5.31)是否一定有解.

例如，方程 $x^2\equiv 5(\mathrm{mod}\ 9)$无解，但是$\left(\frac{5}{9}\right)=\left(\frac{5}{3}\right)\left(\frac{5}{3}\right)=1$.

尽管如此，利用 Jacobi 符号仍可对方程(5.31)的无解性给出判断. 事实上，如果方程(5.31)有解，由于 $m=p_1p_2\cdots p_k$，则对于每个 $p_i(1\leqslant i\leqslant k)$，$x^2\equiv a(\mathrm{mod}\ p_i)$都有解，因此，由 Jacobi 符号的定义可知必有$\left(\frac{a}{m}\right)=1$. 所以，若$\left(\frac{a}{m}\right)=-1$，则至少存在一个方程 $x^2\equiv a(\mathrm{mod}\ p_i)$无解，从而方程(5.31)必定无解.

下面的结论说明，Jacobi 符号与 Legendre 符号有许多类似的性质.

定理 5.4.1　使用 Jacobi 符号定义中的符号，则：

(ⅰ) 若 $a\equiv a_1(\mathrm{mod}\ m)$，则$\left(\frac{a}{m}\right)=\left(\frac{a_1}{m}\right)$；　(5.32)

(ⅱ) $\left(\frac{1}{m}\right)=1$；

(ⅲ) 对于任意整数 $a_1, a_2, \cdots, a_t$，有

$$\left(\frac{a_1a_2\cdots a_t}{m}\right)=\left(\frac{a_1}{m}\right)\left(\frac{a_2}{m}\right)\cdots\left(\frac{a_t}{m}\right) \tag{5.33}$$

特别地,对于任意整数 $a,b,(a,\ m)=1$,有

$$\left(\frac{a^2b}{m}\right)=\left(\frac{b}{m}\right) \tag{5.34}$$

证明　（ⅰ）由 $a\equiv a_1(\mathrm{mod}\ m)$可知,$a\equiv a_1(\mathrm{mod}\ p_i)(i=1,2,\cdots,k)$,因此

$$\left(\frac{a}{m}\right)=\left(\frac{a}{p_1}\right)\left(\frac{a}{p_2}\right)\cdots\left(\frac{a}{p_k}\right)=\left(\frac{a_1}{p_1}\right)\left(\frac{a_1}{p_2}\right)\cdots\left(\frac{a_1}{p_k}\right)=\left(\frac{a_1}{m}\right)$$

（ⅱ）、（ⅲ）的结论类似可证.

引理　设 $a_i\equiv 1(\mathrm{mod}\ m)(1\leqslant i\leqslant k)$,$a=a_1a_2\cdots a_k$,则

$$\frac{a-1}{m}\equiv\frac{a_1-1}{m}+\cdots+\frac{a_k-1}{m}(\mathrm{mod}\ m) \tag{5.35}$$

证明　由假设条件存在整数 $b_i\in\mathbf{N}$,使得 $a_i=1+b_im(1\leqslant i\leqslant k)$,因此

$$a-1=a_1a_2\cdots a_k-1=(1+b_1m)(1+b_2m)\cdots(1+b_km)-1=$$
$$m(b_1+b_2+\cdots+b_k)+m^2A$$

其中 A 是某个整数. 于是

$$\frac{a-1}{m}\equiv b_1+b_2\cdots+b_k=\frac{a_1-1}{m}+\frac{a_2-1}{m}+\cdots+\frac{a_k-1}{m}(\mathrm{mod}\ m)$$

证毕.

定理 5.4.2　设 $m=p_1p_2\cdots p_k$是奇数,其中 $p_1,\ p_2,\ \cdots,\ p_k$是素数,则下面的结论成立:

（ⅰ）$\left(\frac{-1}{m}\right)=(-1)^{\frac{m-1}{2}}$;

（ⅱ）$\left(\frac{2}{m}\right)=(-1)^{\frac{m^2-1}{8}}$.

证明　（ⅰ）由 Jacobi 符号定义及定理 5.2.1,有

$$\left(\frac{-1}{m}\right)=\prod_{i=1}^{k}\left(\frac{-1}{p_i}\right)=(-1)^{\frac{p_1-1}{2}+\frac{p_2-1}{2}+\cdots+\frac{p_k-1}{2}}$$

由上式及式(5.35)推出

$$\left(\frac{-1}{m}\right)=(-1)^{\frac{p_1p_2\cdots p_k-1}{2}}=(-1)^{\frac{m-1}{2}}$$

（ⅱ）由 Jacobi 符号定义及定理 5.3.1,有

$$\left(\frac{2}{m}\right)=\prod_{i=1}^{k}\left(\frac{2}{p_i}\right)=(-1)^{\frac{p_1^2-1}{8}+\frac{p_2^2-1}{8}+\cdots+\frac{p_k^2-1}{8}}$$

由上式及式(5.35)推出

$$\left(\frac{2}{m}\right)=(-1)^{\frac{m^2-1}{8}}$$

证毕.

定理 5.4.3(二次互反律)　设 m,n 是大于 1 的奇数，则

$$\left(\frac{n}{m}\right)=(-1)^{\frac{m-1}{2}\cdot\frac{n-1}{2}}\left(\frac{m}{n}\right) \tag{5.36}$$

证明　若 $(m,n)=d>1$，令 p 是 d 的一个奇素因数，则 $\left(\frac{m}{p}\right)=\left(\frac{n}{p}\right)=0$，因此，由 Jacobi 符号的定义知 $\left(\frac{n}{m}\right)=\left(\frac{m}{n}\right)=0$，故式(5.36)成立.

若 $(m,n)=1$，设 $m=p_1p_2\cdots p_k$，$n=q_1q_2\cdots q_l$，其中 $p_i,q_j(1\leqslant i\leqslant k,1\leqslant j\leqslant l)$ 都是奇素数，且 $(p_i,q_j)=1(1\leqslant i\leqslant k,1\leqslant j\leqslant l)$，则由 Jacobi 符号定义及定理 5.3.1，有

$$\left(\frac{n}{m}\right)=\prod_{i=1}^{k}\left(\frac{n}{p_i}\right)=\prod_{i=1}^{k}\prod_{j=1}^{l}\left(\frac{q_j}{p_i}\right)=\prod_{i=1}^{k}\prod_{j=1}^{l}(-1)^{\frac{p_i-1}{2}\cdot\frac{q_j-1}{2}}\left(\frac{p_i}{q_j}\right)=$$

$$\prod_{i=1}^{k}\prod_{j=1}^{l}(-1)^{\frac{p_i-1}{2}\cdot\frac{q_j-1}{2}}\cdot\prod_{i=1}^{k}\prod_{j=1}^{l}\left(\frac{p_i}{q_j}\right)=$$

$$(-1)^{\delta}\prod_{i=1}^{k}\left(\frac{p_i}{n}\right)=(-1)^{\delta}\left(\frac{m}{n}\right) \tag{5.37}$$

其中

$$\delta=\sum_{i=1}^{k}\sum_{j=1}^{l}\frac{p_i-1}{2}\cdot\frac{q_j-1}{2}$$

由上述引理及 $2\nmid n,2\nmid m$ 得

$$\delta=\sum_{i=1}^{k}\frac{p_i-1}{2}\sum_{j=1}^{l}\frac{q_j-1}{2}\equiv\sum_{i=1}^{k}\frac{p_i-1}{2}\cdot\frac{n-1}{2}\equiv\frac{m-1}{2}\cdot\frac{n-1}{2}\pmod 2$$

将上式代入式(5.37)，即得式(5.36). 证毕.

注　Jacobi 符号的优点在于，它一方面具有 Legendre 符号同样的性质，另一方面它不受 m 为素数的限制. 因此，要想计算 Legendre 符号的值，只须将其看成是 Jacobi 符号来计算；而在计算 Jacobi 符号的值时，由于不必考虑 m 是否是素数，所以在实际计算时可以较容易地计算出. 但是，必须注意，在判断同余方程(5.30)的可解性时，当模 m 是奇素数时，Legendre 符号和 Jacobi 符号作用相同；但当模 m 不是奇素数时，Legendre 符号和 Jacobi 符号的功能则不同.

例 1　已知 3 371 是素数，判断方程 $x^2\equiv 12\ 345\pmod{3\ 371}$ 是否有解.

解　因为 $12\ 345=2\ 232\pmod{3\ 371}$，又 $2\ 232=2\times4\times279$，所以利用 Jacobi 符号性质，得

$$\left(\frac{12\ 345}{3\ 371}\right)=\left(\frac{2\ 232}{3\ 371}\right)=\left(\frac{2}{3\ 371}\right)\left(\frac{4}{3\ 371}\right)\left(\frac{279}{3\ 371}\right)=$$

$$(-1)^{\frac{3\ 371^2-1}{8}}(-1)^{\frac{3\ 371-1}{2}\cdot\frac{279-1}{2}}\left(\frac{23}{279}\right)=$$

$$\left(\frac{23}{279}\right)=(-1)^{\frac{279-1}{2}\cdot\frac{23-1}{2}}\left(\frac{279}{23}\right)=$$

$$-\left(\frac{3}{23}\right)=-(-1)^{\frac{23-1}{2}\cdot\frac{3-1}{2}}\left(\frac{23}{3}\right)=-1$$

因此,原同余方程无解.

例 2 设 p,q 是两个不同的奇素数,且 $p=q+4a$,证明:$\left(\frac{a}{p}\right)=\left(\frac{a}{q}\right)$.

证明 由 $p=q+4a$ 知 p,q 同为 $4k+1$ 或 $4k+3$ 型的奇素数.

当 p,q 同为 $4k+1$ 型时,有 $\left(\frac{-1}{p}\right)=\left(\frac{-1}{q}\right)=1$,故

$$\left(\frac{-4}{p}\right)=\left(\frac{-4}{q}\right)=1$$

所以

$$\left(\frac{a}{p}\right)=\left(\frac{-4a}{p}\right)=\left(\frac{p-4a}{p}\right)=\left(\frac{q}{p}\right)=\left(\frac{p}{q}\right)=\left(\frac{q+4a}{q}\right)=\left(\frac{4a}{q}\right)=\left(\frac{a}{q}\right)$$

当 p,q 同为 $4k+3$ 型时,有 $\left(\frac{-1}{p}\right)=\left(\frac{-1}{q}\right)=-1$,故

$$\left(\frac{-4}{p}\right)=\left(\frac{-4}{q}\right)=-1$$

所以

$$\left(\frac{a}{p}\right)=-\left(\frac{-4a}{p}\right)=-\left(\frac{p-4a}{p}\right)=-\left(\frac{q}{p}\right)=\left(\frac{p}{q}\right)=\left(\frac{q+4a}{q}\right)=\left(\frac{4a}{q}\right)=\left(\frac{a}{q}\right)$$

证毕.

例 3 设 a 与 b 是正奇数,求 Jacobi 符号 $\left(\frac{2a}{4a+b}\right)$ 与 $\left(\frac{b}{a}\right)$ 的关系.

解 利用 Jacobi 符号的性质,得

$$\left(\frac{2a}{4a+b}\right)=\left(\frac{2}{4a+b}\right)\left(\frac{a}{4a+b}\right)=(-1)^{\frac{(4a+b)^2-1}{8}}\left(\frac{a}{4a+b}\right)=$$

$$(-1)^{ab+\frac{b^2-1}{8}}(-1)^{\frac{a-1}{2}\cdot\frac{4a+b-1}{2}}\left(\frac{4a+b}{a}\right)=$$

$$(-1)^{1+\frac{b^2-1}{8}+\frac{a-1}{2}\cdot\frac{b-1}{2}}\left(\frac{b}{a}\right)$$

习题 5.4

1. 判定下列同余方程的解数(已知 563 和 1 847 是素数):

(1) $x^2\equiv 286 \pmod{563}$;　　(2) $x^2\equiv 365 \pmod{1\ 847}$.

2. 设奇素数为 $p=4n+1$ 型,且 $d\mid n$,证明:$\left(\frac{d}{p}\right)=1$.

3. 证明:不定方程 $x^2+23y=17$ 无整数解.

4. 设 $p=10n-1\ (n\in\mathbf{N})$ 是素数,证明:$p\mid(5^{5n-1}-1)$.

5. 设 a,b,c 是正整数,$(a,\ b)=1$,$2\nmid b$,$b<4ac$,求 Jacobi 符号 $\left(\frac{a}{4ac-b}\right)$ 与 $\left(\frac{a}{b}\right)$ 的关系.

5.5　合数模的二次同余方程

5.1～5.4 节讨论了奇素数模的同余方程 $x^2 \equiv a(\bmod p)$，$(a,p)=1$ 有解的判别条件及解数，本节将讨论合数模同余方程

$$x^2 \equiv a(\bmod m),\quad (a,m)=1 \tag{5.38}$$

有解的条件及解的个数.

根据算术基本定理，m 可写为标准分解式 $m=2^{\alpha}p_1^{\alpha_1}p_2^{\alpha_2}\cdots p_k^{\alpha_k}$；又由定理 4.2.5 知，方程(5.38)有解的充分必要条件是同余方程组

$$x^2 \equiv a(\bmod 2^{\alpha}),\quad x^2 \equiv a(\bmod p_i^{\alpha_i})\quad (i=1,2,\cdots,k) \tag{5.39}$$

有解，并且在有解的情况下，方程(5.38)的解数是方程组(5.39)中各同余式解数之积.

首先，讨论同余式

$$x^2 \equiv a(\bmod p^k)\quad (k \geqslant 1,(a,p)=1,p\text{ 为奇素数}) \tag{5.40}$$

的解.

定理 5.5.1　方程(5.40)有解的充分必要条件是 $\left(\frac{a}{p}\right)=1$，并且在有解的情况下，方程(5.40)有两解.

证明　必要性　如果方程(5.40)有解，那么

$$x^2 \equiv a(\bmod p) \tag{5.41}$$

一定有解，故 $\left(\frac{a}{p}\right)=1$.

充分性　如果 $\left(\frac{a}{p}\right)=1$，则由 Euler 判别法知，同余方程(5.41)恰有两解. 设 $x\equiv x_1(\bmod p)$是它的一个解，则由于 $(a,p)=1$，即得 $(x_1,p)=1$；又 $2\nmid p$，所以 $(2x_1,p)=1$.

令 $f(x)=x^2-a$，则 $p\nmid f'(x_1)=2x_1$. 故由定理 4.3.1 及 $p\nmid f'(x_1)$ 和 $p\mid f(x_1)$ 可知，从方程(5.41)的解 x_1 出发可以求出方程(5.40)的一个唯一解. 由于方程(5.41)有解时一定有两个解，所以，从这两个解出发可得到方程(5.40)的两个解，并且仅有此两解. 显然，假如 $x\equiv b(\bmod p^k)$是方程(5.40)的一个解，则 $x\equiv -b(\bmod p^k)$是方程(5.40)的另一个解. 证毕.

其次，讨论同余方程

$$x^2 \equiv a(\bmod 2^k)\quad (k \geqslant 1,(2,a)=1) \tag{5.42}$$

的解.

定理 5.5.2　对于同余方程(5.42)来说，当 $k=1$ 时有唯一解 $x\equiv 1(\bmod 2)$；当 $k=2$ 时有解的充分必要条件是 $a\equiv 1(\bmod 4)$，这时它有两个解；当 $k\geqslant 3$ 时有解的充分必要条件是 $a\equiv 1(\bmod 8)$，这时它有四个解. 此时假如 $x\equiv b(\bmod 2^k)$是方程(5.42)的一个解，则方程(5.42)的四个解为 $x\equiv \pm b,\pm b+2^{k-1}(\bmod 2^k)$.

证明　当 $k=1$ 时，显然方程(5.42)有唯一解 $x\equiv 1(\bmod 2)$.

当 $k=2$ 时，由于 $(2,a)=1$，故 $a\equiv1(\bmod 4)$ 或 $a\equiv-1(\bmod 4)$. 由于任何奇数的平方模 4 必与 1 同余，所以，当 $a\equiv1(\bmod 4)$ 时，方程(5.42)有两个解 $x\equiv1,3(\bmod 4)$；而当 $a\equiv-1(\bmod 4)$ 时，方程(5.42)无解. 因而，此时方程(5.42)有解的充分必要条件是 $a\equiv1(\bmod 4)$.

当 $k=3$ 时，如果方程(5.42)有解 x，则 x 必为奇数. 由于任何奇数的平方模 8 都同余于 1，所以，$x^2\equiv a\equiv1(\bmod 8)$，此即说明 $a\equiv1(\bmod 8)$ 是方程(5.42)有解的必要条件. 反之，若 $a\equiv1(\bmod 8)$，则此时方程(5.42)有四个解，即 $x\equiv1,3,5,7(\bmod 2^3)$，且仅有此四解. 因而，此时方程(5.42)有解的充分必要条件是 $a\equiv1(\bmod 8)$.

下面在此基础上对 k 作数学归纳，证明当 $k>3$ 时，方程(5.42)也有四个解.

假设 $x\equiv b(\bmod 2^{k-1})$ 是方程 $x^2\equiv a(\bmod 2^{k-1})$ $((2,a)=1,k>3)$ 的解，则 b 必为奇数，令 $b^2-a=2^{k-1}s(s\in\mathbf{Z})$，又设 $x=b+2^{k-2}t(t\in\mathbf{Z})$，将它们代入 x^2-a，得

$$x^2-a=(b+2^{k-2}t)^2-a=(b^2-a)+2^{k-1}bt+2^{2(k-2)}t^2=$$
$$2^{k-1}(s+bt)+2^{2(k-2)}t^2 \tag{5.43}$$

由于 $k-1\geqslant3$，所以 $k-2\geqslant2$，于是 $2(k-2)\geqslant(k-2)+2=k$. 因此，由式(5.43)得

$$x^2-a\equiv2^{k-1}(s+bt)(\bmod 2^k)$$

又由于 b 为奇数，所以方程 $s+bt\equiv0(\bmod 2)$ 关于 t 必有唯一解 t_0，因而 $x\equiv b+2^{k-2}t_0(\bmod 2^k)$ 是方程(5.42)的解. 这就是说，在求得 $x^2\equiv a(\bmod 2^{k-1})$ 的解 b 后，从 $b^2-a=2^{k-1}s$ 中得到 s，再解 $s+bt\equiv0(\bmod 2)$ 得出 t_0，于是 $x\equiv b+2^{k-2}t_0(\bmod 2^k)$ 就是方程(5.42)的一个解.

下面证明，求出方程(5.42)的一个解 $x\equiv b(\bmod 2^k)$ 之后，方程(5.42)的其他解即能全部求出.

事实上，若 $x\equiv d(\bmod 2^k)$ 是方程(5.42)的任意一个解，则由 $b^2\equiv a\equiv d^2(\bmod 2^k)$ 得到

$$(b-d)(b+d)\equiv0(\bmod 2^k)$$

由于 b,d 都是奇数，故 $\frac{(b-d)}{2}\cdot\frac{(b+d)}{2}\equiv0(\bmod 2^{k-2})$；但是 $\frac{b-d}{2}+\frac{b+d}{2}=b$，而 b 是奇数，所以 $\frac{b-d}{2}$ 与 $\frac{b+d}{2}$ 一奇一偶，因此 $\frac{(b-d)}{2}\equiv0(\bmod 2^{k-2})$ 或 $\frac{(b+d)}{2}\equiv0(\bmod 2^{k-2})$，即

$$d\equiv b(\bmod 2^{k-1})\quad 或\quad d\equiv-b(\bmod 2^{k-1})$$

所以

$$d=b+2^{k-1}t\quad 或\quad d=-b+2^{k-1}t\quad (t\in\mathbf{Z})$$

此即说明关于模 2^k 的解 d 为 $x\equiv b,b+2^{k-1},-b,-b+2^{k-1}(\bmod 2^k)$. 由数学归纳原理知，对一切 $k\geqslant3$，方程(5.42)有四个解，且有解的充分必要条件为 $a\equiv1(\bmod 8)$. 证毕.

最后，讨论合数模的二次同余方程

$$x^2\equiv a(\bmod m)\quad (k\geqslant1,(a,m)=1)$$

的解数.

综合定理 5.5.1、定理 5.5.2 及定理 4.2.5 得出如下结论.

定理 5.5.3　设 $m=2^{\alpha}p_1^{\alpha_1}\cdots p_k^{\alpha_k}((a,m)=1,p_i$ 是奇素数)，则：

(ⅰ) 同余方程 $x^2\equiv a(\mathrm{mod}\ m)((a,m)=1)$ 有解的充分必要条件是当 $\alpha=2$ 时，$a\equiv 1(\mathrm{mod}\ 4)$；当 $\alpha\geqslant 3$ 时，$a\equiv 1(\mathrm{mod}\ 8)$，并且 $\left(\dfrac{a}{p_i}\right)=1(i=1,2,\cdots,k)$.

(ⅱ) 如果同余式 $x^2\equiv a(\mathrm{mod}\ m),(a,m)=1$ 有解，则当 $\alpha=0$ 及 1 时，解数是 2^k；当 $\alpha=2$ 时，解数是 2^{k+1}；当 $\alpha\geqslant 3$ 时，解数是 2^{k+2}.

例 1　① 设 $(2a,m)=1$，证明：同余方程 $ax^2+bx+c\equiv 0(\mathrm{mod}\ m)$ 有解的充分必要条件是 $y^2\equiv l(\mathrm{mod}\ m)$ 有解，且解数相同，其中 $y\equiv 2ax+b(\mathrm{mod}\ m),l=b^2-4ac$.

② 利用类似①的方法求解方程 $2x^2-6x+7\equiv 0(\mathrm{mod}\ 29)$.

证明　① 因为 $(4a,m)=1$，则

$$ax^2+bx+c\equiv 0(\mathrm{mod}\ m) \tag{5.44}$$

等价于同余方程

$$4a(ax^2+bx+c)\equiv 0(\mathrm{mod}\ m)$$

此即

$$(2ax+b)^2\equiv b^2-4ac(\mathrm{mod}\ m)$$

通过变量替换

$$y\equiv 2ax+b(\mathrm{mod}\ m),\quad l=b^2-4ac \tag{5.45}$$

则方程(5.44)可化为

$$y^2\equiv l(\mathrm{mod}\ m) \tag{5.46}$$

下面证明方程(5.44)和方程(5.46)两者同时有解或无解. 事实上，当(5.46)有解时，对于方程(5.46)的任意一个解 $y\equiv y_0(\mathrm{mod}\ m)$，通过式(5.45)得到一个关于 x 的一次同余方程，因为 $(2a,m)=1$，故式(5.45)有唯一的解 $x\equiv x_0(\mathrm{mod}\ m)$，且此解显然也是方程(5.44)的一个解. 反之，由方程(5.44)的任意一个解通过恒等变形和变量替换式(5.45)可得到方程(5.46)的一个解，因此方程(5.44)和方程(5.46)两者同时有解或无解，且解数相同.

② 由 $2x^2-6x+7\equiv 0(\mathrm{mod}\ 29)$ 及 $(2,29)=1$ 可得 $4x^2-12x+14\equiv 0(\mathrm{mod}\ 29)$，即 $(2x-3)^2\equiv -5(\mathrm{mod}\ 29)$，作变量替换 $y\equiv 2x-3(\mathrm{mod}\ 29),l=-5$，则原方程等价于

$$y^2\equiv -5(\mathrm{mod}\ 29) \tag{5.47}$$

由于 $\left(\dfrac{-5}{29}\right)=\left(\dfrac{-1}{29}\right)\left(\dfrac{5}{29}\right)=1$，故方程(5.47)有解，易知 $y\equiv\pm 13(\mathrm{mod}\ 29)$ 是方程(5.47)的解，代入 $y\equiv 2x-3(\mathrm{mod}\ 29)$ 得 $x\equiv -5,8(\mathrm{mod}\ 29)$，此即原方程的解.

例 2　解同余方程 $x^2\equiv 57(\mathrm{mod}\ 64)$.

解　由于 $64=2^6$，故 $k=6,a=57\equiv 1(\mathrm{mod}\ 8)$，由定理 5.5.2 知，原同余方程有四个解.

显然，原方程的解 x 必是奇数，并且满足 $x^2\equiv 57(\mathrm{mod}\ 2^3)$. 下面在此基础上进一步求解 $x^2\equiv 57(\mathrm{mod}\ 2^6)$. 为此可令 $x=\pm(1+4t_1)$，并将其代入 $x^2\equiv 57(\mathrm{mod}\ 2^4)$，得

$$(1+4t_1)^2 \equiv 57 (\bmod 2^4)$$

解得

$$t_1 \equiv 1(\bmod 2), \quad 即 \quad t_1 = 1+2t_2 \quad (t_2 \in \mathbf{Z})$$

于是 $x=\pm(1+4(1+2t_2))=\pm(5+8t_2)$是适合 $x^2\equiv 57(\bmod 2^4)$的一切整数.

再将 $x=\pm(5+8t_2)$代入 $x^2\equiv 57(\bmod 2^5)$,得

$$(5+8t_2)^2 \equiv 57(\bmod 2^5)$$

解得

$$t_2 \equiv 0(\bmod 2), \quad 即 \quad t_2 = 2t_3 \quad (t_3 \in \mathbf{Z})$$

故 $x=\pm(5+8\cdot 2t_3)=\pm(5+16t_3)$是适合 $x^2\equiv 57(\bmod 2^5)$的一切整数.

再将 $x=\pm(5+16t_3)$代入 $x^2\equiv 57(\bmod 2^6)$,得

$$(5+16t_3)^2 \equiv 57(\bmod 2^6)$$

解得

$$t_3 \equiv 1(\bmod 2), \quad 即 \quad t_4 = 1+2t_3 \quad (t_4 \in \mathbf{Z})$$

故 $x=\pm(5+16(1+2t_3))=\pm(21+32t_4)$是适合 $x^2\equiv 57(\bmod 2^6)$的一切整数.

所以,原同余方程的四个解为 $x\equiv\pm 21,\pm(21+2^5)(\bmod 64)$.

例 3 证明:对任意正整数 $m>1$,同余方程

$$f(x)=(x^2-13)(x^2-17)(x^2-221)\equiv 0(\bmod m)$$

均有解.

证明 设 m 的标准分解式为 $m=p_1^{\alpha_1}p_2^{\alpha_2}\cdots p_k^{\alpha_k}$,由定理 4.2.5 知

$$f(x)\equiv 0(\bmod m)\text{ 有解}\Leftrightarrow f(x)\equiv 0(\bmod p_i^{\alpha_i})(1\leqslant i\leqslant k)\text{ 有解}$$

下面首先证明对于任意奇素数 p, $f(x)\equiv 0(\bmod p^{\alpha})(\alpha\geqslant 1)$有解. 事实上,由定理 5.5. 知当 p 为奇素数时,

$$f(x)\equiv 0(\bmod p^{\alpha})(\alpha\geqslant 1)\text{ 有解}\Leftrightarrow f(x)\equiv 0(\bmod p)\text{ 有解}$$

因此有:

① 当素数 $p\neq 13,17,2$ 时,由于

$$\left(\frac{221}{p}\right)=\left(\frac{13\times 17}{p}\right)=\left(\frac{13}{p}\right)\left(\frac{17}{p}\right)$$

故$\left(\frac{221}{p}\right)$,$\left(\frac{13}{p}\right)$,$\left(\frac{17}{p}\right)$三者不可能同时为 -1,因此三个同余方程 $x^2\equiv 13(\bmod p^{\alpha})$, $x^2\equiv 17(\bmod p^{\alpha})$, $x^2\equiv 221(\bmod p^{\alpha})$必有一个在 $\alpha=1$ 时可解,进而对 $\alpha\geqslant 1$, $f(x)\equiv 0(\bmod p^{\alpha})$有解.

② 当素数 $p=13$ 或 17 时,由高斯二次互反律知$\left(\frac{13}{17}\right)=\left(\frac{17}{13}\right)=1$,因此,由 $x^2\equiv 13(\bmod p^{\alpha})$ 或 $x^2\equiv 17(\bmod p^{\alpha})$有解,进而对 $\alpha\geqslant 1$, $f(x)\equiv 0(\bmod p^{\alpha})$有解.

③ 当 $p=2$ 时，由于 $17\equiv 1 \pmod 8$，根据定理 5.5.2 知 $x^2\equiv 17 \pmod{2^\alpha}$ $(\alpha\geqslant 1)$ 有解，因此 $f(x)\equiv 0 \pmod{2^\alpha}$ $(\alpha\geqslant 1)$ 有解.

综上可知，对任意正整数 $m>1$，原同余方程都有解. 证毕.

习题 5.5

1. 求下列同余方程的解：

(1) $x^2\equiv 59 \pmod{125}$；　　(2) $x^2\equiv 41 \pmod{64}$；

(3) $x^2\equiv 69 \pmod{508}$；　　(4) $4x^2-11x-3\equiv 0 \pmod{13}$；

(5) $11x^2+8x-15\equiv 0 \pmod{44}$.

2. 若 p 是奇素数，在所给同余方程有解的情况下，

(1) 求同余方程 $x^2\equiv a \pmod p$ 的解，其中 $p=4m+3$ $(m\in\mathbf{Z})$，$(a,p)=1$；

(2) 求同余方程 $x^2\equiv a \pmod p$ 的解，其中 $p=8m+5$ $(m\in\mathbf{Z})$，$(a,p)=1$；

(3) 若 M 是模 p 的二次非剩余，试举出求同余方程 $x^2\equiv a \pmod p$ 的一个解法，其中 $p\equiv 8m+1$ $(m\in\mathbf{Z})$，$(a,p)=1$.

本章小结

1. 基本概念

本章基本概念主要包括：模 m 的二次剩余及二次非剩余、勒让德(Legendre)符号、Jacobi 符号和合数模的二次同余方程.

2. 主要定理或结论

本章主要定理有：欧拉判别条件(定理 5.1.1)、奇素数模 p 的二次剩余与二次非剩余个数(定理 5.1.2)、勒让德(Legendre)符号的性质(定理 5.2.1、定理 5.3.1)、高斯二次互反律(定理 5.3.2)、Jacobi 符号的性质及二次互反律(定理 5.4.1、定理 5.4.2、定理 5.4.3)、一般的二次同余方程的解数定理(定理 5.5.3).

3. 重要方法

(1) 奇素数模的二次同余式 $x^2\equiv a \pmod p$，$(a,p)=1$ 是否有解的判别方法

有三种方法：① 欧拉判别法；② Legendre 符号判别法；③ Jacobi 符号判别法.

注意　前两种判别方法的关键在于，将二次同余式 $x^2\equiv a \pmod p$，$(a,p)=1$ 是否有解的问题化归为判断 a 是否为奇素数模 p 的二次剩余问题解决. 但是，利用 Jacobi 判别方法须注意其与 Legendre 符号功能的差异，即当模 m 是奇素数时，Legendre 符号和 Jacobi 符号作用相同；但当模 m 不是奇素数时，Legendre 符号和 Jacobi 符号的功能不同.

(2) Legendre 符号的计算方法

计算方法有两种：

① 利用 Legendre 符号的性质进行计算(其步骤在 5.3 节已归纳总结,从略).

② 将 Legendre 符号视为 Jacobi 符号进行计算,由于后者的计算并不需要求 a 的素因数分解式,因而计算较前者更简便.

(3) 求奇素数模 p 的全部二次剩余及二次非剩余的方法

根据奇素数模 p 的二次剩余的个数定理 5.1.2,通过计算 $1^2,2^2,\cdots,\left(\frac{p-1}{2}\right)^2$ 关于模 p 的绝对最小剩余,可求得模 p 的所有二次剩余共有 $\frac{p-1}{2}$ 个,在模 p 的绝对最小简化剩余系中,除去二次剩余外的 $\frac{p-1}{2}$ 个数都是模 p 的二次非剩余.

(4) 求以给定(非零)整数为二次剩余或二次非剩余的奇素数 p 的表达式

根据以给定(非零)整数 a 为二次剩余或二次非剩余应满足的条件及 Legendre 符号 $\left(\frac{a}{p}\right)$ 的性质,组合成相应的方程组,再利用孙子定理求解,得出奇素数 p 的一般表达式.

(5) 合数模的二次同余式 $x^2\equiv a(\mathrm{mod}\ m),(a,m)=1$ 是否有解及解数的判别方法

根据定理 5.5.1、定理 5.5.2 和定理 5.5.3 的结论进行判别.

(6) 一般二次同余式 $ax^2+bx+c\equiv 0(\mathrm{mod}\ m),a\not\equiv 0(\mathrm{mod}\ m)$ 的求解方法

一般二次同余式的求解过程蕴含着化归的思想方法,主要通过两个方面的途径化归为形如 $x^2\equiv a(\mathrm{mod}\ m),a\not\equiv 0(\mathrm{mod}\ m)$ 的同余方程来研究. 这两个途径是先将模 m 进行素因数的分解,然后再对同余方程实施变量替换. 具体求解步骤如下:

① 将模 m 表示成标准素因数分解式 $m=p_1^{\alpha_1}p_2^{\alpha_2}\cdots p_k^{\alpha_k}(\alpha_i\geqslant 1;i=1,2,\cdots,k)$;

② 将 $ax^2+bx+c\equiv 0(\mathrm{mod}\ m)$ 化归为等价方程组

$$ax^2+bx+c\equiv 0(\mathrm{mod}\ p_i^{\alpha_i}) \qquad (5.48)$$

③ 对 $ax^2+bx+c\equiv 0(\mathrm{mod}\ p_i)(i=1,2,\cdots,k)$ 进行配方,并实施变量替换化为等价二项同余方程 $y^2\equiv l(\mathrm{mod}\ p_i)$,当此二项同余方程无解时,方程(5.48)也无解,故原方程也无解. 当此二项同余方程有解时,利用素数幂模同余方程求解方法求得方程(5.48)的解.

④ 对于方程(5.48)中每一个方程的解进行相应的组合,再利用孙子定理求得组合后的每一个方程组的解,此也即原方程的解.

第6章　原根和指数

原根是数论理论和应用中一个很重要的概念.本章介绍整数 a 关于模 m 的阶的概念及其性质.整数的阶是刻画模 m 的简化剩余系中元素特征的一个量,阶等于 $\varphi(m)$ 的整数称为模 m 的原根.本章将在阶的概念基础上讨论模 m 有原根的充分必要条件、原根的个数和求解方法;在模 m 的原根 g 存在的情况下,给出 a 关于模 m 以 g 为底的指数的概念及其性质;为了求解二项同余方程 $x^n\equiv a(\bmod m)(n\geqslant 2)$,$(a,m)=1$,引入模 m 的 n 次剩余与 n 次非剩余的概念;在模 m 原根存在的条件下,从理论上证明二项同余方程的解存在的充分必要条件.

本章重点理解阶的概念与性质,理解原根存在的条件及求法,掌握制作指数表的方法,学会利用指数表判断并求解素数模的二项同余方程.

6.1　阶的概念及其基本性质

设 m 是大于1的正整数,a 是适合 $(a,m)=1$ 的整数,根据 Euler 定理可知同余关系 $a^{\varphi(m)}\equiv 1(\bmod m)$ 成立,其中 $\varphi(m)$ 是欧拉函数.由此可知,若 $(a,m)=1$,$m>1$,则存在一个正整数 n 满足 $a^n\equiv 1(\bmod m)$,因此,也就存在满足 $a^n\equiv 1(\bmod m)$ 的最小正整数.由此给出以下定义.

定义　若 $m>1$,$(a,m)=1$,则使得同余式

$$a^n\equiv 1(\bmod m) \tag{6.1}$$

成立的最小正整数 n 称为 ***a* 关于模 *m* 的阶**,记为 $\delta_m(a)$.在不致引起误会的情况下,简记为 $\delta(a)$.

如,2模7的阶是3;2模11的阶是10;3模5的阶是4;而1对任何模 m 的阶都等于1.记为 $\delta_7(2)=3$;$\delta_{11}(2)=10$;$\delta_5(3)=4$;$\delta_m(1)=1$.

显然,若 $a\equiv b(\bmod m)$,$(a,m)=1$,则由上述定义有 $\delta_m(a)=\delta_m(b)$.

定义　如果存在整数 g,$(g,m)=1$,使 g 模 m 的阶为 $\varphi(m)$,则称**模 *m* 有原根**,并称 g 是模 m 的一个**原根**.

由此定义可知,在上例中,2是模11的原根;3是模5的原根.

以后,在谈到 a 模 m 的阶时,总约定 $(a,m)=1$,$m>1$.下面讨论模 m 的阶的基本性质.

定理 6.1.1　如果 a 模 m 的阶等于 d,则:

(ⅰ) 任何适合同余式 $a^n\equiv 1(\bmod m)$ 的正整数 n 都是 d 的倍数;

(ⅱ) 对整数 k 和 l,同余式 $a^k\equiv a^l(\bmod m)$ 成立的充分必要条件是 $k\equiv l(\bmod d)$.

证明　(ⅰ) 由带余数除法,可得 $n=dq+r(0\leqslant r<d)$.因为 a 模 m 的阶等于 d,故

$a^n=a^{dq+r}\equiv(a^d)^q\cdot a^r\equiv a^r\equiv1(\mathrm{mod}\ m)$. 若 $0<r<d$,这与 a 模 m 的阶等于 d 矛盾,由此知必有 $r=0$,因此 n 是 d 的倍数.

(ⅱ) **必要性** 如果 $a^k\equiv a^l(\mathrm{mod}\ m)$,其中 $k\geqslant l$. 当 $k=l$ 时,显然 $k\equiv l(\mathrm{mod}\ d)$ 成立;当 $k>l$ 时,则 $a^{k-l}\equiv1(\mathrm{mod}\ m)$,由(ⅰ)知 $d\mid(k-l)$,亦即 $k\equiv l(\mathrm{mod}\ d)$. 必要性得证.

充分性 若 $k\equiv l(\mathrm{mod}\ d)$,不妨设 $k\geqslant l$,于是存在非负整数 t,使得 $k=l+td$,从而 $a^k=a^{l+td}=a^l\cdot(a^d)^t\equiv a^l(\mathrm{mod}\ m)$. 充分性得证.

证毕.

由此可直接得出以下推论.

推论 6.1.1 如果 a 模 m 的阶等于 d,则必有 $d\mid\varphi(m)$.

定理 6.1.2 如果 a 模 m 的阶等于 d,则 $1,a,a^2,\cdots,a^{d-1}$ 关于模 m 两两互不同余.

证明 反证法. 若不然,则 $1,a,a^2,\cdots,a^{d-1}$ 中必有两个整数 $a^i,a^j(0\leqslant i<j\leqslant d-1)$ 适合 $a^i\equiv a^j(\mathrm{mod}\ m)$,由于 $(a,m)=1$,故必有 $a^{j-i}\equiv1(\mathrm{mod}\ m)$,由此式及定理 6.1.1 可知,$d\mid(j-i)$,又由于 $0<j-i\leqslant d-1<d$,故 d 不可能整除 $j-i$,矛盾.

因此,$1,a,a^2,\cdots,a^{d-1}$ 关于模 m 两两互不同余. 证毕.

注 定理 6.1.2 说明,若 g 是模 m 的原根,则 $g^0,g^1,\cdots,g^{\varphi(m)-1}$ 构成模 m 的简化剩余系. 由该简化剩余系中的 $\varphi(m)$ 个数构成的几何级数,将为研究问题带来极大的便利.

定理 6.1.3 如果 a 模 m 的阶等于 d,且 k 是正整数,则 a^k 模 m 的阶等于 $\dfrac{d}{(k,d)}$.

特别的,若 $\delta_m(a)=d$,则 a^k 模 m 的阶等于 d 的充分必要条件是 $(k,d)=1$.

证明 设 $(k,d)=l$,则 $k=lk_1,d=ld_1$,且 $(k_1,d_1)=1$. 又设 $\delta_m(a^k)=s$,由于 $a^{ks}\equiv(a^k)^s\equiv1(\mathrm{mod}\ m)$,由定理 6.1.1 可知 $d\mid ks$,由此得 $d_1\mid k_1s$,又 $(k_1,d_1)=1$,故 $d_1\mid s$.

又因为 $(a^k)^{d_1}=a^{lk_1d_1}\equiv a^{k_1d}\equiv(a^d)^{k_1}\equiv1(\mathrm{mod}\ m)$,由定理 6.1.1 可知,$s\mid d_1$.

综上得 $s=d_1=\dfrac{d}{l}=\dfrac{d}{(k,d)}$. 由此知 a^k 模 m 的阶等于 d 的充分必要条件是 $(k,d)=1$.

证毕.

根据定理 6.1.3 直接得出以下推论.

推论 6.1.2 如果 a 模 m 的阶 $d=d_1d_2$,其中 d_1 和 d_2 是正整数,则整数 a^{d_1},a^{d_2} 模 m 的阶分别等于 d_2 和 d_1.

推论 6.1.3 如果 a 模 m 的阶为 d,则 $1,a,a^2,\cdots,a^{d-1}$ 中恰有 $\varphi(d)$ 个数模 m 的阶为 d.

证明 由于 $0,1,\cdots,d-1$ 个数中恰有 $\varphi(d)$ 个数与 d 互素,故由定理 6.1.3 即得推论.

定理 6.1.4 (ⅰ) 若 a,b 模 m 的阶分别为 d_1,d_2,且 $(d_1,d_2)=1$,则 ab 模 m 的阶等于 d_1d_2.

(ⅱ) 若 $(a,m)=1,ab\equiv1(\mathrm{mod}\ m)$,则 $\delta_m(a)=\delta_m(b)$.

(ⅲ) 若 $n\mid m$,则 $\delta_n(a)\mid\delta_m(a)$.

(ⅳ) 若$(m,n)=1$,$(a,mn)=1$,则 $\delta_{nm}(a)=[\delta_m(a),\delta_n(a)]$.

证明　(ⅰ) 设 s 是 ab 模 m 的阶. 由于 $a^{d_1}\equiv 1(\bmod m)$,$b^{d_2}\equiv 1(\bmod m)$,故 $(ab)^{d_1d_2}\equiv 1(\bmod m)$,由此得 $s\mid d_1d_2$.

又由$(ab)^s\equiv 1(\bmod m)$可知$(ab)^{d_1s}\equiv(a^{d_1}b^{d_1})^s\equiv(b^{d_1})^s\equiv b^{d_1s}\equiv 1(\bmod m)$,由此可得 $d_2\mid d_1s$. 又$(d_1,d_2)=1$,故有 $d_2\mid s$;同理 $d_1\mid s$. 于是,有 $d_1d_2\mid s$.

综上可知 $s=d_1d_2$,即 ab 模 m 的阶等于 d_1d_2.

(ⅱ) 由 $ab\equiv 1(\bmod m)$及$(a,m)=1$ 可得$(b,m)=1$,故 b 模 m 的阶存在.

所要证明的结论等价于 $a^n\equiv 1(\bmod m)\Leftrightarrow b^n\equiv 1(\bmod m)(n\in\mathbf{N})$.

事实上,若 $a^n\equiv 1(\bmod m)$,由于 $ab\equiv 1(\bmod m)$,可知 $a^n\equiv 1\equiv(ab)^n\equiv a^nb^n(\bmod m)$. 又$(a,m)=1$,故$(a^n,m)=1$,利用同余性质即得 $b^n\equiv 1(\bmod m)$;反之亦然. 由此(ⅱ)得证.

(ⅲ) 由 $n\mid m$ 及定理 6.1.1 有 $a^{\delta_m(a)}\equiv 1(\bmod m)\Rightarrow a^{\delta_m(a)}\equiv 1(\bmod n)\Rightarrow\delta_n(a)\mid\delta_m(a)$.

(ⅳ) 令 $\delta=\delta_{mn}(a)$,$\gamma=[\delta_m(a),\delta_n(a)]$,由(ⅲ)知 $\delta_m(a)\mid\delta$,$\delta_n(a)\mid\delta$,从而 $\gamma\mid\delta$;又由 $a^\gamma\equiv 1(\bmod m)$,$a^\gamma\equiv 1(\bmod n)$及$(m,n)=1$ 得 $a^\gamma\equiv 1(\bmod mn)$.

因此,由定理 6.1.1 有 $\delta\mid\gamma$. 综上知 $\delta=\gamma$,即 $\delta_{nm}(a)=[\delta_m(a),\delta_n(a)]$. 证毕.

以下利用阶的性质来讨论梅森(Mersenne)数和费马(Fermat)数的素因数的表示形式.

定理 6.1.5　设 p 是奇素数,a 是大于 1 的正整数,如果 q 是 a^p-1 的素因数,且满足 $q\nmid(a-1)$,则必有 $q=2pk+1$,其中 k 是正整数.

证明　设 q 是 a^p-1 的素因数,即 $a^p\equiv 1(\bmod q)$,且$(a,q)=1$,故 a 模 q 的阶存在,设为 d. 由定理 6.1.1 知 p 是 d 的倍数,又 p 是素数,因此 d 只可能等于 1 或 p.

若 $d=1$,则 $q\mid(a-1)$,这与假设 $q\nmid(a-1)$矛盾. 因此 $d=p$,于是,由定理 6.1.1 知 $p\mid\varphi(q)=q-1$,即 $p\leqslant q-1$. 从而由 $2<p<q$ 知 q 是奇素数. 由此知 $2p\mid(q-1)$. 因此,$q=2pk+1$,其中 k 是正整数. 证毕.

注　由于梅森数 2^p-1 的素因数 q 都满足 $q\nmid(2-1)$,所以根据定理 6.1.5 可得以下推论.

推论 6.1.4　对于奇素数 p,梅森数 2^p-1 的素因数 q 均可表示成 $2pk+1(k\in\mathbf{N})$的形式.

定理 6.1.6　设 n 为正整数,对于费马数 $F_n=2^{2^n}+1$,证明:

(ⅰ) $\delta_{F_n}(2)=2^{n+1}$;

(ⅱ) 若素数 $p\mid F_n$,则 $\delta_p(2)=2^{n+1}$,且 $p\equiv 1(\bmod 2^{n+1})$;

(ⅲ) F_n 的任一素因数均可表示成 $2^{n+1}k+1(k\in\mathbf{N})$的形式.

证明　(ⅰ) 因为 $2^{2^n}\equiv -1(\bmod F_n)$,故 $2^{2^{n+1}}\equiv 1(\bmod F_n)$. 由定理 6.1.1 得 $\delta_{F_n}(2)\mid 2^{n+1}$. 又显然有 $F_n\nmid(2^{2^l}-1)(1\leqslant l\leqslant n)$,由此可知 $\delta_{F_n}(2)=2^{n+1}$.

(ⅱ) 若素数 $p\mid F_n$,显然 p 是奇素数,由定理 6.1.4 之(ⅱ)得 $\delta_p(2)\mid\delta_{F_n}(2)=2^{n+1}$. 于是,可设$\delta_p(2)=2^s(s\leqslant n+1)$,则由阶的定义得 $p\mid(2^{2^s}-1)$,$p\nmid(2^{2^{s-1}}-1)$.

若 $s\leqslant n$,由于 $p\mid(2^{2^{s-1}}-1)(2^{2^{s-1}}+1)$,故 $p\mid(2^{2^{s-1}}+1)$.

此结论说明$(F_n,F_{s-1})\geqslant p>1$,这与费马数两两互素矛盾,故 $s=n+1$,即 $\delta_p(2)=2^{n+1}$. 又由于$(2,p)=1$,所以 $2^{p-1}\equiv1(\bmod p)$,因此 $\delta_p(2)\mid(p-1)$,故 $p\equiv1(\bmod 2^{n+1})$.

(ⅲ) 由(ⅱ)即知 F_n 的任一素因数 p 可表示为 $p=2^{n+1}k+1(k\in\mathbf{N})$.

例 1 证明:$2^{13}-1$ 是素数.

证明 假设 $2^{13}-1$ 不是素数,则它必有素因数 q 适合 $q\leqslant\sqrt{2^{13}-1}<91$. 由推论 6.1.4 知,$q$ 必为 $26k+1$ 的形式. 由于小于 91 的此类素数仅有 53 和 79,且经计算知它们都不是 $2^{13}-1$ 的素因数,因此,$2^{13}-1$ 是素数.

例 2 证明:$2^{2^4}+1$ 是素数.

证明 根据定理 6.1.6 知,$F_4=2^{2^4}+1$ 的素因数 q 必具有 $q=2^5k+1=32k+1(k\in\mathbf{N})$的形式. 由于适合此形式以及 $q<\sqrt{2^{2^4}+1}$的素数仅有 97 和 193,经计算知它们均不能整除 $2^{2^4}+1$,因而 $2^{2^4}+1$ 是素数.

例 3 设 p 为素数,$\delta_p(a)=d$,证明:

① 若 $2\mid d$,则 $a^{\frac{d}{2}}\equiv-1(\bmod p)$;　② 若 $4\mid d$,则 $\delta_p(-a)=d$;

③ 若 $2\mid d,4\nmid d$,则 $\delta_p(-a)=\dfrac{d}{2}$.

证明 ① 由 $\delta_p(a)=d$,知 $p\nmid(a^{\frac{d}{2}}-1)$,$p\mid(a^d-1)=(a^{\frac{d}{2}}-1)(a^{\frac{d}{2}}+1)$. 又 p 为素数,由此即知 $p\mid(a^{\frac{d}{2}}+1)$,即 $a^{\frac{d}{2}}\equiv-1(\bmod p)$.

② 由 $4\mid d$ 及①得$(-a)^{\frac{d}{2}}\equiv a^{\frac{d}{2}}\equiv-1(\bmod p)$,故 $a^d\equiv1(\bmod p)$. 设 $d'=\delta_p(-a)$,于是 $\dfrac{d}{2}=\delta_p(a^2)=\delta_p((-a)^2)=\dfrac{d'}{(d',2)}$. 下面证明 $d'\neq\dfrac{d}{2}$,即$(d',2)\neq1$;否则,若 $d'=\dfrac{d}{2}$,由于$4\mid d$,有$(-a)^{d'}\equiv(-a)^{\frac{d}{2}}\equiv a^{\frac{d}{2}}\equiv1(\bmod p)$,与①矛盾,故$(d',2)=2$. 由此得 $d=d'$,即 $\delta_p(-a)=d$.

③ 设 $d''=\delta_p(-a)$,则 $\dfrac{d}{2}=\delta_p(a^2)=\delta_p((-a)^2)=\dfrac{d''}{(d'',2)}$,此时$(d'',2)=1$;否则,若$(d'',2)=2$,则 $d''=d=\delta_p(-a)$. 又由 $2\mid d,4\nmid d$ 知$\dfrac{d}{2}$为奇数,由此及①得$(-a)^{\frac{d}{2}}\equiv-a^{\frac{d}{2}}\equiv1(\bmod p)$,这与 $\delta_p(-a)=d''=d$ 矛盾,从而$(d'',2)=1$. 所以 $d''=\dfrac{d}{2}$,即 $\delta_p(-a)=\dfrac{d}{2}$.

习题 6.1

1. 求模 11 的最小非负简化剩余系中各数的阶并列成表.
2. 求模 14 的全部原根.
3. 设 p 为素数,$\delta_p(a)=3$,证明:$\delta_p(1+a)=6$.
4. 证明:

(1) $2^{11}-1$ 不是素数；　　　　(2) $2^{17}-1$ 是素数.

5. 设 p 是奇素数,证明:若同余方程 $x^4+1\equiv 0(\bmod p)$ 有解,则 $p\equiv 1(\bmod 8)$.

6. 若素数 $p\equiv 3(\bmod 4)$,则 g 为模 p 的原根的充分必要条件是 $\delta_p(-g)=\dfrac{p-1}{2}$.

6.2　原根的存在性

设 m 是大于 1 的正整数,a 是与 m 互素的整数. 根据定理 6.1.1 知,a 对模 m 的阶 d 必为 $\varphi(m)$ 的约数,而当 $d=\varphi(m)$ 时,a 就是模 m 的原根. 由于当 a 是模 m 的原根时,形如

$$a+qm \quad (q\in \mathbf{Z}) \tag{6.2}$$

的整数与 a 有相同的阶,所以它们都是模 m 的原根. 因此,**当 a 是模 m 的原根时,所有形如式(6.2)的整数统称为模 m 的一个原根**,记作 $x\equiv a(\bmod m)$. 由此可知,**模 m 的一个原根就是模 m 的一个阶数为 $\varphi(m)$ 的简化剩余类**.

例 1　证明: $x\equiv 3(\bmod 7)$ 是模 7 的一个原根.

证明　由于 $\varphi(7)=6$,而 6 的约数分别是 1,2,3,6,由于 $3^1\equiv 3(\bmod 7)$,$3^2\equiv 2(\bmod 7)$,$3^3\equiv -1\equiv(\bmod 7)$,$3^6\equiv 1(\bmod 7)$,因此 3 模 7 的阶等于 6,所以 $x\equiv 3(\bmod 7)$ 是模 7 的一个原根.

例 2　求模 12 的原根.

解　因为 $\varphi(12)=4$,且与模 12 互素的剩余类为 $x\equiv 1,5,7,11(\bmod 12)$,又易知 1,5,7,11 对模 12 的阶分别是 1,2,2,2,因此,模 12 没有原根.

从例 2 说明,并非所有的模 m 都有原根. 因此,本节的主要任务是讨论模 m 有原根的充分必要条件. 首先讨论模 m 有原根的必要条件.

定理 6.2.1　如果模 m 有原根,则 m 是形如 2^α, p^α, $2p^\alpha$ 的正整数,其中 p 是奇素数,α 是正整数.

证明　设 m 的标准分解式为 $m=p_1^{\alpha_1}p_2^{\alpha_2}\cdots p_k^{\alpha_k}$,则

$$\varphi(m)=\varphi(p_1^{\alpha_1})\varphi(p_2^{\alpha_2})\cdots\varphi(p_k^{\alpha_k}) \tag{6.3}$$

根据欧拉定理,对于任何适合 $(a,m)=1$ 的整数 a,必有

$$a^{\varphi(p_i^{\alpha_i})}\equiv 1(\bmod p_i^{\alpha_i}) \quad (i=1,2,\cdots,k) \tag{6.4}$$

设 $l=[\varphi(p_1^{\alpha_1}),\cdots,\varphi(p_k^{\alpha_k})]$,由于 $\varphi(p_i^{\alpha_i})\mid l(i=1,2,\cdots,k)$,故由式(6.4)可知

$$a^l\equiv 1(\bmod p_i^{\alpha_i}) \quad (i=1,2,\cdots,k) \tag{6.5}$$

又因为 $p_1^{\alpha_1},\cdots,p_k^{\alpha_k}$ 两两互素,所以从式(6.5)得

$$a^l\equiv 1(\bmod m) \tag{6.6}$$

根据定理 6.1.1,从式(6.3)及式(6.6)可知,如果 a 是模 m 的原根,则必有 $l=\varphi(m)$.

当 $p_1,\cdots,p_k$ 中有两个为奇素数时,易知 $\varphi(p_1^{\alpha_1}),\cdots,\varphi(p_k^{\alpha_k})$ 中有两个为偶数,此时,有 $l<\varphi(m)$. 所以,当模 m 有原根时,m 至多有一个奇素因数,故 m 必为形如

$$2^{\alpha}, p^{\alpha}, 2^{\alpha_1}p^{\alpha_2} \tag{6.7}$$

的正整数,其中 p 是奇素数,α,α_1,α_2 是正整数.

当 $m=2^{\alpha_1}p^{\alpha_2}$ 且 $\alpha_1>1$ 时,必有

$$l=[\varphi(2^{\alpha_1}),\varphi(p^{\alpha_2})]=[2^{\alpha_1-1},p^{\alpha_2-1}(p-1)]<2^{\alpha_1-1}p^{\alpha_2-1}(p-1)=\varphi(m)$$

因此,式(6.7)中的 α_1 必须等于 1. 故 m 是形如 $2^{\alpha}, p^{\alpha}, 2p^{\alpha}$ 的正整数,其中 p 是奇素数,α 是正整数. 证毕.

定理 6.2.2 模 2^{α} 当且仅当 $\alpha=1$ 或 $\alpha=2$ 时有原根.

证明 由于 $\varphi(2)=1$,故由 $1^1\equiv1(\text{mod } 2)$ 可知,1 是模 2 的原根.

又由于 $\varphi(2^2)=2$,故由 $3^1\equiv3(\text{mod } 2^2)$ 及 $3^2\equiv1(\text{mod } 2^2)$ 知,3 是模 4 的原根.

当 $\alpha\geqslant3$ 时,如果整数 a 与 2^{α} 互素,则 a 必为奇数以及 $a^2-1\equiv0(\text{mod } 2^3)$. 于是,由

$$\begin{aligned}a^{2^{\alpha-2}}-1=(a^{2^{\alpha-3}})^2-1=(a^{2^{\alpha-3}}+1)(a^{2^{\alpha-3}}-1)=\\(a^{2^{\alpha-3}}+1)(a^{2^{\alpha-4}}+1)(a^{2^{\alpha-4}}-1)=\cdots=\\(a^{2^{\alpha-3}}+1)(a^{2^{\alpha-4}}+1)\cdots(a^2+1)(a^2-1)=\\(a^2-1)\prod_{i=1}^{\alpha-3}(a^{2^i}+1)\equiv0(\text{mod } 2^{\alpha})\end{aligned}$$

可知,a 对模 2^{α} 的阶不会大于 $2^{\alpha-2}$. 因为 $\varphi(2^{\alpha})=2^{\alpha-1}$,所以模 $2^{\alpha}(\alpha\geqslant3)$ 没有原根.

综上可知,当且仅当 $\alpha=1$ 或 $\alpha=2$ 时,模 2^{α} 有原根. 证毕.

定理 6.2.3 对奇素数 p,模 p 必有原根.

证明 因为 p 是奇素数,故 $p-1$ 个数 $1,2,\cdots,p-1$ 模 p 的阶都是 $\varphi(p)=p-1$ 的约数.

对于 $p-1$ 的每一个正约数 d,令

$$S(d)=\{i\mid 1\leqslant i\leqslant p-1,\delta_p(i)=d,d\mid(p-1)\}$$

则模 p 有原根等价于证明 $S(p-1)$ 非空. 下面证明这个结论成立.

事实上,诸集合 $S(d)$ 是集合 $\{1,2,\cdots,p-1\}$ 的一个划分,即每个 $i(1\leqslant i\leqslant p-1)$ 属于且只属于一个集合 $S(d)$. 记 $R(d)$ 是 $S(d)$ 的元素个数,则

$$\sum_{d\mid(p-1)}R(d)=p-1 \tag{6.8}$$

显然,$S(d)$ 中的元素均是同余方程

$$x^d-1\equiv0(\text{mod } p) \tag{6.9}$$

的解. 另外,如果 $R(d)\neq0$,即有某个 a 模 p 的阶为 d,由定理 6.1.2 知,d 个数 $1,a^1,a^2,\cdots,a^{d-1}$ 彼此模 p 互不同余;又它们都满足同余方程(6.9),根据定理 4.4.2 知,同余方程(6.9)的解数不超过 d 个. 因此 $x\equiv1,a,\cdots,a^{d-1}(\text{mod } p)$ 恰是同余方程(6.9)的全部解,所以模 p 的阶为 d 的数均包含在 $1,a^1,a^2,\cdots,a^{d-1}$ 之中,由定理 6.1.3 知,它们当中共有 $\varphi(d)$ 个数模 p 的阶为 d,由此证明了 $R(d)=0$ 或者 $R(d)=\varphi(d)$,故 $R(d)\leqslant\varphi(d)$,从而

$$\sum_{d\mid(p-1)}R(d)\leqslant\sum_{d\mid(p-1)}\varphi(d)=p-1\quad\text{(最后一个等式参见 2.3 节例 2)}$$

由此式及式(6.8)可知，对于每一个 $d|(p-1)$ 都有 $R(d)=\varphi(d)$.

特别地，$R(p-1)=\varphi(p-1)\geqslant 1$，即 $S(p-1)$ 非空. 因而模 p 必有原根存在. 证毕.

定理 6.2.4　设 p 是奇素数，α 是正整数，则模 p^{α} 有原根.

证明　设 $\alpha>1$，若 g 是模 p 的原根，则 $(g,p)=1$. 因此，由费马小定理知，$g^{p-1}\equiv 1(\bmod p)$. 故存在整数 x_0，使得 $g^{p-1}=1+px_0$，所以，对于任意整数 t，有

$$(g+pt)^{p-1}=g^{p-1}+p(p-1)tg^{p-2}+\cdots=$$
$$1+p(x_0-g^{p-2}t)+p^2Q_2\quad(Q_2\in\mathbf{Z})$$

即
$$(g+pt)^{p-1}\equiv 1+p(x_0-g^{p-2}t)(\bmod p^2)$$

当 $p\nmid x_0$ 时，取 $t_0=0$；当 $p|x_0$ 时，取 $t_0=1$，则 $p\nmid(x_0-g^{p-2}t_0)=y_0$，于是

$$(g+pt_0)^{p-1}=1+py_0\not\equiv 1(\bmod p^2),\quad p\nmid y_0 \tag{6.10}$$

由式(6.10)有

$$(g+pt_0)^{p(p-1)}=(1+py_0)^p=1+p^2y_1 \tag{6.11}$$

其中 $y_1=y_0+C_p^2y_0^2+\cdots+p^{p-2}y_0^p\equiv y_0(\bmod p)$. 因此 $p\nmid y_1$.

类似地，由式(6.11)可以依次得到

$$(g+pt_0)^{p^2(p-1)}=(1+p^2y_1)^p=1+p^3y_2$$
$$(g+pt_0)^{p^3(p-1)}=(1+p^3y_2)^p=1+p^4y_3 \tag{6.12}$$
$$\cdots$$
$$(g+pt_0)^{p^{\alpha-1}(p-1)}=(1+p^{\alpha-1}y_{\alpha-2})^p=1+p^{\alpha}y_{\alpha-1}$$

其中 $y_{\alpha-1}\equiv y_{\alpha-2}\equiv\cdots\equiv y_0(\bmod p)$. 因此

$$p\nmid y_i\quad(0\leqslant i\leqslant\alpha-1) \tag{6.13}$$

由于 g 是模 p 的原根，所以 $g+pt_0$ 也是模 p 的原根. 设 $g+pt_0$ 关于模 p^{α} 的阶为 δ，则有 $(g+pt_0)^{\delta}\equiv 1(\bmod p^{\alpha})$，从而 $(g+pt_0)^{\delta}\equiv 1(\bmod p)$. 因此，由整数的阶的性质可知，$\delta_p(g+pt_0)|\delta$，即 $(p-1)|\delta$.

另外，由 δ 的定义及推论 6.1.1 有 $\delta|\varphi(p^{\alpha})=p^{\alpha-1}(p-1)$，所以，$\delta=p^{r-1}(p-1)(1\leqslant r\leqslant\alpha)$，即

$$(g+pt_0)^{p^{r-1}(p-1)}\equiv 1(\bmod p^{\alpha}) \tag{6.14}$$

由式(6.12)有

$$(g+pt_0)^{p^{r-1}(p-1)}=1+p^ry_{r-1}$$

由上式及式(6.14)推出 $1+p^ry_{r-1}\equiv 1(\bmod p^{\alpha})$，即 $p^ry_{r-1}\equiv 0(\bmod p^{\alpha})$. 由此式及式(6.13)得到 $p^{\alpha}|p^r$，故 $r\geqslant\alpha$. 所以 $r=\alpha$，即 $g+pt_0$ 是模 p^{α} 的原根. 证毕.

定理 6.2.5　设 p 是奇素数，α 是正整数，则模 $2p^{\alpha}$ 有原根.

证明　设 g 是模 p^{α} 的原根，则 $g+p^{\alpha}$ 也是模 p^{α} 的原根. 令

$$g_1=\begin{cases}g, & 2\nmid g\\ g+p^{\alpha}, & 2|g\end{cases}$$

则 $g_1^{\varphi(p^\alpha)}\equiv 1(\mathrm{mod}\ p^\alpha)$，$g_1\equiv 1(\mathrm{mod}\ 2)$. 因为 $(2,p^\alpha)=1$，$\varphi(p^\alpha)=\varphi(2p^\alpha)$，所以 $g_1^{\varphi(2p^\alpha)}\equiv 1(\mathrm{mod}\ 2p^\alpha)$.

下面证明，不存在正整数 $r<\varphi(2p^\alpha)=\varphi(p^\alpha)$，使得 $g_1^r\equiv 1(\mathrm{mod}\ 2p^\alpha)$.

否则，若存在正整数 $r<\varphi(2p^\alpha)=\varphi(p^\alpha)$，使得 $g_1^r\equiv 1(\mathrm{mod}\ 2p^\alpha)$. 由此易得 $(g_1,p^\alpha)=1$，$g_1^r\equiv 1(\mathrm{mod}\ p^\alpha)$，从而 g_1 不能是模 p^α 的原根，这与 g_1 的取法矛盾. 因此，$\delta_{2p^\alpha}(g_1)=\varphi(2p^\alpha)$，即 g_1 也是模 $2p^\alpha$ 的原根. 证毕.

综上所述，可得模 m 有原根的充分必要条件如下.

定理 6.2.6 设 p 是奇素数，α 是正整数，模 m 有原根的充分必要条件是 $m=2,4,p^\alpha,2p^\alpha$.

注 定理 6.2.6 虽然给出了模 m 有原根的充分必要条件；但是，如何求模 m 的原根却是一个很困难的问题. 对于奇素数 p，求 p^α 或 $2p^\alpha(\alpha>1)$ 的原根，首先必须求得模 p 的原根；然后，依照定理 6.2.4 和定理 6.2.5 中证明的方法求得模 p^α 及 $2p^\alpha$ 的原根，而求模 p 的原根没有一般的方法，只能对具体的素数 p 按原根的定义逐个试算. 请看下面的几个例子.

例 3 求模 $p=23$ 的最小正原根，以及模 23^α 和模 $2\cdot 23^\alpha$ 的原根.

解 由于 α 对模 p 的阶必是 $p-1$ 的因数，为了求出这些因数的阶，只须计算 a^d 对模 p 的最小正剩余，其中 $d\mid(p-1)$. 由于 $p-1=22=2\times 11$，因而 $d=1,2,11,22$.

先求 $a=2$ 对模 23 的阶. 由于 $2^2\equiv 4(\mathrm{mod}\ 23)$，$2^{11}\equiv(2^4)^2\cdot 2^3\equiv 3\times 8\equiv 1(\mathrm{mod}\ 23)$，所以 $\delta_{23}(2)=11$，故 2 不是模 23 的原根. 同理，通过计算得 $\delta_{23}(3)=11$，$\delta_{23}(4)=11$，因而 3 和 4 都不是模 23 的原根.

下面再来求 $\delta_{23}(5)$. 由于 $5^2\equiv 2(\mathrm{mod}\ 23)$，$5^{11}\equiv(5^4)^2\cdot 5^3\equiv 4\times(-6)\equiv -1(\mathrm{mod}\ 23)$，$5^{22}\equiv 1(\mathrm{mod}\ 23)$，故 5 是模 23 的原根，且是最小的正原根.

在求出 $p=23$ 的最小正原根 $g=5$ 的基础上，为了进一步求出模 23^α 的原根，还要验证是否存在整数 γ，满足 $g^{p-1}\equiv 1+\gamma p(\mathrm{mod}\ p^2)$，$p\nmid\gamma$，即计算 5^{23-1} 对模 23^2 的最小正剩余.

因为

$$5^2\equiv 25(\mathrm{mod}\ 23^2)$$

$$5^8\equiv(23+2)^4\equiv 4\cdot 23\cdot 2^3+2^4\equiv 10\cdot 23-7(\mathrm{mod}\ 23^2)$$

$$5^{10}\equiv(10\cdot 23-7)(23+2)\equiv 13\cdot 23-14\equiv 12\cdot 23+9(\mathrm{mod}\ 23^2)$$

$$5^{20}\equiv(12\cdot 23+9)^2\equiv 216\cdot 23+81\equiv 13\cdot 23-11(\mathrm{mod}\ 23^2)$$

$$5^{22}\equiv(13\cdot 23-11)(23+2)\equiv 15\cdot 23-22\equiv 1+14\cdot 23(\mathrm{mod}\ 23^2)$$

且由于 $23\nmid 14$，故存在 $\gamma=14$，使得 $5^{22}\equiv 1+23\cdot\gamma(\mathrm{mod}\ 23^2)$，$23\nmid\gamma$，根据定理 6.2.4 知，$g=5$ 是所有模 23^α 的原根. 又由于 5 是奇数，再由定理 6.2.5 知，$g=5$ 也是所有 $2\times 23^\alpha$ 的原根.

注 例 3 求模 p（p 为奇素数）的原根的方法是：对所有 $p-1$ 的正因数 $d(d<p-1)$，计算 a^d 对模 p 的最小正剩余，当这些正剩余都不等于 1 时，即证明了 a 是模 p 的原根. 否则，对下一个 a 施行同样的操作，直至求出模 p 的一个原根为止. 因此，求素数 p 的原根计算往往是较困难的问题. 为此，人们将素数及其最小正原根计算出来后列成表供查用. 参见附录 C 中给

出 4 000 以内的素数及其最小正原根表.

习题 6.2

1. 求 43 的最小正原根及 43^3 和 $2\cdot 43^3$ 的原根.

2. 设 p 是奇素数,证明:

(1) 当 $p\equiv 1(\text{mod }4)$时,如果 $q=2p+1$ 是素数,则 2 是模 q 的原根.

(2) 当 $p\equiv 3(\text{mod }4)$时,如果 $q=2p+1$ 是素数,则(-2)是模 q 的原根.

(3) 如果 $p\equiv 1(\text{mod }2)$,$q=4p+1$ 是素数,则 2 是模 q 的原根.

3. 设 $p=2^n+1$ 是一个奇素数,证明:模 p 的全部二次非剩余就是模 p 的全部原根.

6.3　原根的个数与求法

由前面讨论知道,当模 m 有原根时,如果已知它的一个原根,就是已知一个阶数等于 $\varphi(m)$的简化剩余类. 若模 m 有原根,那么它有多少个原根? 如何求得这些原根? 因此,本节将讨论模 m 的不同原根的确切个数及其求法.

定理 6.3.1　如果模 m 有原根,则它恰有 $\varphi(\varphi(m))$个不同的原根.

证明　设 g 是模 m 的原根,由于 g 模 m 的阶为 $\varphi(m)$,由定理 6.1.2 可知,$\varphi(m)$个整数 $1,g,\cdots,g^{\varphi(m)-1}$对模 m 两两互不同余,因此,它们构成模 m 的一个简化剩余系. 同时,由推论 6.1.3 知,$1,g,\cdots,g^{\varphi(m)-1}$中恰有 $\varphi(\varphi(m))$个数对模 m 的阶等于 $\varphi(m)$,由此知,模 m 恰有 $\varphi(\varphi(m))$个不同的原根.

定理 6.3.2　设 $m>1$,$\varphi(m)$的所有不同的素因数是 $p_1,p_2,\cdots,p_k$,$(g,m)=1$,则 g 是模 m 的原根的充分必要条件是

$$g^{\frac{\varphi(m)}{p_i}}\not\equiv 1(\text{mod }m)\quad(1\leqslant i\leqslant k)\tag{6.15}$$

证明　**必要性**　显然成立.

充分性　设式(6.15)成立. 记 $\delta=\delta_m(g)$,由定理 6.1.2,有 $\delta\mid\varphi(m)$. 于是 $\delta\leqslant\varphi(m)$.

若 $\delta<\varphi(m)$,则 $\dfrac{\varphi(m)}{\delta}>1$,所以,必有某个素数 $p_i\,(1\leqslant i\leqslant k)$,使得 $p_i\left|\dfrac{\varphi(m)}{\delta}\right.$,因此,$\delta\left|\dfrac{\varphi(m)}{p_i}\right.$,从而 $g^{\frac{\varphi(m)}{p_i}}\equiv 1(\text{mod }m)$,这与式(6.15)矛盾. 因此 $\delta=\varphi(m)$,即 g 是模 m 的原根.

下面通过具体实例介绍模 m 原根的求法.

例 1　已知 2 是模 11 的原根,试求出模 11 的全部原根.

解　因为 $\varphi(\varphi(11))=\varphi(10)=4$,由定理 6.3.1 知,模 11 有四个原根. 又已知 2 是模 11 的原根,所以由定理 6.1.2 知,$\{1,2,\cdots,2^9\}$是模 11 的简化剩余系. 由于 $0,1,2,\cdots,9$ 中与 10 互素的整数有 $\varphi(10)=4$ 个,它们分别是 1,3,7,9,通过计算得

$$2^1\equiv 2(\text{mod }11),\quad 2^3\equiv 8(\text{mod }11),\quad 2^7\equiv 7(\text{mod }11),\quad 2^9\equiv 6(\text{mod }11)$$

由定理 6.3.1 可知，模 11 的全部原根为 $x\equiv 2,6,7,8 \pmod{11}$.

注 由例 1 可知，当模 m 有原根时，如果已知它的一个原根，则根据定理 6.3.1 很容易求出它的全部原根.

例 2 求模 41 的一个最小正原根.

解 由于 $\varphi(41)=40=2^3\times 5$，故由 $1^{\frac{40}{2}}=1^{20}\equiv 1 \pmod{41}$，$2^{\frac{40}{2}}=2^{20}\equiv 1 \pmod{41}$，$3^{\frac{40}{5}}=3^8\equiv 1 \pmod{41}$，$4^{\frac{40}{2}}=4^{20}\equiv 1 \pmod{41}$，$5^{\frac{40}{2}}=5^{20}\equiv 1 \pmod{41}$ 及定理 6.3.2 可知，1，2，3，4，5 都不是模 41 的原根.

又因为 $6^{\frac{40}{2}}=6^{20}\equiv 40\not\equiv 1 \pmod{41}$，$6^{\frac{40}{5}}=6^8\equiv 10\not\equiv 1 \pmod{41}$，所以 $x\equiv 6 \pmod{41}$ 是模 41 的一个最小正原根.

注 根据定理 6.2.4 和定理 6.2.5 可知，对于奇素数 p 以及正整数 α，如果已知模 p 的一个原根，则可以在此基础上求出模 p^α 或 $2p^\alpha$ 的原根. 因此，要想求出模 m 的全部原根，关键是求出模 m 的一个最小正原根. 在一般情形下这是一个很困难的问题. 由于大整数的素因数分解没有一般的有效算法，因此，定理 6.3.2 也只是从理论上提供了求模 m 的原根的一般方法.

例 3 如果 p 是奇素数，g 是模 p 的原根，证明：$x\equiv g \pmod{p}$ 必为模 p 的二次非剩余.

证明 因为 g 是模 p 的原根，所以 $(g,p)=1$，$g^{p-1}\equiv 1 \pmod{p}$，且对于 $1\leqslant r<p-1$，均有 $g^r\not\equiv 1 \pmod{p}$. 由于 p 是奇素数，故 $\left(g^{\frac{p-1}{2}}-1\right)\left(g^{\frac{p-1}{2}}+1\right)\equiv 0 \pmod{p}$. 由此可得，$g^{\frac{p-1}{2}}-1\equiv 0 \pmod{p}$ 或者 $g^{\frac{p-1}{2}}+1\equiv 0 \pmod{p}$，而前者显然不能成立，否则与 g 是模 p 的原根矛盾. 因此，只能 $g^{\frac{p-1}{2}}+1\equiv 0 \pmod{p}$ 成立，即 $x\equiv g \pmod{p}$ 必为模 p 的二次非剩余. 证毕.

例 4 设 p 是奇素数，证明：

① 当 $(p-1)\nmid n$ 时，有 $1^n+2^n+\cdots+(p-1)^n\equiv 0 \pmod{p}$；

② 当 $(p-1)\mid n$ 时，有 $1^n+2^n+\cdots+(p-1)^n\equiv -1 \pmod{p}$.

证明 ① 因为 p 是奇素数，故模 p 的原根存在，设为 g，于是 $(g,p)=1$，$g^{p-1}\equiv 1 \pmod{p}$. 因为 $1,2,\cdots,(p-1)$ 是模 p 的一个简化剩余系，而 $(g,p)=1$，所以，$1\cdot g,2\cdot g,\cdots,(p-1)\cdot g$ 也是模 p 的一个简化剩余系，由此即得

$$1^n+2^n+\cdots+(p-1)^n\equiv (1\cdot g)^n+(2\cdot g)^n+\cdots+((p-1)\cdot g)^n \pmod{p}$$

即

$$(g^n-1)\cdot(1^n+2^n+\cdots+(p-1)^n)\equiv 0 \pmod{p} \tag{6.16}$$

由于 g 是模 p 的原根，又 $(p-1)\nmid n$，因此 $g^n\not\equiv 1 \pmod{p}$，由式(6.16)得

$$1^n+2^n+\cdots+(p-1)^n\equiv 0 \pmod{p}$$

② 若 $(p-1)\mid n$，则 $i^{p-1}\equiv i^n\equiv 1 \pmod{p}\ (1\leqslant i\leqslant p-1)$，故

$$1^n+2^n+\cdots+(p-1)^n\equiv p-1\equiv -1 \pmod{p}$$

证毕.

习题 6.3

1. 求下列素数的原根：

(1) 模 7 和 13 的全部原根；　　(2) 模 14 和 26 的全部原根.

2. 求 29 的最小正原根，以及 29^3 和 $2\cdot 29^3$ 的原根.

3. 如果费马(Fermat)数 $F_n=2^{2^n}+1(n>0)$是素数，证明：

(1) 模 F_n 的二次非剩余 a 都是 F_n 的原根；　　(2) ± 3 都是模 F_n 的原根.

4. 设 n,a 都是正整数，且 $a>1$，证明：$n\mid\varphi(a^n-1)$.

5. 设 n 是任意大于 1 的正整数，证明：$n\nmid(2^n-1)$.

6.4　指数及其应用

设 m 是大于 1 的正整数，g 是模 m 的原根，则$\{1,g,\cdots,g^{\varphi(m)-1}\}$是模 m 的一个简化剩余系. 因此，对于任何与 m 互素的整数 a，必存在唯一的整数 $t(0\leqslant t\leqslant\varphi(m)-1)$，使得 $a\equiv g^t(\bmod m)$. 故有下面的定义.

定义　设 $m>1,(a,m)=1,g$ 是模 m 的一个原根. 如果整数 $t(0\leqslant t\leqslant\varphi(m)-1)$满足

$$a\equiv g^t(\bmod m)\tag{6.17}$$

则称 t 是**以 g 为底 a 模 m 的指数**，记作 $t=\mathrm{ind}_g a$. 在不引起混淆时简记为 $\mathrm{ind}\,a$.

例如，对于模 11 以及它的原根 2 和 6，有

$$\mathrm{ind}_2 1=10,\quad \mathrm{ind}_6 1=10,\quad \mathrm{ind}_2 3=8,\quad \mathrm{ind}_6 3=2,\quad \mathrm{ind}_2(-5)=9,\quad \mathrm{ind}_6(-5)=1$$

注　由此可知，对于给定的模 m，同一个整数 a 以不同的原根 g 为底的指数可以是不同的. 下面证明，以 g 为底 a 模 m 的指数与通常的对数有许多类似的性质.

定义　以 g 为底 a 模 m 的指数(取值为整数)称为**离散对数**.

定理 6.4.1　设 g 是模 m 的原根，$(a,m)=(b,m)=1$，则：

(ⅰ) $\mathrm{ind}_g 1=0$ 及 $\mathrm{ind}_g g=1$；

(ⅱ) $\mathrm{ind}_g(ab)\equiv\mathrm{ind}_g a+\mathrm{ind}_g b(\bmod \varphi(m))$；

(ⅲ) $\mathrm{ind}_g a^n\equiv n\cdot\mathrm{ind}_g a(\bmod \varphi(m))(n\in\mathbf{N})$；

(ⅳ) 如果 g_1 也是模 m 的原根，则 $\mathrm{ind}_g a\equiv\mathrm{ind}_{g_1}a\cdot\mathrm{ind}_g g_1(\bmod \varphi(m))$；

(ⅴ) $a\equiv b(\bmod m)\Leftrightarrow\mathrm{ind}_g a=\mathrm{ind}_g b$.

证明　(ⅰ) 由 $g^0\equiv 1(\bmod m)$，$g^1\equiv g(\bmod m)$及指数定义即可得出结论.

(ⅱ) 由离散对数的定义得

$$g^{\mathrm{ind}\,a+\mathrm{ind}\,b}=g^{\mathrm{ind}\,a}\cdot g^{\mathrm{ind}\,b}\equiv a\cdot b\equiv g^{\mathrm{ind}\,(ab)}(\bmod m)$$

由于 g 是模 m 的原根，因而，由定理 6.1.1 知，$\mathrm{ind}_g(ab)\equiv\mathrm{ind}_g a+\mathrm{ind}_g b(\bmod \varphi(m))$.

(ⅲ) 注意到(ⅱ)的结论可推广为

$$\mathrm{ind}_g(a_1\cdots a_n)=\mathrm{ind}_g a_1+\cdots+\mathrm{ind}_g a_n(\bmod \varphi(m))\quad(n\in\mathbf{N})$$

因此，只须在（ⅱ）中令 $a_1=a_2=\cdots=a_n=a$，即得结论（ⅲ）.

（ⅳ）设 $x=\mathrm{ind}_{g_1}a$，则 $a\equiv g_1^x\pmod m$. 又令 $y=\mathrm{ind}_g g_1$，则 $g_1\equiv g^y\pmod m$，于是 $a\equiv g_1^x\equiv(g^y)^x\equiv g^{xy}\pmod m$，亦即 $g^{\mathrm{ind}_g a}\equiv g^{xy}\pmod m$. 由于 g 是模 m 的原根，因而，由定理 6.1.1 知，$\mathrm{ind}_g a\equiv xy=\mathrm{ind}_{g_1}a\cdot\mathrm{ind}_g g_1\pmod{\varphi(m)}$.

（ⅴ）**充分性** 如果 $\mathrm{ind}_g a=\mathrm{ind}_g b$，则 $g^{\mathrm{ind}_g a}=g^{\mathrm{ind}_g b}$，显然有 $a\equiv b\pmod m$.

必要性 如果 $a\equiv b\pmod m$，则 $g^{\mathrm{ind}_g a}\equiv g^{\mathrm{ind}_g b}\pmod m$. 由于 g 是模 m 的原根，故由定理 6.1.1 知，$\mathrm{ind}_g a\equiv\mathrm{ind}_g b\pmod{\varphi(m)}$. 又由离散对数的定义知，$0\leqslant\mathrm{ind}_g a,\mathrm{ind}_g b\leqslant\varphi(m)-1$，故 $|\mathrm{ind}_g a-\mathrm{ind}_g b|<\varphi(m)$，所以 $\mathrm{ind}_g a=\mathrm{ind}_g b$. 证毕.

下面讨论指数在求解某些同余方程中的一些应用.

定义 设 $n\geqslant 2$，则同余方程

$$x^n\equiv a\pmod m \tag{6.18}$$

称为**模 m 的二项同余方程**.

定义 设 $m\geqslant 2$，$(a,m)=1$，$n\geqslant 2$，如果二项同余方程(6.18)有解，则称 a 是**模 m 的 n 次剩余**；如果方程(6.18)无解，则称 a 是**模 m 的 n 次非剩余**.

在模 m 原根存在的情况下，下面定理从理论上给出了方程(6.18)是否有解的判别方法.

定理 6.4.2 设模 m 存在原根 g，$n\geqslant 2$，$(a,m)=1$，$d=(n,\varphi(m))$，则：

（ⅰ）同余方程(6.18)有解的充分必要条件是 $d\mid\mathrm{ind}_g a$，并且有结论 $d\mid\mathrm{ind}_g a\Leftrightarrow a^{\frac{\varphi(m)}{d}}\equiv 1\pmod m$；

（ⅱ）在（ⅰ）中条件满足时，同余方程(6.18)关于模 m 共有 d 个解；

（ⅲ）模 m 的一个简化剩余系中恰有 $\dfrac{\varphi(m)}{d}$ 个 n 次剩余.

证明 （ⅰ）由定理 6.4.1 的（ⅲ）知，同余方程(6.18)等价于

$$n\cdot\mathrm{ind}_g x\equiv\mathrm{ind}_g a\pmod{\varphi(m)} \tag{6.19}$$

由于方程(6.19)是关于 $\mathrm{ind}_g x$ 的一次同余方程，又 $d=(n,\varphi(m))$，由定理 4.1.1 知，同余方程(6.19)有解的充分必要条件是 $d\mid\mathrm{ind}_g a$.

另外，$d\mid\mathrm{ind}_g a$ 显然等价于

$$\frac{\varphi(m)}{d}\cdot\mathrm{ind}_g a\equiv 0\pmod{\varphi(m)} \tag{6.20}$$

由定理 6.4.1 的（ⅲ）知，方程(6.20)等价于 $\mathrm{ind}_g a^{\frac{\varphi(m)}{d}}\equiv\mathrm{ind}_g 1\pmod{\varphi(m)}$，也即 $a^{\frac{\varphi(m)}{d}}\equiv 1\pmod m$，故 $d\mid\mathrm{ind}_g a\Leftrightarrow a^{\frac{\varphi(m)}{d}}\equiv 1\pmod m$.

（ⅱ）当同余方程(6.19)有解时，由于 $d=(n,\varphi(m))$，因此，方程(6.19)就有 d 个关于模 $\varphi(m)$ 的不同的解 $\mathrm{ind}_g x$，由此也就相应确定出方程(6.18)的 d 个关于模 m 的不同的解 x，这即说明同余方程(6.18)关于模 m 共有 d 个解.

（ⅲ）设 g 是模 m 的原根，则 $g^0=1,g^1,\cdots,g^{\varphi(m)-1}$ 是模 m 的一个简化剩余系. 若

$g^t(t\in\{0,1,\cdots,\varphi(m)-1\})$是模 m 的 n 次剩余，则由(ⅰ)知，$d\mid \mathrm{ind}_g g^t$，即 $d\mid t$.

又 $0,1,\cdots,\varphi(m)-1$ 当中是 d 的倍数的数为 $0,d,\cdots,d\cdot\left(\frac{\varphi(m)}{d}-1\right)$，共有$\frac{\varphi(m)}{d}$个数，所以，$a\equiv g^0,g^d,\cdots,g^{d\cdot\left(\frac{\varphi(m)}{d}-1\right)}\pmod m$为模 m 的$\frac{\varphi(m)}{d}$个 n 次剩余. 证毕.

注　当 $m=p$(p 为奇素数)的值不太大时，可用定理 6.4.2 的方法求解形如 $x^n\equiv a\pmod p$ ($(a,p)=1$，p 为奇素数)的二项同余方程. 为此须求出模 m 的一个原根 g，并通过计算 g^i ($0\leqslant i\leqslant\varphi(m)-1$)模 m 的最小正剩余 a，得到模 m 的每个最小正剩余 a 的指数；再将所得计算结果按指数的大小顺序或最小正剩余 a 的大小顺序列表. 这样的表称为模 m 的**指数表**(类似于通常的对数表)，供具体解题时查表应用.

例 1　写出模 19 的全部的 12 次剩余.

解　易求得模 19 的最小正原根为 2. 又因为 $d=(12,\varphi(19))=6$，由定理 6.4.2 知，模 19 的全部的 12 次剩余有$\frac{\varphi(19)}{d}=3$ 个，即 $a\equiv 2^0,2^6,2^{12}\pmod{19}$，也即 $a\equiv 1,7,11\pmod{19}$.

例 2　先列出模 11 的指数表，再解同余方程 $x^8\equiv 3\pmod{11}$.

解　已求得 2 是模 11 的最小正原根，通过计算

$$2^0\equiv 1\pmod{11},2^1\equiv 2\pmod{11},2^2\equiv 4\pmod{11},2^3\equiv 8\pmod{11},2^4\equiv 5\pmod{11}$$
$$2^5\equiv 10\pmod{11},2^6\equiv 9\pmod{11},2^7\equiv 7\pmod{11},2^8\equiv 3\pmod{11},2^9\equiv 6\pmod{11}$$

按 $2^i\equiv a\pmod{11}$中模 11 的最小正剩余 a($1\leqslant a\leqslant 10$)的顺序列出表 6.1.

表 6.1

a	1	2	3	4	5	6	7	8	9	10
$\mathrm{ind}_2 a$	0	1	8	2	4	9	7	3	6	5

因为原同余方程等价于

$$8\mathrm{ind}_2 x\equiv \mathrm{ind}_2 3\pmod{10}$$

利用指数表 6.1 查得 $8\mathrm{ind}_2 x\equiv 8\pmod{10}$，即 $4\mathrm{ind}_2 x\equiv 4\pmod 5$，也即 $\mathrm{ind}_2 x\equiv 1\pmod 5$，解得

$$\mathrm{ind}_2 x\equiv 1,6\pmod{10}$$

于是，再反查指数表 6.1 得 $x\equiv 2,9\pmod{11}$.

注　本题的指数表 6.1 也可按 $2^t\equiv a\pmod{11}$中指数 t ($0\leqslant t\leqslant 9$)的顺序列出表 6.2.

表 6.2

$t=\mathrm{ind}_2 a$	0	1	2	3	4	5	6	7	8	9
$a\equiv 2^t\pmod{11}$	1	2	4	8	5	10	9	7	3	6

例 3 解指数同余方程 $7 \cdot 3^x \equiv 6 \pmod{11}$.

解法一 利用指数性质，原同余方程等价于

$$\mathrm{ind}_2 7 + x \cdot \mathrm{ind}_2 3 \equiv \mathrm{ind}_2 6 \pmod{10}$$

查指数表 6.1 或表 6.2 可知，上式即 $7 + 8 \cdot x \equiv 9 \pmod{10}$，即 $8x \equiv 2 \pmod{10}$，也即 $4x \equiv 1 \pmod 5$，解得 $x \equiv 4 \pmod 5$.

解法二 原同余方程等价于 $3^x \equiv 4 \pmod{11}$. 通过直接验证知，3 模 11 的阶为 5；而当 x 模 5 同余于 0,1,2,3,4 时，3^x 模 11 周期地依次取值 1,3,9,5,4. 因此，所求之解是 $x \equiv 4 \pmod 5$.

例 4 设素数 $p \equiv 3 \pmod 4$，证明：a 是模 p 的四次剩余的充分必要条件是 $\left(\frac{a}{p}\right) = 1$.

证明 **必要性** 若 a 是模 p 的四次剩余，则 a 必然是模 p 的二次剩余，从而 $\left(\frac{a}{p}\right) = 1$.

充分性 若 $\left(\frac{a}{p}\right) = 1$，则 a 是模 p 的二次剩余，存在整数 b，使得 $a \equiv b^2 \pmod p$. 于是

$$x^4 - a \equiv (x^2 - b)(x^2 + b) \pmod p$$

又素数 $p \equiv 3 \pmod 4$，故 $\left(\frac{b}{p}\right)$ 与 $\left(\frac{-b}{p}\right)$ 必有一个为 1. 从而

$$(x^2 - b)(x^2 + b) \equiv 0 \pmod p$$

即 $x^4 - a \equiv 0 \pmod p$ 成立. 因而 a 是模 p 的四次剩余.

习题 6.4

1. 分别求出模 17 和 41 的最小正原根，并写出以此原根为底的指数表.

2. 利用第 1 题的指数表，求解下列同余方程：

(1) $6 \cdot 3^x \equiv 7 \pmod{11}$；　(2) $x^4 \equiv 37 \pmod{41}$；

(3) $8x^5 \equiv 3 \pmod{17}$；　(4) $x^{12} \equiv 16 \pmod{187}$；

(5) $7^x \equiv 4 \pmod{17}$；　(6) $(x^2+1)(x+1)x \equiv -1 \pmod{41}$.

3. 对于哪些整数 a，同余方程 $10^x \equiv a \pmod{41}$ 有解？

4. 设素数 $p = 2 \pmod 3$，a 和 b 是整数，证明：$a^3 \equiv b^3 \pmod p$ 成立的充分必要条件是 $a \equiv b \pmod p$.

5. 设 p 是奇素数，$0 < a < p$，证明：若 $x^2 + ay^2 = p$ 有整数解 x, y，则 $(x, y) = 1$，$\left(\frac{-a}{p}\right) = 1$.

本章小结

1. 基本概念

基本概念主要包括：a 关于模 m 的阶、模 m 的原根、a 关于模 m 的以原根 g 为底的指数、模 m 的 n 次剩余、模 m 的 n 次非剩余和二项同余方程.

2. 主要定理或结论

主要定理或结论包括：a 关于模 m 的阶的性质(定理 6.1.1、定理 6.1.2 和定理 6.1.3)、原根存在的充分必要条件(定理 6.2.6)、原根的个数及其求法(定理 6.3.1 和定理 6.3.2)、a 关于模 m 的以 g 为底的指数性质(定理 6.4.1)，以及二项同余方程 $x^n\equiv a(\mathrm{mod}\ m)(n\geqslant 2,(a,m)=1)$有解的充分必要条件(定理 6.4.2).

3. 重要方法

(1) a 关于模 m 的阶的求法

在$(a,m)=1$ 的条件下，利用阶的定义求出使 $a^\gamma\equiv 1(\mathrm{mod}\ m)$成立的最小正整数 $\delta_m(a)$，或者利用阶的某些性质间接求得 $\delta_m(a)$.

(2) 判断模 m 是否有原根的方法

由定理 6.2.6 知，当且仅当 $m=1,2,4,p^\alpha,2p^\alpha$($p$ 为奇素数)时，模 m 存在原根.

(3) 关于 $m=p,p^\alpha,2p^\alpha(\alpha\geqslant 1,p$ 为奇素数)的最小正原根的求法

1) 利用定义求奇素数 $m=p$ 的原根

先求出 $p-1$ 的所有正因数 d，然后对 $a=2,3,\cdots$，从 $a=2$ 开始，逐个计算 $a^d\equiv ?(\mathrm{mod}\ p)$. 若 $a^d\equiv 1(\mathrm{mod}\ p)$，但 $a^s\not\equiv 1(\mathrm{mod}\ p)(\forall 1\leqslant s<d,s\mid(p-1))$，则 $\delta_p(a)=d$；又若 $\delta_p(a)=\varphi(p)=p-1$，则 a 是模 p 的一个原根. 否则，对下一个 a 再实施同样的操作，如此继续下去，总可求得模 p 的一个原根.

2) 利用定理 6.3.2 求奇素数 $m=p$ 的原根

先求出 $p-1$ 的所有正素因数 $d(d<(p-1))$，然后对 $a=2,3,\cdots$，从 $a=2$ 开始，逐个验算 $a^{\frac{p-1}{d}}\not\equiv 1(\mathrm{mod}\ p)$是否成立. 若对于所有的素因数 d，都有 $a^{\frac{p-1}{d}}\not\equiv 1(\mathrm{mod}\ p)$，则 a 是模 p 的一个原根；若有素因数 d，使得 $a^{\frac{p-1}{d}}\equiv 1(\mathrm{mod}\ p)$成立，则 a 不是模 p 的原根. 再对下一个 a 进行验证，如此继续下去，总可找到模 p 的一个原根.

3) 利用定理 6.2.4 和定理 6.2.5 求 $p^\alpha,2p^\alpha(\alpha>1,p$ 为奇素数)的原根

在求出了奇素数 p 的一个原根 g 之后，根据定理 6.2.4 的证明过程知，须先验证是否存在整数 γ，使得 $g^{p-1}\equiv 1+\gamma p(\mathrm{mod}\ p^2),p\nmid\gamma$ 成立. 若此式成立，则 g 是模 p^α 的原根. 进而由定理 6.2.5 知，当 g 是奇数时，g 也是 $2p^\alpha(\alpha>1)$的原根；当 g 是偶数时，$g+p^\alpha$ 是 $2p^\alpha(\alpha\geqslant 1)$的原根. 若 g 不满足上述条件，再对模 p 的另一原根进行同样的操作，如此继续下去，总可以求出 $p^\alpha,2p^\alpha(\alpha>1)$的原根.

(4) a 关于模 m 的以原根 g 为底的指数的求法

仅限于模 m 的原根存在，且$(a,m)=1$ 的情形. 首先求出模 m 的一个原根 g，则使 $a\equiv g^\gamma(\mathrm{mod\ m})(0\leqslant\gamma<\varphi(m))$的整数 γ 就是 a 关于模 m 的以 g 为底的指数，即 $\mathrm{ind}_g a=\gamma$.

(5) 判断整数 a 是否是模 m 的 n 次剩余的方法

设 $m\geqslant 2,(a,m)=1,m$ 的一个原根为 g，若$(n,\varphi(m))\mid\mathrm{ind}_g a$，即 $x^n\equiv a(\mathrm{mod}\ m)$有解，则 a

是模 m 的 n 次剩余;否则,若$(n,\varphi(m))\nmid \mathrm{ind}_g a$,则 a 是模 m 的 n 次非剩余.

(6) 求解二项同余方程 $x^n\equiv a(\bmod m)((a,m)=1,m=p,p$ 为奇素数)的步骤

具体步骤是:

① 求模 m 的最小正原根 g,并编制出模 m 的以 g 为底的指数表.

② 通过查指数表得出 $\mathrm{ind}_g a$,再计算$(n,\varphi(m))$,然后判断$(n,\varphi(m))$是否能整除 $\mathrm{ind}_g a$. 若$(n,\varphi(m))\nmid \mathrm{ind}_g a$,则原二项同余方程无解.

③ 若$(n,\varphi(m))\mid \mathrm{ind}_g a$,则 $x^n\equiv a(\bmod m)$有解,且有$(n,\varphi(m))$个解. 由于在有解时,$x^n\equiv a(\bmod m)\Leftrightarrow n\cdot \mathrm{ind}_g x\equiv \mathrm{ind}_g a(\bmod \varphi(m))$,此时二项同余方程等价化归为关于 $\mathrm{ind}_g x$ 的一次同余方程,求该一次同余方程的解,得 $\mathrm{ind}_g a\equiv b_1,\cdots,b_{(n,\varphi(m))}(\bmod \varphi(m))$.

④ 再查指数表求得 $x\equiv a_1,\cdots,a_{(n,\varphi(m))}(\bmod m)$,此即 $x^n\equiv a(\bmod m)$的所有解.

本章中蕴含的数学思想主要是化归思想. 如:

① 在关于 $m=p,p^\alpha,2p^\alpha$(p 为奇素数)的最小正原根的求法中,求 $2p^\alpha$ 的原根(定理 6.2.5)则化归为求 p^α 的原根,而求 p^α 的原根(定理 6.2.4)则化归为求模 p 的原根问题,而求模 p 的原根则又化归为计算整数 a,$(a,p)=1$ 关于模 p 的阶的问题.

② 二项同余方程的解法通过其有解的判别条件(定理 6.4.2)而化归为对一次同余方程求解.

第 7 章* 实数的表示

前面几章对整数的整除及同余性质进行了讨论，本章所讨论的对象将从整数扩大到实数的范围. 已经知道，任一实数都可用有限或无限十进制小数表示出来，本章将进一步介绍实数的 b 进制表示；在引入连分数概念与性质的基础上，讨论任一实数的有限或无限简单连分数表示及其表示的唯一性；并利用简单连分数的渐近分数给出实无理数的最佳有理近似值；最后讨论实二次无理数（整系数二次不可约方程的实根）与循环连分数的关系.

本章重点是从理论上理解实数的 b 进制表示及其简单连分数表示，理解实二次无理数与循环连分数的关系，掌握实数的简单连分数表示和求实无理数的最佳有理近似值的方法.

7.1 实数的 b 进制表示

已经知道，任一实数都可用有限或无限十进制小数表示出来，本节将讨论实数的 $b(b>1)$ 进制表示. 本节约定，凡涉及 b 进制时，b 均表示大于 1 的整数.

定理 7.1.1 设 b 是大于 1 的整数，则任何正整数 a 都可写成

$$a = a_k b^k + a_{k-1} b^{k-1} + \cdots + a_1 b + a_0$$

的形式，其中 $a_k \neq 0$，$a_i (0 \leqslant i \leqslant k)$ 是 0 与 $b-1$ 之间唯一确定的整数.

证明 对于正整数 a,b，由带余数除法知，有非负整数 k，使得

$$\begin{aligned}
a &= q_1 b + a_0 \qquad (0 \leqslant a_0 \leqslant b-1, q_1 \geqslant b) \\
q_1 &= q_2 b + a_1 \qquad (0 \leqslant a_1 \leqslant b-1, q_2 \geqslant b) \\
&\cdots \\
q_{k-1} &= q_k b + a_{k-1} \quad (0 \leqslant a_{k-1} \leqslant b-1, 0 < q_k \leqslant b-1)
\end{aligned}$$

其中 a_i 与 q_i 都是唯一确定的，记 $q_k = a_k$，则 $0 < a_k \leqslant b-1$，有

$$\begin{aligned}
a &= q_1 b + a_0 = (q_2 b + a_1) b + a_0 = q_2 b^2 + a_1 b + a_0 = \\
&\quad (q_3 b + a_2) b^2 + a_1 b + a_0 = q_3 b^3 + a_2 b^2 + a_1 b + a_0 = \cdots = \\
&\quad a_k b^k + a_{k-1} b^{k-1} + \cdots + a_1 b + a_0
\end{aligned}$$

证毕.

定理 7.1.2 设 b 是大于 1 的整数，则任何小于 1 的正实数 α 都可写成

$$\alpha = \sum_{i=1}^{\infty} \frac{a_i}{b^i} \quad (0 \leqslant a_i \leqslant b-1, i \geqslant 1) \tag{7.1}$$

如果对于任意正整数 m，都有某个 $n>m$，使得 $a_n \neq b-1$，则 α 的表示式(7.1)是唯一的.

证明 令 $a_1 = [b\alpha]$，由于正实数 α 小于 1，故 $0 \leqslant a_1 \leqslant b-1$.

记 $\alpha_1=b\alpha-a_1$，则 $0\leqslant \alpha_1<1$，并且 $\alpha=\frac{a_1}{b}+\frac{\alpha_1}{b}$.

如果 $\alpha_1=0$，则定理得证. 如果 $0<\alpha_1<1$，则令 $a_2=[b\alpha_1]$，由于 $0\leqslant\alpha_1<1$，故 $0\leqslant a_2\leqslant b-1$.

记 $\alpha_2=b\alpha_1-a_2$，如果 $\alpha_2=0$，则 $\alpha=\frac{a_1}{b}+\frac{a_2}{b^2}$，定理得证. 如果 $0<\alpha_2<1$，有

$$\alpha=\frac{a_1}{b}+\frac{a_2}{b^2}+\frac{\alpha_2}{b^2}$$

重复此种过程，直至将上述过程重复 k 次之后，得到

$$\alpha=\frac{a_1}{b}+\frac{a_2}{b^2}+\cdots+\frac{a_k}{b^k}+\frac{\alpha_k}{b^k} \tag{7.2}$$

其中 $0\leqslant a_i\leqslant b-1(0\leqslant i\leqslant k)$，$0\leqslant\alpha_k<1$. 如果 $\alpha_k=0$，则定理得证. 如果总是 $\alpha_k\neq 0(k\geqslant 1)$，根据如上过程，即得到一个无穷级数

$$\sum_{i=1}^{\infty}\frac{a_i}{b^i}\quad(0\leqslant a_i\leqslant b-1, i\geqslant 1)$$

因为$\frac{\alpha_k}{b^k}\to 0(k\to\infty)$，所以，由式(7.2)可知 $\alpha=\sum\limits_{i=1}^{\infty}\frac{a_i}{b^i}$.

下面证明式(7.1)的唯一性. 设

$$\alpha=\sum_{i=1}^{\infty}\frac{a_i}{b^i}=\sum_{i=1}^{\infty}\frac{c_i}{b^i}\quad(0\leqslant a_i, c_i\leqslant b-1, i\geqslant 1) \tag{7.3}$$

此时，若有正整数 k，使得 $a_i=c_i(1\leqslant i\leqslant k-1)$，$a_k\neq c_k$，那么，不妨设 $a_k>c_k$，于是，由式(7.3)得到

$$\frac{a_k-c_k}{b^k}=\sum_{i=k+1}^{\infty}\frac{c_i-a_i}{b^i} \tag{7.4}$$

显然

$$\frac{a_k-c_k}{b^k}\geqslant\frac{1}{b^k}$$

又由式(7.3)，有 $|c_i-a_i|\leqslant b-1(i\geqslant 1)$，因此，

$$\left|\sum_{i=k+1}^{\infty}\frac{c_i-a_i}{b^i}\right|\leqslant\sum_{i=k+1}^{\infty}\frac{b-1}{b^i}=(b-1)\cdot\frac{\frac{1}{b^{k+1}}}{1-\frac{1}{b}}=\frac{1}{b^k}$$

上式中，当且仅当

$$a_i=b-1, c_i=0\quad\text{或}\quad c_i=b-1, a_i=0\quad(i\geqslant k+1) \tag{7.5}$$

时等号成立. 因此，若式(7.4)成立，必有式(7.5)成立. 这就说明，在定理的假设条件下，表达式(7.1)是唯一的. 证毕.

定理 7.1.3 设 b 是大于 1 的整数，则任何正实数 α 都可唯一地写成

$$\alpha = \sum_{i=-\infty}^{k} a_i b^i \quad (0 \leqslant a_i \leqslant b-1, i \leqslant k) \tag{7.6}$$

的形式，其中，对于任何正整数 m，都存在 $n>m$，使得 $a_{-n}<(b-1)$.

证明　对于任意正实数 α，令 $\alpha=[\alpha]+\{\alpha\}$，则由定理 7.1.1 和定理 7.1.2 知，$[\alpha]$与$\{\alpha\}$可分别唯一地表示为 $\sum\limits_{i=0}^{k} a_i b^i (0 \leqslant a_i \leqslant b-1, i \leqslant k)$ 与 $\sum\limits_{i=-\infty}^{-1} a_i b^i (0 \leqslant a_i \leqslant b-1, i \geqslant 1)$ 的形式，故 α 可唯一地表示为 $\alpha = \sum\limits_{i=-\infty}^{k} a_i b^i$，且对于任何正整数 m，都存在 $n>m$，使得 $a_{-n}<b-1$.

由此给出正实数的 b 进制表示的定义.

定义　设 α 是正实数，若式(7.6)成立，则记

$$\alpha = (a_k a_{k-1} \cdots a_1 a_0 . a_{-1} a_{-2} \cdots)_b \tag{7.7}$$

并称它是 **α 的 b 进制表示**，称 **$a_i(i \leqslant k)$ 是 α 的 b 进制表示的位数码**. 当 $b=10$ 时，就是通常的**十进制记数法**，此时常略去式(7.7)中的括号和下标 $b=10$.

此外，称 $(a_k a_{k-1} \cdots a_1 a_0)_b$ 与 $(0. a_{-1} a_{-2} \cdots)_b$ 分别是 α 的 b 进制表示的**整数部分和小数部分**.

定义　设 α 是实数，$0<\alpha<1$，若 α 的 b 进制表示是

$$\alpha = (0. c_1 c_2 c_3 \cdots)_b \tag{7.8}$$

则称它是一个 **b 进制小数**. 若存在整数 $s \geqslant 0, t>0$，使得

$$c_{s+i} = c_{s+i+kt} \quad (i=1,2,\cdots,t; k=0,1,2,\cdots) \tag{7.9}$$

成立，则称式(7.8)中的 b 进制小数是**循环小数**，并记作 $\alpha=(0. c_1 \cdots c_s \dot{c}_{s+1} \cdots \dot{c}_{s+t})_b$. 设使式(7.9)成立的最小整数 s 和 t 分别是 $s_0 \geqslant 0$ 和 $t_0>0$，则称$\{c_{s_0+1}, \cdots, c_{s_0+t_0}\}$是 b 进制小数的**循环节**；若 $s_0=0$，则称式(7.8)中的小数是(b 进制)**纯循环小数**.

下面，讨论十进制表示的小数的循环性. 为方便计，使用记号 $\overline{a_n a_{n-1} \cdots a_1 a_0}$ 表示整数 $(a_n a_{n-1} \cdots a_1 a_0)_{10}$，用 $0. a_1 a_2 \cdots$ 表示小数 $(0. a_1 a_2 \cdots)_{10}$.

定理 7.1.4　十进制循环小数表示有理数.

证明　不妨只考察小于 1 的正循环小数. 设有循环小数 $\alpha=0. a_1 \cdots a_s b_1 \cdots b_t b_1 \cdots b_t \cdots$，记 $\overline{a_1 \cdots a_s}=A$，$\overline{b_1 \cdots b_t}=B$，则

$$a = \overline{a_1 \cdots a_s} \cdot \frac{1}{10^s} + \overline{b_1 \cdots b_t}\left(\frac{1}{10^{s+t}} + \frac{1}{10^{s+2t}} + \cdots\right) =$$

$$\frac{1}{10^s}\left(A + B\left(\frac{1}{10^t} + \frac{1}{10^{2t}} + \cdots\right)\right) =$$

$$\frac{1}{10^s}\left(A + B\,\frac{1}{10^t-1}\right) = \frac{A(10^t-1)+B}{10^s(10^t-1)}$$

是有理数. 证毕.

注　综上知，任一实数都可用有限或无限 $b(b>1)$ 进制小数表示. 十进制循环小数是有理

数. 对于十进制纯循环小数还有如下的结论.

推论 7.1.1 十进制纯循环小数表示有理数$\frac{a}{b}$；若$(a,b)=1$，则$(b,10)=1$.

证明 在定理 7.1.4 的证明中，取 $s=0$，则$\frac{a}{b}=\frac{B}{10^t-1}$，即 $a(10^t-1)=bB$. 但是，因为$(a,b)=1$，所以 $b\mid(10^t-1)$，于是$(b,10)=1$. 证毕.

定理 7.1.5 设 a 与 b 是正整数，$0<a<b$，$(a,b)=1$，并且$(b,10)=1$，则$\frac{a}{b}$的十进制表示是纯循环小数.

证明 因为 $(b,10)=1$，由 Euler 定理可知，有正整数 k，使得

$$10^k\equiv 1\pmod b\quad(0<k\leqslant\varphi(b)),\quad 即\quad 10^k\cdot a\equiv a\pmod b$$

因此，存在整数 q，使得 $10^ka=qb+a$，即

$$10^k\frac{a}{b}=q+\frac{a}{b}\tag{7.10}$$

其中 $0<q=(10^k-1)\frac{a}{b}<10^k-1$，即 q 具有$\overline{a_ka_{k-1}\cdots a_1}$的形式，而且 $a_k,\cdots,a_1$ 不能都等于 0，也不能都等于 9；否则，$q=0$ 或 $q=10^k-1$，这与 $0<q<10^k-1$ 矛盾. 由式(7.10)，有$(10^k-1)\frac{a}{b}=q=a_ka_{k-1}\cdots a_1$，因此

$$\frac{a}{b}=\overline{a_ka_{k-1}\cdots a_1}\,\frac{1}{10^k-1}=\overline{a_ka_{k-1}\cdots a_1}\cdot\left(\frac{1}{10^k}+\frac{1}{10^{2k}}+\cdots\right)=$$
$$0.a_ka_{k-1}\cdots a_1a_ka_{k-1}\cdots a_1\cdots$$

证毕.

定理 7.1.6 设 a 与 b 是正整数，$0<a<b$，$(a,b)=1$，$b=2^\alpha 5^\beta b_1$，$(b_1,10)=1$，$b_1\neq 1$，此处 α 与 β 是不全为零的正整数，则$\frac{a}{b}$可以表示成十进制循环小数，其中不循环的位数码个数是 $\mu=\max\{\alpha,\beta\}$.

证明 不妨假设 $\mu=\beta\geqslant\alpha$，则

$$10^\mu\frac{a}{b}=\frac{2^{\beta-\alpha}a}{b_1}=M+\frac{a_1}{b_1}\tag{7.11}$$

其中 $0<a_1<b_1$，$M\in\mathbf{Z}$ 且 $0<M<10^\mu$. 于是 $a_1=2^{\beta-\alpha}a-Mb_1$，且

$$(a_1,b_1)=(2^{\beta-\alpha}a-Mb_1,b_1)=(2^{\beta-\alpha}a,b_1)=(a,b_1)=1$$

因此，由定理 7.1.5 知，$\frac{a_1}{b_1}$可表示成十进制纯循环小数

$$\frac{a_1}{b_1}=0.c_1\cdots c_kc_1\cdots c_k\cdots=0.\dot{c}_1\cdots\dot{c}_k\tag{7.12}$$

记 $M=m_1 10^{\mu-1}+m_2 10^{\mu-2}+\cdots+m_\mu(0\leqslant m_i\leqslant 9,1\leqslant i\leqslant\mu)$，则由式(7.11)及式(7.12)得到

$$\frac{a}{b}=\frac{1}{10^\mu}\cdot M+\frac{1}{10^\mu}\cdot\frac{a_1}{b_1}=$$

$$0.m_1\cdots m_\mu+\frac{1}{10^\mu}\cdot(0.\dot{c}_1\cdots\dot{c}_k)=0.m_1\cdots m_\mu\dot{c}_1\cdots\dot{c}_k \tag{7.13}$$

下面证明式(7.13)中的 μ 是最小的不循环位数码的个数. 若不然，设又有正整数 λ，使得

$$\frac{a}{b}=0.m_1'\cdots m_\lambda'\dot{c}_1'\cdots\dot{c}_l'$$

于是

$$10^\lambda\frac{a}{b}=\overline{m_1'\cdots m_\lambda'}+0.\dot{c}_1'\cdots\dot{c}_l'$$

由推论 7.1.1，有 $0.\dot{c}_1'\cdots\dot{c}_l'=\frac{a_1'}{b_1'}$，其中$(b_1',10)=1$，因此，

$$10^\lambda\frac{a}{b}=\overline{m_1'\cdots m_\lambda'}+\frac{a_1'}{b_1'}=\frac{a'}{b_1'},\quad \text{即}\quad 10^\lambda ab_1'=ba'$$

上式右端可以被 5^μ 整除，但是$(a,10)=1$，$(b_1',10)=1$，所以 $5^\mu\mid 10^\lambda$，因此 $\mu\leqslant\lambda$. 这就证明了式(7.13)中的不循环位数码个数不能再少了. 证毕.

例 1　写出 1 235 的七进制表示和九进制表示.

解　① 由 $1\,235=176\times7+3$，$176=25\times7+1$，$25=3\times7+4$，得到 $1\,235=(3413)_7$.

② 由 $1\,235=137\times9+2$，$137=15\times9+2$，$15=1\times9+6$，得到 $1\,235=(1622)_9$.

例 2　将整数$(1212)_3$用十进制表示.

解　$(1212)_3=1\times3^3+2\times3^2+1\times3^1+2\times3^0=27+18+3+2=50$.

例 3　设 n 是正整数，证明：在 $-\frac{1}{2}(3^n-1)$ 与 $\frac{1}{2}(3^n-1)$ 之间的任意整数 k，可以唯一地表示成 $k=\sum\limits_{i=0}^{n-1}b_i3^i(b_i=-1,0\text{ 或 }1;0\leqslant i\leqslant n-1)$.

解　由定理 7.1.1 容易得到，对任意整数 $m(0\leqslant m\leqslant 3^n-1)$，有

$$m=\sum_{i=0}^{n-1}a_i3^i\quad(0\leqslant a_i\leqslant2,0\leqslant i\leqslant n-1)$$

当 $-\frac{1}{2}(3^n-1)\leqslant k\leqslant\frac{1}{2}(3^n-1)$ 时，有 $0\leqslant k+\frac{1}{2}(3^n-1)\leqslant 3^n-1$，因此，存在唯一的整数 $a_{n-1},a_{n-2},\cdots,a_1,a_0$，使得 $k+\sum\limits_{i=0}^{n-1}3^i=\sum\limits_{i=0}^{n-1}a_i3^i(0\leqslant a_i\leqslant2,0\leqslant i\leqslant n-1)$，亦即

$$k=\sum_{i=0}^{n-1}(a_i-1)3^i\quad(-1\leqslant a_i-1\leqslant1,0\leqslant i\leqslant n-1)$$

令 $b_i=a_i-1$ 即得结论. 证毕.

例 3 表明，用质量分别是 $1,3,3^2,\cdots,3^{n-1}$ 的 n 个砝码，即可在天平上称量出不超过 $\frac{1}{2}(3^n-1)$ 的

任何整数值物体的质量.

习题 7.1

1. 写出 789 的二进制表示和五进制表示.

2. 求$\frac{8}{21}$化为小数后的循环节.

3. 证明:七进制表示的整数是偶数的充分必要条件是其各位数码之和为偶数.

4. 证明:既约正分数$\frac{m}{n}$的 b 进制小数$(0.a_{-1}a_{-2}a_{-3}\cdots)_b$为有限小数的充分必要条件是 n 的每个素因数都是 b 的素因数.

7.2 连分数的概念与性质

连分数是一个很有用的工具. 先看一个例子,来说明什么叫连分数以及它的用处.

如果你手边没有平方根表,也没有计算器,那么有何简单方法来求$\sqrt{11}$的近似值呢?当然可以使用通常的求平方根的方法;但是下面的办法看来更方便,由于 $3<\sqrt{11}<4$,故

$$\sqrt{11}=3+(\sqrt{11}-3)= \tag{7.14}$$

$$3+\cfrac{1}{\cfrac{\sqrt{11}+3}{2}}=$$

$$3+\cfrac{1}{3+\cfrac{(\sqrt{11}-3)}{2}}= \tag{7.15}$$

$$3+\cfrac{1}{3+\cfrac{1}{\sqrt{11}+3}}=$$

$$3+\cfrac{1}{3+\cfrac{1}{6+(\sqrt{11}-3)}} \tag{7.16}$$

重复这一过程即可得到

$$\sqrt{11}=3+\cfrac{1}{3+\cfrac{1}{6+\cfrac{1}{3+\cfrac{\sqrt{11}-3}{2}}}}= \tag{7.17}$$

$$3+\cfrac{1}{3+\cfrac{1}{6+\cfrac{1}{3+\cfrac{1}{6+(\sqrt{11}-3)}}}}= \tag{7.18}$$

$$3+\cfrac{1}{3+\cfrac{1}{6+\cfrac{1}{3+\cfrac{1}{6+\cfrac{1}{3+\cfrac{\sqrt{11}-3}{2}}}}}}= \tag{7.19}$$

$$3+\cfrac{1}{3+\cfrac{1}{6+\cfrac{1}{3+\cfrac{1}{6+\cfrac{1}{3+\cfrac{1}{6+(\sqrt{11}-3)}}}}}}=$$

$$\cdots \tag{7.20}$$

此时设想分别把式(7.14)～式(7.20)中的无理数($\sqrt{11}-3$)或($\sqrt{11}-3$)/2 忽略掉后所得到的“分数”值作为$\sqrt{11}$的“近似值”，容易计算出这些“近似值”依次为

$$\sqrt{11}\approx 3,\frac{10}{3},\frac{63}{19},\frac{199}{60},\frac{1\ 257}{379},\frac{3\ 790}{1\ 197},\frac{25\ 077}{7\ 561}$$

若用小数表示，这些“近似值”依次为(取八位小数)

$\sqrt{11}\approx 3$, 3. 333 333 33, 3. 315 789 47, 3. 316 666 66, 3. 316 622 699, 3. 316 624 89, 3. 316 624 78

这些的确是$\sqrt{11}$很精确的近似值，实际上$\sqrt{11}=3.316\ 624\ 79\cdots$.

易知，这些近似值满足 $3<\frac{63}{19}<\frac{1\ 257}{379}<\frac{25\ 077}{7\ 561}<\sqrt{11}<\frac{3\ 970}{1\ 197}<\frac{199}{60}<\frac{10}{3}$.

这个例子提出了一种通过构造一些特殊形式的“分数”来作为无理数的近似值的方法. 因而也就提出了研究这种形式“分数”的性质以及研究对无理数的这种形式的有理数的最佳逼近问题. 另外，重复以上过程，即可得到一个无穷尽的“分数”表达式

$$3+\cfrac{1}{3+\cfrac{1}{6+\cfrac{1}{3+\cfrac{1}{6+\ddots}}}}$$

这种表达式的确切含义是什么呢？如何定义它的“值”？如果能定义它的“值”，那么这

“值”与$\sqrt{11}$有何关系？这些都是本章要研究的内容．为此，先给出如下定义．

定义　设$a_1,a_2,\cdots,a_n$是不为零的实数，当分数

$$a_1+\cfrac{1}{a_2+\cfrac{1}{a_3+\cfrac{1}{\ddots+\cfrac{1}{a_n}}}}$$

有意义时，称为**有限连分数**，简记为$a_1+\frac{1}{a_2+}\frac{1}{a_3+}\frac{1}{a_4+}\cdots\frac{1}{a_n}$，或记为$\langle a_1,a_2,\cdots,a_n\rangle$，且称$\frac{p_k}{q_k}=\langle a_1,\cdots,a_k\rangle(1\leqslant k\leqslant n)$为连分数$\langle a_1,a_2,\cdots,a_n\rangle$的**第$k$个渐近分数**.

定义　设$a_1,a_2,\cdots,a_n,\cdots$是不为零的无限实数列，记$\frac{p_n}{q_n}=\langle a_1,a_2,\cdots,a_n\rangle(n\geqslant 1)$．若$\frac{p_n}{q_n}(n\geqslant 1)$都有意义，并且$\lim\limits_{n\to\infty}\frac{p_n}{q_n}=A\neq\infty$，则称$\langle a_1,a_2,\cdots,a_n,\cdots\rangle$为**无限连分数**，并称$\langle a_1,a_2,\cdots,a_n,\cdots\rangle$等于$A$，或称这个**连分数的值为$A$**，记为

$$A=\langle a_1,a_2,\cdots,a_n,\cdots\rangle=a_1+\frac{1}{a_2+}\frac{1}{a_3+}\cdots\frac{1}{a_n+\cdots}$$

同样，称$\frac{p_k}{q_k}=\langle a_1,\cdots,a_k\rangle(k\geqslant 1)$是无限连分数$\langle a_1,a_2,\cdots,a_n,\cdots\rangle$的**第$k$个渐近分数**.

由连分数的渐近分数定义，并通过计算易得

$$\frac{p_1}{q_1}=\langle a_1\rangle=a_1=\frac{a_1}{1},\quad \frac{p_2}{q_2}=\langle a_1,a_2\rangle=a_1+\frac{1}{a_2}=\frac{a_1a_2+1}{a_2}$$

$$\frac{p_3}{q_3}=\langle a_1,a_2,a_3\rangle=a_1+\cfrac{1}{a_2+\cfrac{1}{a_3}}=a_1+\cfrac{1}{\cfrac{a_3a_2+1}{a_3}}=\frac{a_3(a_2a_1+1)+a_1}{a_3a_2+1}$$

上式也可简写成

$$\frac{p_3}{q_3}=\langle a_1,a_2,a_3\rangle=\left\langle a_1,a_2+\frac{1}{a_3}\right\rangle=$$
$$\left\langle a_1,\frac{a_3a_2+1}{a_3}\right\rangle=\left\langle a_1+\frac{a_3}{a_3a_2+1}\right\rangle=\frac{a_3(a_2a_1+1)+a_1}{a_3a_2+1}\tag{7.21}$$

更一般的，可得连分数与其渐近分数间的关系如下.

定理 7.2.1　若连分数$\langle a_1,a_2,\cdots,a_n,\cdots\rangle$的渐近分数是$\frac{p_1}{q_1},\frac{p_2}{q_2},\cdots,\frac{p_k}{q_k},\cdots$，则在这些渐近分数之间，下列关系成立：

$$\begin{aligned}&p_1=a_1,\quad p_2=a_1a_2+1,\quad p_k=a_kp_{k-1}+p_{k-2}\quad(k\geqslant 3)\\&q_1=1,\quad q_2=a_2,\quad q_k=a_kq_{k-1}+q_{k-2}\quad(k\geqslant 3)\end{aligned}\tag{7.22}$$

证明　当 $k=1,2,3$ 时，由式(7.21)得到

$$\frac{p_1}{q_1}=\frac{a_1}{1},\quad \frac{p_2}{q_2}=\frac{a_1a_2+1}{a_2},\quad \frac{p_3}{q_3}=\frac{a_3(a_2a_1+1)+a_1}{a_3a_2+1}=\frac{a_3p_2+p_1}{a_3q_2+q_1}$$

即得式(7.22).

假定式(7.22)对一切小于 $k(k>3)$ 的正整数都成立，则

$$\frac{p_k}{q_k}=\langle a_1,a_2,\cdots,a_{k-1},a_k\rangle=\left\langle a_1,a_2,\cdots,a_{k-1}+\frac{1}{a_k}\right\rangle=$$

$$\frac{\left(a_{k-1}+\dfrac{1}{a_k}\right)p_{k-2}+p_{k-3}}{\left(a_{k-1}+\dfrac{1}{a_k}\right)q_{k-2}+q_{k-3}}=\frac{a_k(a_{k-1}p_{k-2}+p_{k-3})+p_{k-2}}{a_k(a_{k-1}q_{k-2}+q_{k-3})+q_{k-2}}=\frac{a_kp_{k-1}+p_{k-2}}{a_kq_{k-1}+q_{k-2}}$$

故 $p_k=a_kp_{k-1}+p_{k-2}, q_k=a_kq_{k-1}+q_{k-2}$. 因此，式(7.22)对于 k 的情形也成立.

由归纳原理，式(7.22)对一切 $k(k\geqslant 3)$ 都成立. 证毕.

注　这里已经假定了各渐近分数是存在的. 事实上，当 $a_2=0$ 或 $a_2a_3+1=0$ 时，$\frac{p_2}{q_2}$ 或 $\frac{p_3}{q_3}$ 不存在. 又当 $a_1,a_2,\cdots$ 都是正实数时，不难看出各渐近分数的存在性.

定理 7.2.2　若连分数 $\langle a_1,a_2,\cdots,a_n,\cdots\rangle$ 的第 k 个渐近分数是 $\frac{p_k}{q_k}(k=1,2,3,\cdots)$，则

(ⅰ)
$$p_kq_{k-1}-p_{k-1}q_k=(-1)^k\quad(k\geqslant 2)\tag{7.23}$$

(ⅱ)
$$p_kq_{k-2}-p_{k-2}q_k=(-1)^{k-1}a_k\quad(k\geqslant 3)\tag{7.24}$$

证明　(ⅰ) 当 $k=2$ 时，$p_2q_1-p_1q_2=(a_1a_2+1)-a_1a_2=1=(-1)^2$，故式(7.23)成立.

假定对于 $k-1(k\geqslant 2)$ 的情形式(7.23)成立，对于 k 的情形，由定理 7.2.1 得

$$p_kq_{k-1}-p_{k-1}q_k=(a_kp_{k-1}+p_{k-2})q_{k-1}-p_{k-1}(a_kq_{k-1}+q_{k-2})=$$
$$p_{k-2}q_{k-1}-p_{k-1}q_{k-2}=-(-1)^{k-1}=(-1)^k$$

于是，由归纳原理知，式(7.23)对一切的 $k(2\leqslant k\leqslant n)$ 都成立.

(ⅱ) 由式 (7.23)及定理 7.2.1 得

$$p_kq_{k-2}-p_{k-2}q_k=(a_kp_{k-1}+p_{k-2})q_{k-2}-p_{k-2}(a_kq_{k-1}+q_{k-2})=$$
$$a_k(p_{k-1}q_{k-2}+p_{k-2}q_{k-1})=(-1)^{k-1}a_k$$

证毕.

上面连分数中的 $a_i(i=0,1,\cdots)$ 可以取任意实数. 以下限制 $a_i(i=0,1,\cdots)$ 取整数或正整数.

定义　若 a_1 是整数，$a_2,a_3,\cdots,a_n,\cdots$ 是正整数，则 $\langle a_1,a_2,\cdots,a_n\rangle$ 或 $\langle a_1,a_2,\cdots,a_n,\cdots\rangle$ 称为**简单连分数**；$a_k(k\geqslant 1)$ 称为简单连分数的**第 k 个部分商**；$\langle a_1,a_2,\cdots,a_n\rangle$ 称为**有限简单连分数**，$\frac{p_k}{q_k}=\langle a_1,a_2,\cdots,a_k\rangle(1\leqslant k\leqslant n)$ 称为有限简单连分数 $\langle a_1,a_2,\cdots,a_n\rangle$ 的**第 k 个渐近分数**；

$\langle a_1,a_2,\cdots,a_n,\cdots\rangle$称为**无限简单连分数**，$\frac{p_k}{q_k}=\langle a_1,a_2,\cdots,a_k\rangle(k=1,2,\cdots)$是该无限简单连分数的**第 k 个渐近分数**，又若$\lim\limits_{k\to\infty}\frac{p_k}{q_k}=A\neq\infty$，则称 A 为该**无限简单连分数的值**.

注 定理 7.2.1 和定理 7.2.2 的结论对简单连分数来说仍然成立，并有如下结论.

定理 7.2.3 对于有限或无限的简单连分数，若$\frac{p_k}{q_k}(k=1,2,\cdots)$是它的渐近分数，则：

（ⅰ）当 $k\geqslant3$ 时，$q_k\geqslant q_{k-1}+1$，因而对任何 k 来说，$q_k\geqslant k-1$；

（ⅱ）$\frac{p_{2(k-1)}}{q_{2(k-1)}}>\frac{p_{2k}}{q_{2k}},\frac{p_{2k-1}}{q_{2k-1}}>\frac{p_{2k-3}}{q_{2k-3}},\frac{p_{2k}}{q_{2k}}>\frac{p_{2k-1}}{q_{2k-1}}$；

（ⅲ）$\frac{p_k}{q_k}(k=1,2,\cdots)$都是既约分数.

证明 （ⅰ）由定理 7.2.1 知，当 $k=1,2$ 时，$q_1=1,q_2=a_2>1$；当 $k\geqslant3$ 时，$q_k=a_kq_{k-1}+q_{k-2}$，显然有 $q_k\geqslant1$.

又因为 $a_k\geqslant1(k\geqslant2)$，故当 $k\geqslant3$ 时，有

$$q_k=a_kq_{k-1}+q_{k-2}\geqslant q_{k-1}+1 \tag{7.25}$$

下面利用数学归纳法证明（ⅰ）的后一部分结论.

当 $k=1,2$ 时，$q_1=1>0,q_2=a_2\geqslant2-1$，结论（ⅰ）成立.

假设对于 $k-1$ 的情形结论（ⅰ）成立，则在 k 的情形，由式(7.25)以及归纳假设的结论可得 $q_k\geqslant q_{k-1}+1\geqslant(k-2)+1=k-1$. 故此时结论（ⅰ）也成立.

因此，根据归纳原理知结论（ⅰ）对一切 $k(k\geqslant2)$成立.

（ⅱ）由定理 7.2.2 的式(7.24)即得

$$\frac{p_{2k}}{q_{2k}}-\frac{p_{2(k-1)}}{q_{2(k-1)}}=\frac{p_{2k}q_{2(k-1)}-q_{2k}p_{2(k-1)}}{q_{2k}q_{2(k-1)}}=\frac{(-1)^{2k-1}a_{2k}}{q_{2k}q_{2(k-1)}}=\frac{-a_{2k}}{q_{2k}q_{2(k-1)}}<0$$

$$\frac{p_{2k-1}}{q_{2k-1}}-\frac{p_{2k-3}}{q_{2k-3}}=\frac{p_{2k-1}q_{2k-3}-q_{2k-1}p_{2k-3}}{q_{2k-1}q_{2k-3}}=\frac{(-1)^{2k-2}a_{2k-1}}{q_{2k-1}q_{2k-3}}>0$$

故

$$\frac{p_{2k}}{q_{2k}}<\frac{p_{2(k-1)}}{q_{2(k-1)}},\quad \frac{p_{2k-1}}{q_{2k-1}}>\frac{p_{2k-3}}{q_{2k-3}}$$

又由式(7.23)即得

$$\frac{p_{2k}}{q_{2k}}-\frac{p_{2k-1}}{q_{2k-1}}=\frac{p_{2k}q_{2k-1}-p_{2k-1}q_{2k}}{q_{2k}q_{2k-1}}=\frac{(-1)^{2k}}{q_{2k}q_{2k-1}}>0$$

故

$$\frac{p_{2k}}{q_{2k}}>\frac{p_{2k-1}}{q_{2k-1}}$$

（ⅲ）当 $k=1$ 时，$(p_1,q_1)=(a_1,1)=1$；当 $k\geqslant2$ 时，由式(7.23)知 $p_kq_{k-1}-p_{k-1}q_k=(-1)^k$

$(k\geqslant 2)$，令 $(p_k,q_k)=d$，则 $d\mid p_k$，$d\mid q_k$，从而 $d\,\Big|\,|p_kq_{k-1}-p_{k-1}q_k|=|(-1)^k|$，即 $d=1$. 故 $(p_k,q_k)=1(k\geqslant 2)$. 证毕.

由定理 7.2.3 可推出如下重要结论.

定理 7.2.4　任一简单连分数表示一个实数.

证明　显然任一有限简单连分数表示一个有理数，故只须考虑无限简单连分数的情形.

令 $\langle a_1,a_2,\cdots,a_n,\cdots\rangle$ 为任一无限简单连分数，$\dfrac{p_1}{q_1},\dfrac{p_2}{q_2},\cdots,\dfrac{p_k}{q_k},\cdots$ 是其渐近分数，由定理 7.2.3 知，数列 $\dfrac{p_1}{q_1},\dfrac{p_3}{q_3},\cdots,\dfrac{p_{2k-1}}{q_{2k-1}},\cdots$ 是一个有界的单调递增数列，$\dfrac{p_2}{q_2}$ 为其一个上界；$\dfrac{p_2}{q_2},\dfrac{p_4}{q_4},\cdots,\dfrac{p_{2k}}{q_{2k}},\cdots$ 是一个有界的单调递减数列，$\dfrac{p_1}{q_1}$ 为其一个下界. 因此 $\lim\limits_{k\to\infty}\dfrac{p_{2k-1}}{q_{2k-1}}=A<\infty$，$\lim\limits_{k\to\infty}\dfrac{p_{2k}}{q_{2k}}=B<\infty$，又由定理 7.2.3，知

$$0<\frac{p_{2k}}{q_{2k}}-\frac{p_{2k-1}}{q_{2k-1}}=\frac{p_{2k}q_{2k-1}-q_{2k}p_{2k-1}}{q_{2k}q_{2k-1}}=\frac{(-1)^{2k}}{q_{2k}q_{2k-1}}\leqslant\frac{1}{(2k-1)(2k-2)}\to 0\quad(k\to\infty)$$

因而 $\left[\dfrac{p_{2k-1}}{q_{2k-1}},\dfrac{p_{2k}}{q_{2k}}\right](k=1,2,\cdots)$ 构成一个闭区间套，故 $A=B$，且 $\lim\limits_{k\to\infty}\dfrac{p_k}{q_k}=A$. 由此得 $\langle a_1,a_2,\cdots,a_n,\cdots\rangle=A$，即任一无限简单连分数表示一个无理数. 故定理得证. 证毕.

例 1　求有限简单连分数 $\alpha=\langle 1,2,2,2\rangle$ 的值.

解

$$\alpha=1+\cfrac{1}{2+\cfrac{1}{2+\cfrac{1}{2}}}=1+\cfrac{1}{2+\cfrac{1}{\cfrac{5}{2}}}=1+\cfrac{1}{2+\cfrac{2}{5}}=1+\cfrac{1}{\cfrac{12}{5}}=1+\frac{5}{12}=\frac{17}{12}$$

此解答可简写为 $\alpha=\left\langle 1,2,2+\dfrac{1}{2}\right\rangle=\left\langle 1,2,\dfrac{5}{2}\right\rangle=\left\langle 1,2+\dfrac{2}{5}\right\rangle=\left\langle 1,\dfrac{12}{5}\right\rangle=\left\langle 1+\dfrac{5}{12}\right\rangle=\dfrac{17}{12}$.

例 2　求无限简单连分数 $\alpha=\langle 0,1,2,1,2,\cdots\rangle$ 的值.

解

$$\alpha=\langle 0,1,2,1,2,\cdots\rangle=\cfrac{1}{1+\cfrac{1}{2+\cfrac{1}{1+\cfrac{1}{2+\ddots}}}}\quad \text{即}\quad \alpha=\cfrac{1}{1+\cfrac{1}{2+\alpha}}$$

也即 $\alpha^2+2\alpha-2=0$，解之得 $\alpha=-1\pm\sqrt{3}$，并注意到 $0<\alpha<1$，故 $\alpha=\sqrt{3}-1$.

例 3　求有限简单连分数 $\langle 1,1,1,1,1,1,1,1,1,1\rangle$ 的各个渐近分数.

解　根据表 7.1 并利用定理 7.2.1 的递推关系式计算 $p_k,q_k(k\geqslant 3)$ 的值（按斜线相乘、横线相加规律计算）.

表 7.1

k	1	2	3	4	5	6	7	8	9	10
a_k	1	1	1	1	1	1	1	1	1	1
p_k	1	2	3	5	8	13	21	34	55	89
q_k	1	1	2	3	5	8	13	21	34	55

显见，$p_k, q_k (k\geqslant 1)$均为 Fibonacci 数列，且有 $p_k=q_{k+1}(k\geqslant 1)$.

所求各个渐近分数$\frac{p_k}{q_k}$依次为$\frac{1}{1},\frac{2}{1},\frac{3}{2},\frac{5}{3},\frac{8}{5},\frac{13}{8},\frac{21}{13},\frac{34}{21},\frac{55}{34},\frac{89}{55}$.

例 4 设$\frac{p_n}{q_n}$是$\langle a_1, a_2, \cdots, a_n, \cdots\rangle$的第 n 个渐近分数，则：

（ⅰ） $$\frac{q_n}{q_{n-1}}=\langle a_n, a_{n-1}, \cdots, a_2\rangle \quad (n\geqslant 2) \tag{7.26}$$

（ⅱ） $$\frac{p_n}{p_{n-1}}=\langle a_n, a_{n-1}, \cdots, a_2, a_1\rangle \quad (n\geqslant 2) \tag{7.27}$$

证明 （ⅰ）用归纳法. 当 $n=2$ 时，由定理 7.2.1，有$\frac{q_2}{q_1}=\frac{a_2}{1}=\langle a_2\rangle$，即式 (7.26)成立. 假设当 $n=k(k\geqslant 2)$时式(7.26)成立，即

$$\frac{q_k}{q_{k-1}}=\langle a_k, a_{k-1}, \cdots, a_2\rangle \tag{7.28}$$

由定理 7.2.1，有

$$\frac{q_{k+1}}{q_k}=\frac{a_{k+1}q_k+q_{k-1}}{q_k}=a_{k+1}+\frac{q_{k-1}}{q_k} \quad (k\geqslant 2)$$

由上式及式(7.28)，得到

$$\frac{q_{k+1}}{q_k}=a_{k+1}+\frac{1}{\langle a_k, a_{k-1}, \cdots, a_2\rangle}=\langle a_{k+1}, a_k, \cdots, a_2\rangle$$

即当 $n=k+1$ 时式(7.26)也成立. 由归纳原理知，结论（ⅰ）得证.

（ⅱ）类似可证得式 (7.27). 证毕.

习题 7.2

1. 求有限连分数$\langle -2, 1, 2/3, 2, 1/2, 3\rangle$的值.

2. 求下列简单连分数的值：

(1) $\alpha=\langle 3, 2, 1, 2, 3\rangle$； (2) $\beta=\langle 4, 4, 8, 4, 8, \cdots\rangle$.

3. 求有限简单连分数$\langle 2, 1, 2, 1, 1, 4, 1, 1, 2\rangle$的各个渐近分数的值.

4. (1) 设 a 与 b 是正整数，$b>1$，$\langle a_1, a_2, \cdots, a_n\rangle$是$\frac{a}{b}$的有限简单连分数，证明：

$aq_{n-1}-bp_{n-1}=(-1)^n(a,b)$，其中$(a,b)$是 a 与 b 的最大公约数.

(2) 利用本题(1)的结论求解不定方程 $13x+17y=5$.

7.3　实数表示为简单连分数

7.2 节证明了任一有限或无限简单连分数都可表示唯一的一个实数. 本节将从理论上证明每一实数基本上都能唯一表示成简单连分数；并讨论简单连分数在求无理数的有理近似值方面的应用. 先看下面两个实例.

例 1　将$\dfrac{17}{12}$表示成简单连分数.

解　$$\frac{17}{12}=1+\frac{5}{12}=1+\frac{1}{\frac{12}{5}}=1+\frac{1}{2+\frac{2}{5}}=1+\frac{1}{2+\frac{1}{\frac{5}{2}}}=1+\frac{1}{2+\frac{1}{2+\frac{1}{2}}}=\langle 1,2,2,2\rangle$$

例 2　将$\sqrt{3}$表示成简单连分数.

解　$$\sqrt{3}=1+(\sqrt{3}-1)=1+\frac{1}{\frac{1}{\sqrt{3}-1}}=1+\frac{1}{\frac{\sqrt{3}+1}{2}}=1+\frac{1}{1+\frac{\sqrt{3}-1}{2}}=1+\frac{1}{1+\frac{1}{\frac{2}{\sqrt{3}-1}}}=$$

$$1+\frac{1}{1+\frac{1}{\sqrt{3}+1}}=1+\frac{1}{1+\frac{1}{2+(\sqrt{3}-1)}}$$

因为$\sqrt{3}-1=\dfrac{1}{1+\dfrac{1}{2+(\sqrt{3}-1)}}$，代入上式得

$$\sqrt{3}=1+\frac{1}{1+\frac{1}{2+\frac{1}{1+\frac{1}{2+(\sqrt{3}-1)}}}}=1+\frac{1}{1+\frac{1}{2+\frac{1}{1+\frac{1}{2+\ddots}}}}=\langle 1,1,2,1,2,1,2,1,\cdots\rangle$$

例 1 说明，一个有理数能够表示成一个有限简单连分数；例 2 说明，一个实无理数能够表示成一个无限简单连分数. 从这两个实例的解题过程受到启发，得出将实数表示成简单连分数的一般方法.

定理 7.3.1　每个实数都能表示成简单连分数.

证明　设 α 是一给定的实数，

① 若 α 是一个有理数，令 $\alpha=\dfrac{a}{b}(a,b\in\mathbf{Z},b>0,(a,b)=1)$，由辗转相除法即得

$$a = bq_1 + r_1 \quad (0 < r_1 < b), \quad 则 \frac{a}{b} = q_1 + \frac{r_1}{b} \quad \left(0 < \frac{r_1}{b} < 1, q_1 \in \mathbf{Z}\right)$$

$$b = r_1 q_2 + r_2 \quad (0 < r_2 < r_1), \quad 则 \frac{b}{r_1} = q_2 + \frac{r_2}{r_1} \quad \left(0 < \frac{r_2}{r_1} < 1, q_2 \geqslant 1\right)$$

$$\cdots$$

$$r_{n-2} = r_{n-1} q_n + r_n \quad (0 < r_n < r_{n-1}), \quad 则 \frac{r_{n-2}}{r_{n-1}} = q_n + \frac{r_n}{r_{n-1}} \quad \left(0 < \frac{r_n}{r_{n-1}} < 1, q_n \geqslant 1\right)$$

$$r_{n-1} = r_n q_{n+1} \quad (r_{n+1} = 0). \quad 因此 \frac{r_{n-1}}{r_n} = q_{n+1} \quad (q_{n+1} > 1)$$

故

$$\frac{a}{b} = \langle q_1, q_2, \cdots, q_{n+1} \rangle \quad (q_{n+1} > 1) \tag{7.29}$$

即任一有理数都可表示成有限简单连分数.

② 若 α 是任意的无理数,则由 $\alpha=[\alpha]+\{\alpha\}(0<\{\alpha\}<1)$,即得

$$\left.\begin{aligned} &\alpha = a_1 + \frac{1}{\alpha_1}, \quad a_1 = [\alpha], \quad \alpha_1 = \frac{1}{\{\alpha\}} > 1 \\ &\alpha_1 = a_2 + \frac{1}{\alpha_2}, \quad a_2 = [\alpha_1], \quad \alpha_2 = \frac{1}{\{\alpha_1\}} > 1 \\ &\cdots \\ &\alpha_{k-1} = a_k + \frac{1}{\alpha_k}, \quad a_k = [\alpha_{k-1}], \quad \alpha_k = \frac{1}{\{\alpha_{k-1}\}} > 1 \end{aligned}\right\} \tag{7.30}$$

其中,a_1 为整数,$a_2,a_3,\cdots,a_k$ 均为正整数,但是 $\alpha_i(i=1,2,\cdots,k)$都是无理数. 故 $\alpha_1=\langle a_1,a_2,\cdots,a_k,\alpha_k\rangle$是一个连分数,而不是简单连分数.

由定理 7.2.1 渐近分数计算公式即得

$$\alpha = \frac{\alpha_1 a_1 + 1}{\alpha_1}, \quad \alpha = \frac{\alpha_k p_k + p_{k-1}}{\alpha_k q_k + q_{k-1}} (k = 2, 3, \cdots) \tag{7.31}$$

下面证明任一无理数一定可以表示成无限简单连分数. 只须证明

$$\lim_{k \to \infty} \langle a_1, a_2, \cdots, a_k \rangle = \alpha$$

亦即

$$\lim_{k \to \infty} \frac{p_k}{q_k} = \alpha \tag{7.32}$$

事实上,由式(7.31)及定理 7.2.2 即得

$$\alpha - \frac{p_k}{q_k} = \frac{\alpha_k p_k + p_{k-1}}{\alpha_k q_k + q_{k-1}} - \frac{p_k}{q_k} = \frac{p_{k-1} q_k - q_{k-1} p_k}{q_k(\alpha_k q_k + q_{k-1})} = \frac{(-1)^{k-1}}{q_k(\alpha_k q_k + q_{k-1})} \tag{7.33}$$

但是,由于 $a_{k+1}=[\alpha_k]$,所以 $a_{k+1}\leqslant[\alpha_k]$,而 α_k 是无理数,a_{k+1} 为整数,因而 $\alpha_k>a_{k+1}$. 因此,$\alpha_k q_k+q_{k-1}>a_{k+1}q_k+q_{k-1}=q_{k+1}$;又由定理 7.2.3 知,$q_k\geqslant k-1$,$q_{k+1}\geqslant k$,所以

$$\left|\alpha-\frac{p_k}{q_k}\right|=\left|\frac{(-1)^{k-1}}{q_k(\alpha_k q_k+q_{k-1})}\right|=\frac{1}{q_k(\alpha_k q_k+q_{k-1})}<\frac{1}{q_k q_{k+1}}\leqslant\frac{1}{k(k-1)}$$

但当 $k\to\infty$ 时，$\frac{1}{k(k-1)}\to 0$，故 $\lim\limits_{k\to\infty}\frac{p_k}{q_k}=\alpha$，即 $\lim\limits_{k\to\infty}\langle a_1,a_1,\cdots,a_k\rangle=\alpha$. 因此 $\alpha=\langle a_1,a_2,\cdots,a_k,\cdots\rangle$. 又由式(7.30)知 a_1 为整数，$a_k=[\alpha_{k-1}]\geqslant 1(k\geqslant 2)$，所以 $\langle a_1,a_2,\cdots,a_k,\cdots\rangle$ 是一个无限简单连分数.

综合①、②知，任一实数一定可以表示成简单连分数. 证毕.

注　由定理 7.3.1 的证明过程可以得出如下重要推论.

推论 7.3.1　设 α 是无理数，沿用定理 7.3.1 中的符号，那么，对于任意正整数 k，存在 $\delta_k(0<\delta_k<1)$ 与 $\eta_k(0<\eta_k<1)$，使得 $\alpha=\frac{p_k}{q_k}+\frac{(-1)^{k-1}\delta_k}{q_k q_{k+1}}=\frac{p_k}{q_k}+\frac{(-1)^{k-1}\eta_k}{q_k^2}$.

证明　由定理 7.3.1 的证明，有 $\alpha_k>a_{k+1}$，故 $\alpha_k q_k+q_{k-1}>a_{k+1}q_k+q_{k-1}=q_{k+1}>q_k$，因此

$$0<\frac{1}{\alpha_k q_k+q_{k-1}}<\frac{1}{a_{k+1}q_k+q_{k-1}}=\frac{1}{q_{k+1}}<\frac{1}{q_k}$$

令 $\delta_k=\frac{q_{k+1}}{\alpha_k q_k+q_{k-1}}$，$\eta_k=\frac{q_k}{\alpha_k q_k+q_{k-1}}$，则

$$\frac{1}{\alpha_k q_k+q_{k-1}}=\frac{\delta_k}{q_{k+1}}=\frac{\eta_k}{q_k}\quad(0<\delta_k<1,0<\eta_k<1)$$

由式(7.33)得

$$\alpha-\frac{p_k}{q_k}=\frac{(-1)^{k-1}}{q_k(\alpha_k q_k+q_{k-1})}=\frac{(-1)^{k-1}}{q_k}\cdot\frac{1}{\alpha_k q_k+q_{k-1}}=\frac{(-1)^{k-1}\delta_k}{q_k q_{k+1}}$$

故 $\alpha=\frac{p_k}{q_k}+\frac{(-1)^{k-1}\delta_k}{q_k q_{k+1}}$. 同理，得 $\alpha=\frac{p_k}{q_k}+\frac{(-1)^{k-1}\eta_k}{q_k^2}$. 证毕.

下面讨论将实无理数表示成无限简单连分数的唯一性问题.

定理 7.3.2　任一实无理数都能唯一表示成无限简单连分数.

证明　设 α 是任一实无理数，由定理 7.3.1 知，α 一定能表示成无限简单连分数，故只须证明 α 表示成无限简单连分数的唯一性，也即证明如下结论.

若 $\alpha=\langle a_1,a_2,\cdots,a_k,\cdots\rangle=\langle b_1,b_2,\cdots,b_k,\cdots\rangle(a_1,b_1\in\mathbf{Z},a_k\geqslant 1,b_k\geqslant 1,k=2,3,\cdots)$，则

$$a_k=b_k\quad(k=1,2,\cdots)\tag{7.34}$$

为此，对于 $k\geqslant 1$，令 $\alpha_k=\langle a_{k+1},a_{k+2},\cdots\rangle$，$\beta_k=\langle b_{k+1},b_{k+2},\cdots\rangle$，则 $\alpha_k=\langle a_{k+1},a_{k+2},\cdots\rangle=a_{k+1}+1/\langle a_{k+2},a_{k+3},\cdots\rangle=a_{k+1}+\frac{1}{\alpha_{k+1}}\left(a_{k+1}\in\mathbf{Z},0<\frac{1}{\alpha_{k+1}}<1\right)$. 同理，有

$$\beta_k=b_{k+1}+\frac{1}{\beta_{k+1}}\quad\left(b_{k+1}\in\mathbf{Z},0<\frac{1}{\beta_{k+1}}<1\right)$$

下面用归纳法证明唯一性.

当 $k=1$ 时，由于 $\alpha=a_1+\frac{1}{\alpha_1}=b_1+\frac{1}{\beta_1}(a_1,b_1\in\mathbf{Z})$，$\alpha_1$ 与 β_1 是大于 1 的无理数，因而，

$a_1=[\alpha]=b_1$，结论(7.34)成立.

假设对于 $1\leqslant i\leqslant k$ 结论(7.34)成立，即 $a_i=b_i(i=1,2,\cdots,k)$ 成立，则对于 $i=k+1$ 的情形，由归纳假设及 $\alpha=\langle a_1,a_2,\cdots,a_k,\cdots\rangle=\langle b_1,b_2,\cdots,b_k,\cdots\rangle$ 得

$$\alpha_k=\langle a_{k+1},a_{k+2},\cdots\rangle=\langle b_{k+1},b_{k+2},\cdots\rangle=\beta_k\quad(k\geqslant 1)$$

亦即

$$\alpha_k=a_{k+1}+\frac{1}{\alpha_{k+1}}=b_{k+1}+\frac{1}{\beta_{k+1}}=\beta_k\quad(\alpha_{k+1}>1,\beta_{k+1}>1)$$

于是有

$$a_{k+1}=[\alpha_k]=[\beta_k]=b_{k+1}$$

因此，对于 $i=k+1$ 的情形，结论(7.34)也成立.

由归纳原理知，对于任何正整数 k，都有 $a_k=b_k$. 由此知唯一性获证. 证毕.

对于将有理数表示成有限简单连分数的唯一性问题，有如下结论.

定理 7.3.3 （ⅰ）若有理数 $\frac{a}{b}=\langle a_1,a_2,\cdots,a_n\rangle=\langle b_1,b_2,\cdots,b_m\rangle$，且 $a_n>1,b_m>1$，则 $m=n,a_i=b_i(i=1,2,\cdots,n)$；

（ⅱ）若 $a_n>1$，则有理数 $\frac{a}{b}$ 有且仅有两种表示成简单连分数的方法，即

$$\frac{a}{b}=\langle a_1,a_2,\cdots,a_n\rangle=\langle a_1,a_2,\cdots,(a_n-1),1\rangle$$

证明 （ⅰ）不妨设 $m\geqslant n$，下面对连分数 $\langle a_1,a_2,\cdots,a_n\rangle$ 中 a_i 的个数 n 作归纳.

当 $n=1$ 时，必有 $a_1=b_1,n=m=1$；否则，若 $m>1$，由于

$$\frac{a}{b}=\langle a_1\rangle=\langle b_1,b_2,\cdots,b_m\rangle\quad(a_1>1,b_m>1)$$

此即

$$a_1=b_1+\frac{1}{\langle b_2,b_3,\cdots,b_m\rangle}\tag{7.35}$$

又因为 $b_2\geqslant 1,b_3\geqslant 1,\cdots,b_m>1$，因而 $0<\frac{1}{\langle b_2,b_3,\cdots,b_m\rangle}<1$，而 a_1,b_1 均为整数，因此式(7.35)不成立，矛盾. 故必有 $m=1$ 成立，从而有 $a_1=b_1,n=m=1$. 故 $n=1$ 时结论成立.

假设对于正整数 $k(1\leqslant k<n)$ 结论成立，下面考虑 $n=k+1$ 的情形.

若 $\frac{a}{b}=\langle a_1,a_2,\cdots,a_k,a_{k+1}\rangle=\langle b_1,b_2,\cdots,b_m\rangle$，且 $a_{k+1}>1,b_m>1$，则

$$\frac{a}{b}=a_1+\frac{1}{\langle a_2,a_3,\cdots,a_{k+1}\rangle}=b_1+\frac{1}{\langle b_2,b_3,\cdots,b_m\rangle}\tag{7.36}$$

由于

$$0<\frac{1}{\langle a_2,a_3,\cdots,a_{k+1}\rangle}<1,\quad 0<\frac{1}{\langle b_2,b_3,\cdots,b_m\rangle}<1$$

因而由式(7.36)知

$$a_1=\left[\frac{a}{b}\right]=b_1,\quad 且\quad \frac{1}{\langle a_2,a_3,\cdots,a_{k+1}\rangle}=\frac{1}{\langle b_2,b_3,\cdots,b_m\rangle}$$

也即

$$\langle a_2,a_3,\cdots,a_{k+1}\rangle=\langle b_2,b_3,\cdots,b_m\rangle,\quad 且\quad a_{k+1}>1,b_m>1$$

根据归纳假设得

$$m=k+1,\quad a_i=b_i\quad (i=2,3,\cdots,k+1)$$

从而对于 $k+1$ 的情形,结论(ⅰ)也成立.

由归纳原理知,对一切的 $k(1\leqslant k\leqslant n)$结论(ⅰ)都成立.

(ⅱ) 由(ⅰ)知,在限制有限简单连分数的第 n 个部分商大于 1 的条件下,将有理数表示成有限简单连分数的表示式是唯一的;而去掉这个限制条件,在 $a_n>1$ 时,则有理数$\frac{a}{b}$表示成简单连分数有且仅有如下两种方法,即$\frac{a}{b}=\langle a_1,a_2,\cdots,a_n\rangle=\langle a_1,a_2,\cdots,(a_n-1),1\rangle$. 证毕.

注 综上知,任一简单连分数都表示一个实数;反之,任一实无理数能唯一表示成无限简单连分数,因此,任一实无理数与一个无限简单连分数构成一一对应关系. 在限定有限简单连分数的最后一个部分商大于 1 的条件下,任一有理数能唯一表示成有限简单连分数,因而在此条件下,任一有理数与一个有限简单连分数也构成一一对应关系.

下面讨论连分数的渐近分数在求实数的有理近似值方面的应用.

定理 7.3.4 若 α 是任一实数,$\frac{p_k}{q_k}$是 α 的第 k 个渐近分数,则在分母小于等于 q_k 的一切有理数中,$\frac{p_k}{q_k}$是 α 的最佳的有理近似值,即,若 $0<q<q_k$,则

$$\left|\alpha-\frac{p_k}{q_k}\right|\leqslant\left|\alpha-\frac{p}{q}\right| \tag{7.37}$$

证明 若 $\alpha=\frac{p_k}{q_k}$,则定理已经成立. 因此只须讨论 $\alpha\neq\frac{p_k}{q_k}$的情况. 在这种情况下,$\alpha$ 有第 $k+1$ 个渐近分数$\frac{p_{k+1}}{q_{k+1}}$,并且$\frac{p_{k+1}}{q_{k+1}}\neq\frac{p_k}{q_k}$. 不妨假定$\frac{p_k}{q_k}<\frac{p_{k+1}}{q_{k+1}}$$\left(\frac{p_{k+1}}{q_{k+1}}<\frac{p_k}{q_k}\text{的情形可完全类似地讨论}\right)$,于是$\frac{p_k}{q_k}<\alpha\leqslant\frac{p_{k+1}}{q_{k+1}}$. 分以下四种情形讨论.

① 若$\frac{p}{q}\leqslant\frac{p_k}{q_k}$,由于$\frac{p}{q}\leqslant\frac{p_k}{q_k}<\alpha$,则有 $0<\alpha-\frac{p_k}{q_k}\leqslant\alpha-\frac{p}{q}$,故$\left|\alpha-\frac{p_k}{q_k}\right|\leqslant\left|\alpha-\frac{p}{q}\right|$. 结论得证.

② 若$\frac{p_{k+1}}{q_{k+1}}<\frac{p}{q}$,由于 $\alpha\leqslant\frac{p_{k+1}}{q_{k+1}}<\frac{p}{q}$,则有$\frac{p}{q}-\alpha\geqslant\frac{p}{q}-\frac{p_{k+1}}{q_{k+1}}>0$,故

$$\left|\alpha-\frac{p}{q}\right|\geqslant\left|\frac{p_{k+1}}{q_{k+1}}-\frac{p}{q}\right|\geqslant\frac{p_{k+1}q-pq_{k+1}}{q_{k+1}q}>\frac{1}{qq_{k+1}}\geqslant\frac{1}{q_kq_{k+1}} \tag{7.38}$$

另外，由推论 7.3.1 知，存在 $0<\delta_k<1$，使得 $\alpha=\dfrac{p_k}{q_k}+\dfrac{(-1)^{k-1}\delta_k}{q_kq_{k+1}}$，即

$$\left|\alpha-\frac{p_k}{q_k}\right|=\left|\frac{(-1)^{k-1}\delta_k}{q_kq_{k+1}}\right|=\left|\frac{\delta_k}{q_kq_{k+1}}\right|<\frac{1}{q_kq_{k+1}} \tag{7.39}$$

由式(7.38)和式(7.39)及不等的传递性可知 $\left|\alpha-\dfrac{p_k}{q_k}\right|\leqslant\left|\alpha-\dfrac{p}{q}\right|$. 结论得证.

③ 若 $\dfrac{p}{q}=\dfrac{p_{k+1}}{q_{k+1}}$，则 $p\cdot q_{k+1}=q\cdot p_{k+1}$，故 $q_{k+1}\mid q\cdot p_{k+1}$. 由定理 7.2.3 知 $(p_{k+1},q_{k+1})=1$，于是 $q_{k+1}\mid q$，从而 $q_{k+1}\leqslant q$. 这与 $q\leqslant q_k<q_{k+1}$ 矛盾. 故这一情形不可能出现.

④ 若 $\dfrac{p_k}{q_k}<\dfrac{p}{q}<\dfrac{p_{k+1}}{q_{k+1}}$，则 $pq_k-qp_k>0$，$p_{k+1}q-q_{k+1}p>0$，因此，

$$\frac{p}{q}-\frac{p_k}{q_k}=\frac{pq_k-qp_k}{qq_k}\geqslant\frac{1}{qq_k},\quad \frac{p_{k+1}}{q_{k+1}}-\frac{p}{q}\geqslant\frac{1}{q_{k+1}q}$$

将以上两个不等式相加，得

$$\frac{p_{k+1}}{q_{k+1}}-\frac{p_k}{q_k}\geqslant\frac{1}{qq_k}+\frac{1}{q_{k+1}q}=\frac{q_{k+1}+q_k}{qq_kq_{k+1}}$$

由于 $q_{k+1}+q_k>q$，即得 $\dfrac{q_{k+1}+q_k}{q}>1$，所以 $\dfrac{p_{k+1}}{q_{k+1}}-\dfrac{p_k}{q_k}\geqslant\dfrac{q_{k+1}+q_k}{qq_kq_{k+1}}>\dfrac{1}{q_kq_{k+1}}$. 从而 $p_{k+1}q_k-q_{k+1}p_k>1$，这与定理 7.2.2 的结论 $p_{k+1}q_k-q_{k+1}p_k=(-1)^{k+1}(k\geqslant2)$ 矛盾，因此这一情况也不可能出现. 综上所述，定理得证. 证毕.

注 定理 7.3.4 的结论说明，在分母不超过 q_n 的分数中，$\dfrac{p_n}{q_n}$ 是 α 的最佳有理近似值. 这是渐近分数的一个非常重要且实用的性质.

例 3 求 $\dfrac{13}{5}$ 的有限简单连分数表示.

解 $\dfrac{13}{5}=2+\dfrac{3}{5}=2+\dfrac{1}{\frac{5}{3}}=2+\dfrac{1}{1+\frac{2}{3}}=2+\dfrac{1}{1+\frac{1}{\frac{3}{2}}}=2\ \dfrac{1}{1+\frac{1}{1+\frac{1}{2}}}=\langle 2,1,1,2\rangle$

此解法可简写成

$$\frac{13}{5}=2+\frac{3}{5}=\left\langle 2,\frac{5}{3}\right\rangle=\left\langle 2,1+\frac{2}{3}\right\rangle=\left\langle 2,1,\frac{3}{2}\right\rangle=\left\langle 2,1,1+\frac{1}{2}\right\rangle=\langle 2,1,1,2\rangle$$

注 $\dfrac{13}{5}$ 的两种简单连分数表示为 $\dfrac{13}{5}=\langle 2,1,1,2\rangle=\langle 2,1,1,1,1\rangle$.

例 4 求 $\sqrt{15}$ 的无限简单连分数表示.

解　$\sqrt{15}=3+(\sqrt{15}-3)=\left\langle 3,\dfrac{1}{\sqrt{15}-3}\right\rangle=\left\langle 3,\dfrac{\sqrt{15}+3}{6}\right\rangle=$

$$\left\langle 3,1+\frac{\sqrt{15}-3}{6}\right\rangle=\left\langle 3,1,\frac{6}{\sqrt{15}-3}\right\rangle=\langle 3,1,\sqrt{15}+3\rangle=$$

$$\langle 3,1,6+(\sqrt{15}-3)\rangle=\left\langle 3,1,6,\frac{1}{\sqrt{15}-3}\right\rangle=$$

$$\left\langle 3,1,6,\frac{\sqrt{15}+3}{6}\right\rangle=\langle 3,1,6,1,6,\cdots\rangle$$

例 5　求 $1+\sqrt{5}$ 的简单连分数表示，并求其精确到小数点后四位的有理近似值.

解　经计算得 $1+\sqrt{5}=\langle 3,4,4,4,4,\cdots\rangle$，由定理 7.3.4 知，只须求 $\dfrac{p_k}{q_k}$，使得 $\left|\left((1+\sqrt{5})-\dfrac{p_k}{q_k}\right)\right|<\dfrac{1}{q_kq_{k+1}}\leqslant 10^{-4}$，其计算如表 7.2 所列.

表 7.2

k	1	2	3	4	5	6
a_k	3	4	4	4	4	4
p_k	3	13	55	233	987	4 181
q_k	1	4	17	72	305	1 292

因此 $\dfrac{p_1}{q_1}=\dfrac{3}{1},\dfrac{p_2}{q_2}=\dfrac{13}{4},\dfrac{p_3}{q_3}=\dfrac{55}{17},\dfrac{p_4}{q_4}=\dfrac{233}{72},\dfrac{p_5}{q_5}=\dfrac{987}{305},\dfrac{p_6}{q_6}=\dfrac{4\ 181}{1\ 292}$. 由于

$$\left|1+\sqrt{5}-\frac{233}{72}\right|<\frac{1}{72\times 305}<\frac{1}{10^4}$$

故 $\dfrac{233}{72}$ 即为所求结果.

注　从以上例题知，利用简单连分数的渐近分数，可以求得实无理数的满足任意给定近似误差的最佳有理近似值.

习题 7.3

1. 分别将有理数 $\dfrac{121}{21},-\dfrac{19}{29}$，2.23 表示成简单连分数.

2. 求无理数 $\sqrt{13}$ 的简单连分数表示.

3. 求 $2+\sqrt{3}$ 的误差小于等于 10^{-5} 的有理近似值.

4. 求 $\sin 18°$ 的误差小于等于 10^{-5} 的有理近似值.

5. 已知圆周率 π 的连分数表示为 $\pi=\langle 3,7,15,1,292,1,1,1,21,\cdots\rangle$，求 π 的误差小于等于 10^{-6} 的有理近似值.

6. 先将 $\frac{1+\sqrt{5}}{2}$ 展开为无限简单连分数，再证明其第 k 个渐近分数为 $\frac{F_{k+1}}{F_k}$，此处 $\{F_k\}$ 是 Fibonacci 数列.

7.4 循环连分数

前面已经证明，任何一个无理数一定可以唯一表示成一个无限简单连分数的形式. 那么，特殊形式的无理数是否有某种特殊形式的简单连分数表示呢？本节讨论实二次无理数(整系数二次不可约方程的实根)与循环连分数之间的关系.

例 1 将 $\sqrt{3}+4$ 表示成无限简单连分数.

解
$$\sqrt{3}+4=5+(\sqrt{3}-1)=\left\langle 5,\frac{1}{\sqrt{3}-1}\right\rangle=\left\langle 5,1+\frac{\sqrt{3}-1}{2}\right\rangle=$$
$$\left\langle 5,1,\frac{2}{\sqrt{3}-1}\right\rangle=\langle 5,1,\sqrt{3}+1\rangle=\langle 5,1,2+(\sqrt{3}-1)\rangle=$$
$$\left\langle 5,1,2,\frac{1}{\sqrt{3}-1}\right\rangle=\cdots=\langle 5,1,2,1,2,1,2,1,\cdots\rangle$$

观察这个无限简单连分数，可以发现它由不循环的整数和循环整数两部分组成，从第二项开始每隔两个整数就循环出现 1 和 2 这两个数字一次. 下面讨论具有这种特征的无限简单连分数.

定义 设 $\langle a_1,a_2,\cdots,a_n,\cdots\rangle$ 是无限简单连分数，如果存在两个整数 $s\geqslant 0$，$t>0$，使得 $a_{s+i}=a_{s+kt+i}$ $(i=1,2,\cdots,t;k=0,1,2,\cdots)$，则称 $\langle a_1,a_2,\cdots,a_n,\cdots\rangle$ 是**循环连分数**，并记为 $\langle a_1,a_2,\cdots,a_s,\dot{a}_{s+1},\cdots,\dot{a}_{s+t}\rangle$；如果 $s=0$，则称它是**纯循环连分数**.

首先，考察循环连分数与实二次无理数(即整系数二次不可约方程的实根)的关系.

定理 7.4.1 任何循环连分数一定是某一整系数二次不可约方程的实根.

证明 设 $\alpha=\langle a_1,a_2,\cdots,a_s,\dot{a}_{s+1},\cdots,\dot{a}_{s+t}\rangle$，记 $\alpha_n=\langle a_{n+1},a_{n+2},\cdots\rangle$，以 $\frac{p_n}{q_n}(n=1,2,\cdots)$ 表示 α 的第 n 个渐近分数. 分以下两种情况讨论：

① 若 $s=0$，则 $\alpha=\langle\dot{a}_1,\cdots,\dot{a}_t\rangle=\langle a_1,\cdots,a_t,\alpha\rangle$. 因此，由定理 7.2.1 即得
$$\alpha=\frac{\alpha p_t+p_{t-1}}{\alpha q_t+q_{t-1}},\quad 即\quad q_t\alpha^2+(q_{t-1}-p_t)\alpha-p_{t-1}=0 \tag{7.40}$$

② 若 $s>0$，则显然有
$$\alpha_s=\langle a_{s+1},a_{s+2},\cdots\rangle=\langle a_{s+t+1},a_{s+t+2},\cdots\rangle=\alpha_{s+t}$$
因而
$$\alpha=\langle a_1,a_2,\cdots,a_s,\alpha_s\rangle=\langle a_1,a_2,\cdots,a_s,a_{s+1},\cdots a_{s+t},\alpha_{s+t}\rangle$$

由定理 7.2.1 即得

$$\alpha=\frac{\alpha_s p_s+p_{s-1}}{\alpha_s q_s+q_{s-1}}=\frac{\alpha_s p_{s+t}+p_{s+t-1}}{\alpha_s q_{s+t}+q_{s+t-1}}$$

整理后为

$$\alpha_s=\frac{-q_{s-1}\alpha+p_{s-1}}{q_s\alpha-p_s}=\frac{-q_{s+t-1}\alpha+p_{s+t-1}}{q_{s+t}\alpha-p_{s+t}}$$

因此 $$(q_{s+t}\alpha-p_{s+t})\cdot(-q_{s-1}\alpha+p_{s-1})=(q_s\alpha-p_s)(-q_{s+t-1}\alpha+p_{s+t-1})$$

也即

$$(q_{s+t}q_{s-1}-p_{s+t-1}q_s)\alpha^2+(p_{s+t-1}q_s+p_s q_{s+t-1}-p_{s+t}q_{s-1}-q_{s+t}p_{s-1})\alpha+(p_{s+t}p_{s-1}-p_{s+t-1}p_s)=0 \tag{7.41}$$

又因 α 是无限简单连分数，由定理 7.2.4 知 α 是无理数，故式(7.40)和式(7.41)都不可约，因此，α 是整系数二次不可约方程(7.40)或方程(7.41)的实根，故定理得证. 证毕.

其次，证明任何一个整系数二次不可约多项式的实根的简单连分数一定是循环连分数，即定理 7.4.1 的逆命题亦真.

定理 7.4.2　若 $f(x)=ax^2+bx+c$ 是一个整系数二次不可约多项式，α 是 $f(x)=0$ 的一个实根，则表示 α 的简单连分数一定是循环连分数.

证　因为 $f(x)$ 不可约，α 是 $f(x)=0$ 的一个实根，故 α 是一个实无理数. 由定理 7.3.1 知，α 能表示成一无限简单连分数. 设 $\alpha=\langle a_1,a_2,\cdots,a_n,\cdots\rangle$，又令 $\alpha_n=\langle a_{n+1},a_{n+2},\cdots\rangle$，则由定理 7.2.1 得

$$\alpha=\frac{\alpha_n p_n+p_{n-1}}{\alpha_n q_n+q_{n-1}}\quad(n\geqslant 3)$$

由于 α 是 $f(x)=0$ 的一个实根，故 $a\alpha^2+b\alpha+c=0$，将上式代入后即得

$$A_n\alpha_n^2+B_n\alpha_n+C_n=0$$

其中

$$\begin{cases}A_n=ap_n^2+bp_nq_n+cq_n^2\\B_n=2ap_np_{n-1}+b(p_nq_{n-1}+p_{n-1}q_n)+2cq_nq_{n-1}\\C_n=ap_{n-1}^2+bp_{n-1}q_{n-1}+cq_{n-1}^2=A_{n-1}\end{cases} \tag{7.42}$$

故 α_n 是

$$A_ny^2+B_ny+C_n=0 \tag{7.43}$$

的一个根. 又由定理 7.2.2 知

$$p_nq_{n-1}-p_{n-1}q_n=(-1)^{n-1}$$

由式(7.42)及上式得

$$B_n^2-4A_nC_n=(b^2-4ac)(p_nq_{n-1}-p_{n-1}q_n)^2=b^2-4ac \tag{7.44}$$

由推论 7.3.1 得

$$\alpha = \frac{p_n}{q_n} + \frac{(-1)^{n-1}\eta_n}{q_n^2} \quad (0 < \eta_n < 1)$$

此即

$$q_n\alpha = p_n + \frac{(-1)^{n-1}\eta_n}{q_n}$$

于是

$$p_n = \alpha q_n + \frac{\theta_n}{q_n}$$

其中$|\theta_n| = |(-1)^n\eta_n| < 1$，将上式代入式(7.42)即得

$$A_n = a\left(\alpha q_n + \frac{\theta_n}{q_n}\right)^2 + b\left(\alpha q_n + \frac{\theta_n}{q_n}\right)q_n + cq_n^2 =$$

$$(a\alpha^2 + b\alpha + c)q_n^2 + 2a\alpha\theta_n + a\frac{\theta_n^2}{q_n^2} + b\theta_n =$$

$$2a\alpha\theta_n + a\frac{\theta_n^2}{q_n^2} + b\theta_n$$

再由$|\theta_n| < 1$，$q_n \geqslant 1$及三角不等式可得

$$|A_n| < |2a\alpha| + |a| + |b|$$

由式(7.42)又知$C_n = A_{n-1}$，因而$|C_n| = |A_{n-1}| < |2a\alpha| + |a| + |b|$.

又由式(7.44)知$B_n^2 = 4A_nC_n + (b^2 - 4ac)$，再利用三角不等式可得

$$|B_n| \leqslant \sqrt{4|A_nC_n| + |b^2 - 4ac|} < \sqrt{4(2|a\alpha| + |a| + |b|)^2 + |b^2 - 4ac|}$$

由于a, b, c, α都是常数，故A_n, B_n, C_n只能取有限组不同的值. 因此，由抽屉原理，在序列$(A_2, B_2, C_2), \cdots, (A_n, B_n, C_n), \cdots$中一定有三组值是相同的，即有三个正整数$n_1, n_2, n_3$ $(n_1 < n_2 < n_3)$存在，使得

$$A_{n_1} = A_{n_2} = A_{n_3} = A$$

$$B_{n_1} = B_{n_2} = B_{n_3} = B$$

$$C_{n_1} = C_{n_2} = C_{n_3} = C$$

由式(7.43)即知$\alpha_{n_1}, \alpha_{n_2}, \alpha_{n_3}$都是$Ay^2 + By + C = 0$的根. 但$f(x)$不可约，故由式(7.42)知$A_n \neq 0$，因而方程$Ay^2 + By + C = 0$只有两个根. 所以$\alpha_{n_1}, \alpha_{n_2}, \alpha_{n_3}$中一定有两个相等，不妨设$\alpha_{n_1} = \alpha_{n_2}$，即

$$\langle a_{n_1+1}, a_{n_1+2}, \cdots\rangle = \langle a_{n_2+1}, a_{n_2+2}, \cdots\rangle$$

由于α_{n_1}和α_{n_2}都是无限简单连分数，故由定理 7.3.2 知$a_{n_1+i} = a_{n_2+i}$ $(i = 1, 2, \cdots)$. 令$s = n_1$，$t = n_2 - n_1$，即得$\alpha = \langle a_1, \cdots, a_s, \dot{a}_{s+1}, \cdots, \dot{a}_{s+t}\rangle$. 这说明$\alpha$是一循环连分数. 证毕.

注　由定理 7.4.1 和定理 7.4.2 知，一个循环连分数必是一个实二次无理数，即是某个整系数二次不可约方程的实根；反之，一个整系数二次不可约方程的实根一定可以用循环连分数来表示.

例 2　求循环连分数 $\alpha=\langle 3,3,6,3,6,3,\cdots\rangle$ 的值.

解　因为

$$\alpha=3+\cfrac{1}{3+\cfrac{1}{6+\cfrac{1}{3+\cfrac{1}{6+\ddots}}}}=3+\cfrac{1}{3+\cfrac{1}{3+3+\cfrac{1}{3+\cfrac{1}{6+\ddots}}}}=3+\cfrac{1}{3+\cfrac{1}{3+\alpha}}$$

所以

$$\alpha-3=\cfrac{1}{\cfrac{3\alpha+10}{3+\alpha}},\quad 即\quad \alpha-3=\frac{3+\alpha}{3\alpha+10}$$

整理后得 $\alpha^2=11$,所以 $\alpha=\pm\sqrt{11}$,因为 $\alpha>0$,故舍去负值得 $\alpha=\sqrt{11}$.

注　此例也可以先求出纯循环连分数 $\beta=\langle 3,6,3,6,\cdots\rangle$ 的值,再计算连分数 $\alpha=\langle 3,\beta\rangle$.

习题 7.4

1. 设 a,b,c 是正整数,$b=ac$,证明:$\langle b,a,b,a,\cdots\rangle=\dfrac{b+\sqrt{b^2+4c}}{2}$.
2. 求无限简单连分数 $\beta=\langle 2,3,1,1,\cdots,1,\cdots\rangle$ 的值.
3. 将方程 $3x^2+2x-2=0$ 的正根表示成无限简单连分数.
4. 设 a 是正整数,求 $\sqrt{a^2+1}$ 的无限简单连分数.
5. 设无理数 $\sqrt{d}=\langle a_1,a_2,\cdots,a_n,\cdots\rangle$ 的第 k 个渐近分数为 $\dfrac{p_k}{q_k}(k\geqslant 1)$,证明:

$$\sqrt{d}=\langle a_1,\dot{a}_2,\cdots,a_n,2\dot{a}_1\rangle$$

的充分必要条件是 $p_n=a_1q_n+q_{n-1}$,$dq_n=a_1p_n+p_{n-1}$.

本章小结

1. 基本概念

本章的基本概念主要有:实数的 b 进制表示、b 进制小数、循环小数、有限(无限)连分数、连分数的渐近分数、有限(无限)简单连分数、简单连分数的渐近分数、无限简单连分数的值、(纯)循环连分数和二次不可约方程.

2. 主要定理或结论

本章的主要定理是:正实数的 b 进制表示(定理 7.1.3)、十进制循环小数的性质(定理 7.1.4、定理 7.1.5 和定理 7.1.6)、连分数的渐近分数的计算与性质(定理 7.2.1 和定理 7.2.2)、实数与其简单连分数表示的关系(定理 7.2.3、定理 7.3.1、定理 7.3.2 和定理 7.3.3)、实无理数的最佳有理近似(定理 7.3.4)、循环连分数与实无理数的关系(定理 7.4.1和定理 7.4.2).

3. 重要方法

(1) 将正整数 a 转换成 $b(b>1)$ 进制数的方法(定理 7.1.1)

利用带余数除法进行辗转相除，每一次相除所得的余数依次为 b 进制数表示中的位数码.

(2) 将正实数 $0<\alpha<1$ 转换成 $b(b>1)$ 进制数的方法(定理 7.1.2)

记 $a_{-1}=[b\alpha],\alpha_1=\{b\alpha\},a_{-2}=[b\alpha_1],\alpha_2=\{b\alpha_1\},\cdots$，则 $\alpha=(0.a_{-1}a_{-2}\cdots)_b$.

(3) 将正实数 α 转换成 $b(b>1)$ 进制数的方法(定理 7.1.3)

令 $\alpha=[\alpha]+\{\alpha\}$，根据方法(1)得$[\alpha]=(a_ka_{k-1}\cdots a_1)_b(a_k\neq 0;0\leqslant a_i\leqslant b-1;i=1,\cdots,k)$，根据方法(2)得$\{\alpha\}=(0.a_{-1}a_{-2}\cdots)_b$，所以 $\alpha=(a_ka_{k-1}\cdots a_1.a_{-1}a_{-2}\cdots)_b$.

(4) 将有理数$\frac{a}{b}(b\geqslant 2)$转换成有限简单连分数的方法(定理 7.3.1)

反复利用带余数除法，再相应转换为连分数表示式.

(5) 将无理数 α 转换成无限简单连分数的方法 (定理 7.3.1)

利用

$$a_1=[\alpha],\alpha_1=\frac{1}{\{\alpha\}}>1,a_2=[\alpha_1],\alpha_2=\frac{1}{\{\alpha_1\}}>1,\cdots,a_k=[\alpha_{k-1}],\alpha_k=\frac{1}{\{\alpha_{k-1}\}}>1,\cdots$$

则

$$\alpha=\langle a_1,a_2,\cdots,a_k,\alpha_k\rangle=\langle a_1,a_2,\cdots,a_k,a_{k+1},\cdots\rangle$$

注 定理 7.3.1 虽然从理论上给出了将无理数转换成无限简单连分数的算法，但实际上，将一般的无理数转换成简单连分数计算是相当困难和烦琐的，教材实例仅给出了形如$(\sqrt{d}+a)/b$的无理数简单连分数表示的一般方法.

(6) 简单连分数的渐近分数的求法

利用定理 7.2.1 的递推公式，列表后再按“斜线相乘、横线相加”规律计算，得到每一个渐近分数的值.

(7) 无理数 α 的最佳有理近似值的求法

求解步骤是：

① 求出 α 的简单连分数表示 $\alpha=\langle a_1,a_2,\cdots,a_n,\cdots\rangle$，其中 n 足够大；

② 求出 α 的渐近分数$\frac{p_1}{q_1},\frac{p_2}{q_2},\cdots,\frac{p_k}{q_k},\frac{p_{k+1}}{q_{k+1}},\cdots$；

③ 设给定的近似误差为 $\delta(\delta>0)$，并依次计算，找到第一个适合不等式$\left|\alpha-\frac{p_k}{q_k}\right|<\frac{1}{q_kq_{k+1}}<\delta$的正整数 k，则这个对应的$\frac{p_k}{q_k}$就是符合误差要求的 α 的最佳有理近似值.

(8) 计算有限简单连分数、循环连分数值的方法

求有限简单连分数的值可按连分数的定义直接计算.

求循环连分数的值，应先求出其所满足的二次不可约方程，再求解这个二次方程，并筛选出合适的解.

第8章* 数论应用举例

20 世纪 60 年代以来，电子计算机和数字通信技术得到飞速发展，计算机科学和信息科学提出了具有实际应用背景的许多数学问题，数论、图论和组合数学等离散数学成为解决这些新问题的重要工具. 本章利用同余理论，讨论循环比赛的安排方法和星期几的计算公式；介绍公钥密码体制的基本思想，给出 RSA 公钥密码方案和 ELGamal 公钥密码方案.

本章重点是掌握单循环比赛场次程序表和计算星期几的方法；理解公钥密码体制的基本思想，掌握 RSA 公钥密码方案和 ELGamal 公钥密码方案的基本算法及其原理.

8.1 单循环比赛

一般比赛是都采用循环制，即每个队都能与其他队比赛一次或两次，最后按成绩计算名次. 这种竞赛方法比较合理、客观和公平，有利于各队相互学习和交流经验. 循环制，包括单循环、双循环和分组循环三种方法. 下面只对单循环比赛进行介绍.

单循环比赛是指所有参加比赛的队均能相遇一次，最后按各队在全部比赛中的积分和得失分率来排列名次的比赛. 如果参赛球队不多，而且时间和场地都有保证，通常都采用这种竞赛方法. 在循环制比赛中，每两队比赛一次称为一场，各队都参加完一场比赛即为一轮. 那么，n 个队的单循环比赛的场次与轮次如何计算？

为叙述方便，用 $1,2,\cdots,n$ 表示这 n 个队，用 S 表示场次，S_i 表示第 i 场，R 表示轮次，R_i 表示第 i 轮. 首先，看 4 个队的单循环比赛情况. 由于 4 个队都要相遇一次，若用 $a-b$ 表示编号为 a 的队与编号为 b 的队进行比赛，则只须根据两队编号差分别为 1,2,3 这三种情况，即可写出所有可能相遇的比赛场次如下：

$$\begin{array}{lll} 1-2, & 2-3, & 3-4 \\ 1-3, & 2-4 & \\ 1-4 & & \end{array}$$

一共有 $3+2+1=6$ 场比赛. 又根据一个队每轮比赛只能参加一次，则可按如下方式安排轮次：

$$\begin{array}{l} R_1: 1-2,\quad 3-4 \\ R_2: 2-3,\quad 1-4 \\ R_3: 1-3,\quad 2-4 \end{array}$$

共有 $4-1=3$ 轮比赛.

同理，也可给出 5 个队单循环比赛的情况. 所有可能相遇的情况为

$1-2$， $2-3$， $3-4$， $4-5$

$1-3$， $2-4$， $3-5$

$1-4$， $2-5$

$1-5$

共 10 场比赛，安排轮次为

R_1：$1-2$， $3-4$

R_2：$2-3$， $4-5$

R_3：$1-3$， $2-5$

R_4：$1-4$， $3-5$

R_5：$2-4$， $1-5$

共 5 轮比赛.

由归纳可得 n 个队的单循环比赛的场次计算公式为

$$S=(n-1)+(n-2)+\cdots+1=\frac{n(n-1)}{2} \tag{8.1}$$

又由于每场比赛要有两个队参加，设每一轮比赛中最多安排的比赛场数为 l，则有

$$l=\begin{cases}n/2 & 2\mid n\\(n-1)/2, & 2\nmid n\end{cases} \tag{8.2}$$

由式(8.1)和式(8.2)可推出，当 n 是偶数时，至少举行 $n-1$ 轮比赛；当 n 是奇数时，至少举行 n 轮比赛，其中每一轮比赛都有一个队轮空. 这时，把一个"假想的"球队 A 加到这 n 个球队中，就有了 $n+1$ 个球队. 现在，在每一轮比赛中对这 $n+1$ 个球队进行安排，并且规定：凡被安排与队 A 比赛的球队就是轮空的球队. 这样，n 为奇数的情形即可转换成 n 为偶数的情形. 因此，下面总假定 n 是偶数.

下面用同余理论来安排每轮比赛，并证明只进行 $n-1$ 轮比赛即可.

用 $x_i(1\leqslant i\leqslant n-1)$ 表示第 i 轮比赛中与队 x 进行比赛的队，从而在给出单循环比赛程序表时，只须确定第 $i(1\leqslant i\leqslant n-1)$ 轮比赛中与队 x 比赛的队 x_i.

使用如下方法可确定与队 x 比赛的队 x_i 即满足要求：

(ⅰ) 当 $x=n$ 时，取 $n_i=\begin{cases}\dfrac{i}{2}, & 2\mid i\\ \dfrac{i+n-1}{2}, & 2\nmid i\end{cases}$ (8.3)

显然 $n\neq n_i$.

(ⅱ) 当 $x\neq n$ 且 $x\neq\begin{cases}\dfrac{i}{2}, & 2\mid i\\ \dfrac{i+n-1}{2}, & 2\nmid i\end{cases}$ (8.4)

时,取 x_i 满足

$$x+x_i\equiv i(\bmod n-1)\quad (1\leqslant x_i\leqslant n-1) \tag{8.5}$$

证明　首先指出,在每一轮比赛中,不同球队的比赛对手是不同的,即若 $x\neq x'$,则 $x_i\neq x'_i$ $(1\leqslant i\leqslant n-1)$. 分以下三种情况进行讨论.

① 若 x 与 x' 都不等于 n,且 x,x' 都满足式(8.4)时,x_i 与 x'_i 由式(8.5)确定. 由于 $1\leqslant x,x'\leqslant n-1$,于是 $x-x'\not\equiv 0(\bmod n-1)$. 由式(8.5)得

$$x+x_i\equiv i\equiv x'+x'_i(\bmod n-1)\quad (1\leqslant x_i,x'_i\leqslant n-1)$$

于是

$$0\not\equiv x-x'\equiv x'_i-x_i(\bmod n-1) \tag{8.6}$$

因此得 $x_i\neq x'_i$.

② 若 $x=n,x'=n_i$,则 $x_i=n_i,x'_i=n$,显然 $x_i\neq x'_i$.

③ 若 $x=n$,但 x' 不满足式(8.4),则 x'_i 可由式(8.5)定义,此时,如果 $x'_i=x_i=n_i$,那么,由式(8.5)和式(8.3)知,当 i 是偶数时,有

$$x'+x'_i=x'+\frac{i}{2}\equiv i(\bmod n-1)$$

故

$$x'\equiv\frac{i}{2}(\bmod n-1) \tag{8.7}$$

当 i 是奇数时,有

$$x'+x'_i=x'+\frac{i+n-1}{2}\equiv i(\bmod n-1)$$

故

$$x'\equiv\frac{i+n-1}{2}(\bmod n-1) \tag{8.8}$$

但是,根据对 x' 的假定,式(8.7)和式(8.8)都不能成立. 因此,必有 $x'_i\neq x_i(1\leqslant i\leqslant n-1)$.

其次指出,每一个队 x 在每一轮比赛中的对手都不是它自身,即对于 $1\leqslant i\leqslant n-1$,必定 $x\neq x_i$. 事实上,当 $x=n$ 时,由式(8.3)可知 $n\neq n_i$. 当 $1\leqslant x\leqslant n-1$,且式(8.4)满足时,若 $x=x_i$,则由式(8.5)给出 $2x\equiv x+x_i\equiv i(\bmod n-1)$,由此推出 x 不满足式(8.4),这个矛盾说明 $x\neq x_i$.

最后指出,对于每一个确定的队 x,它在各轮比赛中的对手是不同的,即当 $i_1\neq i_2$ 时必有 $x_{i_1}\neq x_{i_2}(1\leqslant i_1,i_2\leqslant n-1)$. 事实上,分两种情况:

ⓐ 先看球队 n. 如果 $n_{i_1}=n_{i_2}(1\leqslant i_1,i_2\leqslant n-1)$,由式(8.3)可知,$i_1\equiv 2n_{i_1}=2n_{i_2}\equiv i_2(\bmod n-1)$,因此 $i_1=i_2$.

ⓑ 再看球队 $x(1\leqslant x\leqslant n-1)$. 如果 $x_{i_1}=x_{i_2}=n$,则 $n_{i_1}=n_{i_2}(1\leqslant i_1,i_2\leqslant n-1)$. 因此,由ⓐ中的讨论可知 $i_1=i_2$. 如果 $x_{i_1}=x_{i_2}\neq n$,那么由式(8.5)得到 $i_1\equiv x+x_{i_1}=x+x_{i_2}\equiv i_2(\bmod n-1)$,

因此 $i_1=i_2$.

以上讨论说明,用上面安排的方法可以在 $n-1$ 轮比赛中完成 n 个球队的循环比赛.

下面通过实例说明具体的安排方法. 如表 8.1 所列,约定表格中第 k 行第 m 列上的数字就是第 k 轮中与球队 m 进行比赛的球队所对应的编号;若在第 k 行第 m 列上没有数字,就表示球队在第 k 轮比赛中没有赛事.

例 1 求有 5 个球队进行单循环比赛的程序表.

解 此时 $n=5$ 为奇数,增加一个编号为 6 的队,凡是与第 6 队比赛的队即为轮空. 循环比赛安排程序表如表 8.1 所列.

表 8.1

球队编号 / 场次	1	2	3	4	5
1	5	4		2	1
2		5	4	3	2
3	2	1	5		3
4	3		1	5	4
5	4	3	2	1	

习题 8.1

1. 求一个有 10 个球队进行单循环比赛的程序表.

2. 求一个有 9 个球队进行单循环比赛的程序表.

3.

(1) 若 n 为偶数,证明:在第 2 轮比赛中,第 $1,2,\cdots,n$ 队分别与第 $n,n-1,\cdots,1$ 队进行比赛.

(2) 若 n 为奇数,求:在第 2 轮比赛中第 $1,2,\cdots,n$ 队分别与第几队进行比赛?

4. 在第 r 轮比赛中,哪个队与第 r 队比赛?

8.2 星期几的计算

要知道几十天之后的某一天是星期几,这不难. 因为只要计算一下被 7 除的余数即可. 但是,要知道几十年后的某一天是星期几,就比较困难了,因为在这段时间里有闰年,而且每个月所含的天数也不一样. 这一节,就来介绍计算星期几的算法公式.

巧合的是,按照公历的年月设置,公元前 1 年 12 月 31 日正好是星期日,也就是说,要计算某日是星期几,只须算出距离公元前 1 年 12 月 31 日的总天数,然后除以 7 得到的余数正好是星期几(余数为 0 是星期天,其余余数是几就是星期几). 那么现在的关键问题就是要知道这些年中有多少个闰年？这首先需要了解公历的置闰规则.

现行公历即格雷果里历*(Gregorian calendar)是每四年在 2 月底置一个闰日；但特别规定，除非能被 400 整除，否则，所有的世纪年(即能被 100 整除的年)都不设闰日，即置闰的方法是能被 4 整除的年份在 2 月加一天，但能被 100 整除的年份不是闰年，能被 400 整除的年份是闰年，像 1600，2000，2400 年都是闰年，而 1700，1800，1900，2100 年都是平年. 公元前 1 年，按公历也是闰年. 公历的平年是 365 天，闰年是 366 天.

因此，从公元前 1 年(或公元 0 年)12 月 31 日到年份为 Y 的某一天之间的 $Y-1$ 年中的闰年数为

$$\left[\frac{Y-1}{4}\right]-\left[\frac{Y-1}{100}\right]+\left[\frac{Y-1}{400}\right] \tag{8.9}$$

其中[　]表示取整运算，这样即可算出公元前 1 年(或公元 0 年)12 月 31 日到这天间隔的天数(设为 W)为

$$W=365(Y-1)+\left[\frac{Y-1}{4}\right]-\left[\frac{Y-1}{100}\right]+\left[\frac{Y-1}{400}\right]+D \tag{8.10}$$

其中，$365(Y-1)$为按平年计算的天数，D 是要计算的日子在这一年中的累积天数. 这样 W 用 7 除，余数是几，这一天就是星期几. 要计算 D 只需记住表 8.2 中每月的天数.

表 8.2

月　份	1	2	3	4	5	6	7	8	9	10	11	12
天　数	31	28(29)	31	30	31	30	31	31	30	31	30	31

例 1　2006 年 4 月 4 日是星期几？

解　将 $Y=2\,006$，$D=31+28+31+4=94$ 代入式(8.10)，得

$$W=365\times(2\,006-1)+\left[\frac{2\,006-1}{4}\right]-\left[\frac{2\,006-1}{100}\right]+\left[\frac{2\,006-1}{400}\right]+94=732\,405$$

由于 $732\,405\equiv 2 \pmod 7$，所以 2006 年 4 月 4 日是星期二.

公式(8.10)的特点是容易记忆，但计算数据太大. 实际上，只需计算出 7 除 W 的余数即可，所以，可利用同余来化简公式(8.10)的计算，即因为

$$365\equiv 1 \pmod 7$$

所以

$$365(Y-1)\equiv Y-1 \pmod 7$$

对 D 的计算，显然把每月的天数都减去 7 的 4 倍，并不影响 W 除以 7 的余数值，即有

* 格雷果里历是罗马教皇格雷果里十三世对原来的儒略历进行修订后于 1582 年颁行的，于 1912 年开始在中国正式采用，取代了传统使用的中国历法——夏历(农历). 而中国传统历法是一种阴阳历，因而，格雷果里历在中文中又称阳历、西历或新历. 格雷果里历的纪年沿用儒略历，自传统的耶稣诞生年开始，称为“公元”，亦称“西元”.

表 8.3.

表 8.3

月　份	1	2	3	4	5	6	7	8	9	10	11	12
每月天数	31	28(29)	31	30	31	30	31	31	30	31	30	31
剩余天数	3	0 (1)	3	2	3	2	3	3	2	3	2	3

由表 8.3 可知，累积天数 D 的计算规律为：平年累计天数 2 月加 0；闰年累计天数 2 月加 1；其余的月份，月大加 3，月小加 2. 由此，例 1 的计算可简化为

$$W \equiv (2\,006-1)+\left[\frac{2\,006-1}{4}\right]-\left[\frac{2\,006-1}{100}\right]+\left[\frac{2\,006-1}{400}\right]+3+0+3+4 \equiv$$
$$2\,005+501-20+5+10 \equiv 2 \pmod 7$$

另外，蔡勒(Zeller)通过把 1，2 月看做上一年的 13，14 月(比如把 2007 年 1 月 1 日看做 2006 年的 13 月 1 日来计算)以及对 3，4，5，6，7 月的剩余天数 3，2，3，2，3 与 8，9，10，11，12 月的剩余天数 3，2，3，2，3 构成的循环归纳成取整运算，推出了如下公式，称之为**蔡勒公式**，即

$$W(N,m,d)=\left[\frac{c}{4}\right]-2c+y+\left[\frac{y}{4}\right]+\left[\frac{13\cdot(m+1)}{5}\right]+d-1 \tag{8.11}$$

其中，N 为年份，c 取年份 N 的前两位数，y 取年份 N 的后两位数，m 为月($3\leqslant m\leqslant 14$)，d 为日(将第 N 年 1，2 月分别看做上一年的 13，14 月)，W 关于模 7 的最小非负剩余就是星期数(0 为星期日，其余的数与星期数相同). 蔡勒公式的证明，请参考相关数论书籍，限于篇幅在此不做详细介绍.

下面举例用蔡勒公式计算星期几.

例 2　中华人民共和国成立 100 周年纪念日那天(2049 年 10 月 1 日)是星期几?

解　把 $c=20$，$y=49$，$m=10$，$d=1$ 代入式(8.11)得

$$W(2\,049,10,1)=\left[\frac{c}{4}\right]-2c+y+\left[\frac{y}{4}\right]+\left[\frac{13\cdot(m+1)}{5}\right]+d-1=$$
$$\left[\frac{20}{4}\right]-2\times 20+49+\left[\frac{49}{4}\right]+\left[\frac{13\times(10+1)}{5}\right]+1-1=$$
$$5-40+49+12+28 \equiv 5 \pmod 7$$

即 100 周年国庆是星期五.

最后需要说明的是，公式(8.9)～公式(8.11)都是基于 1582 年颁行的公历的置闰规则来考虑的，所以，这些公式都只适合于 1582 年 10 月 15 日之后的情形.

习题 8.2

1. 卢沟桥事变纪念日 1937 年 7 月 7 日是星期几?

2. 1947 年 2 月 14 日是星期几？

3. 中华人民共和国成立纪念日 1949 年 10 月 1 日是星期几？

4. 北京举办奥运会 2008 年 8 月 8 日是星期几？

8.3　RSA 公钥密码方案

8.3.1　公开密钥体制

现实社会中充满了各种各样的信息．例如，军事情报、商业秘密、金融消息、计算机文件和私人通信等，人们希望在秘密的情况下保存或传达这些信息，就引发了对信息加密的研究．

对于那些一目了然的信息，一般称为“明文”．当要把某个信息秘密传送给某些人（称为“合法接收人”）时，则先把明文进行“加密”处理，这种经过加密处理的明文，称为“密文”．密文不是任何人都能看懂的，只有合法接收人，他们掌握了一定的方法，才能把它“翻译”成加密处理之前的明文．把明文翻译成密文的过程，称为**加密过程**（或**加密**）．把密文翻译成明文的过程，称为**解密过程**（或**解密**）．在传送秘密信息过程中用来加密与解密的关键数据称为**密钥**．显然，密钥在保密通信中占有极其重要的地位，通常主要由通信双方秘密商定．现代无线数字通信信息在运行中，信息很容易被第三者窃取和篡改，所以信息加密和保护非常重要，保密通信的简单模型如图 8.1 所示．

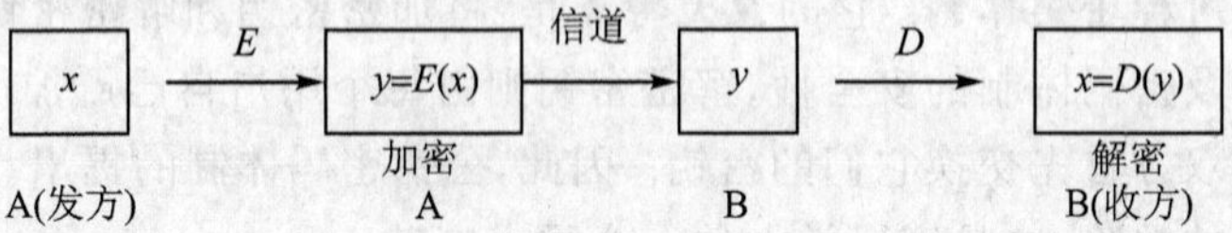

图 8.1　保密通信的简单模型图示

发信人 A 把信息（明文）x 通过信道传给收信人 B，A 在传输之前把明文 x 加密成密文 $y=E(x)$，然后传送给 B；B 在收到密文 y 之后用 E 的逆运算 D 解密，恢复出明文 $x=D(y)$．其中 E 和 D 这两个互逆运算由 A 和 B 分别保存，而对外人保密，分别称为**加密密钥**和**解密密钥**．

传统的密码体制在加密和解密时使用同样的密钥，解密程序只是做加密程序的相反工作，因而称为**对称密钥体制**．例如，古罗马皇帝恺撒在公元前 70 年使用的恺撒密码（置换密码），其加密算法由同余式 $c\equiv p+k \pmod{26}$（其中 p 为明文，c 为密文，k 为位移量）给出，而其解密算法则仍由上述同余式给出，仅需简单变形为 $p\equiv c-k \pmod{26}$．这便是古老的传统密码体制．

当今信息社会中，现代计算机网络通信已广泛使用．假如一个计算机网络系统有 n 个用户，若他们相互通信都需要加密，则整个网络系统就需要 $C_n^2=\dfrac{n(n-1)}{2}$ 个密钥，每个用户需要

保存 $n-1$ 个密钥，当 n 较大时密钥数量大，用户保存起来很困难，同时计算机网络系统对大量密钥也难以分配和管理，而密钥的丢失是非常严重的问题. 为了解决传统密码体制中大量密钥保存和管理困难的问题，1976 年美国年青数学家与计算机专家迪费(Diffie)和海尔曼(Hellman)提出利用"陷门单向函数"构成一种新的密钥体制的设想，称为**公开密钥(public key)体制**，也称**公钥密码体制**. 公钥密码体制的理论基础是**陷门单向函数(trapdoor one-way function)**.

定义 设 E 是一个函数，t 是与 E 有关的一个参数. 若 E 是一个可逆函数，对于任意给定的 x，计算 y，并使得 $y=E(x)$ 是容易的. 但是由 E 求它的逆函数 $E^{-1}=D(y)$ 是非常困难的，则称 E 是**单向函数**. 如果当参数 t 不知道时，计算 E 的逆函数是困难的，但当知道参数 t 时，计算 E 的逆函数是容易的，则称 E 是一个**陷门单向函数**，参数 t 称为**陷门**.

公钥密码体制的基本思想是：每个用户 A_i 都取一个单向函数 E_i 作为自己的加密密钥并把它公开于众，但是把 E_i 的逆函数 D_i 作为自己的解密密钥保存起来，不让外人知道，于是，计算机网络系统将 n 个用户的加密密钥 $E_i(1\leqslant i\leqslant n)$ 装订成册，就像电话本一样可供大家查找和使用，所以每个用户 A_i 只需保存自己的一个解密密钥 D_i 即可. 当 A_i 把信息 x 传给 A_j 时，A_i 在网络系统密钥本上可以查到 A_j 的加密密钥 E_j，A_i 把密文 $y=E_j(x)$ 传给 A_j，A_j 收到密文 y 后，用只有自己知道的解密密钥 D_j 作用于 y，就能得到明文 $x=D_j(y)$. 任何外人截获到密文 y，即使知道是由 A_i 传给 A_j 的，也能查到 E_j，但很难求出 $D_j=E_j^{-1}$，所以很难恢复明文 x.

公钥密码体制使用两种不同的密钥，加密和解密间的关系取决于所利用的数学理论，这种密码体制被称为**非对称密钥体制**. 它的**最大特点**是：将加密密钥和解密密钥分开，加密密钥可以公开传播而不危及密码体制的安全性，解密密钥则由每个用户自己严加保密，在通信之前无须要求发送和接收双方首先交换它们的密钥. 因此，公钥密码体制的提出，克服了传统密码体制中密钥管理困难的缺陷，这是密码学上的一个重大突破.

就在公开密钥体制被提出的一年之后的 1978 年. 美国麻省理工学院的三位年轻数学家和计算机专家 Rivest，Shamir 和 Adleman 使用数论理论提出了一个实际的方法来实现迪费和海尔曼的公开密钥体制设想，后人简称为**RSA 公开密钥方案**，也称**RSA 公钥密码方案**.

8.3.2 RSA 公钥密码方案

RSA 公钥密码方案至今仍被公认为是一个安全性能良好的密码方案. RSA 公钥密码方案的核心算法建立在大数分解与素数检测的理论基础上. 这是因为 RSA 公钥密码方案的安全性是基于数论中的一个事实：将两个大素数相乘构成一个大的合数在计算机上很容易实现，而要将该合数分解为两个大素数因子的乘积则非常困难，即大整数的因子分解是十分困难的. 这是因为其计算量相当巨大，大到甚至在当今技术条件下，在超级计算机上也无法实现. 而素数检测是判断一个给定正整数是否为素数，这相对来讲比较容易. 因此，当今庞大的国际数据通信网络能安全运行，其原因就是依赖于数学家们尚未找到大整数的因子分解的有效算法，同时却有较好的算法能容易地找到大的素数.

RSA 公钥密码方案的基本算法如下：

① 选取两个不同的大素数 p 和 q(保密).

② 计算 $n=pq$(公开 n). 计算欧拉函数 $\varphi(n)=(p-1)(q-1)$(保密).

③ 随机选取正整数 $e(1<e<\varphi(n))$,使得 $(e,\varphi(n))=1$(e 是公开的加密密钥).

④ 计算出 d,使其满足 $ed\equiv 1(\mathrm{mod}\ \varphi(n))$,其中 d 是保密的解密密钥.(注意,当 n 很大时,这样的 (e,d) 有很多对,可供不同的客户使用)

⑤ 加密变换. 设明文信息为 $x\in\mathbf{Z}(0\leqslant x\leqslant n-1)$,则密文为

$$E(x)\equiv x^e\equiv y(\mathrm{mod}\ n)\quad(0\leqslant y\leqslant n-1)$$

⑥ 解密变换. 对密文 $y\in\mathbf{Z}(0\leqslant y\leqslant n-1)$ 解密,明文为

$$D(y)\equiv y^d\equiv x(\mathrm{mod}\ n)\quad(0\leqslant x\leqslant n-1)$$

定理 8.3.1　RSA 公钥密码方案中的解密变换 $D(y)$ 与加密变换 $E(x)$ 互为逆变换.

证明　由于 $n=pq$,且 $(p,q)=1$,故 $\varphi(n)=\varphi(pq)=\varphi(p)\varphi(q)$.

又由 $ed\equiv 1(\mathrm{mod}\ \varphi(n))$ 得 $ed=1+t\varphi(n)=1+t\varphi(p)\varphi(q)(t\in\mathbf{N})$.

当 $(x,p)=1$ 时,由欧拉定理有 $x^{\varphi(p)}\equiv 1(\mathrm{mod}\ p)$,故 $x^{ed}\equiv x(\mathrm{mod}\ p)$.

当 $(x,p)>1$ 时,即 $(x,p)=p$,也即 $p|x$. 显然有 $x^{ed}\equiv x(\mathrm{mod}\ p)$. 同理,对任意正整数 x,有 $x^{ed}\equiv x(\mathrm{mod}\ q)$. 因此,对任意正整数 x,有 $x^{ed}\equiv x(\mathrm{mod}\ pq)$,亦即

$$x^{ed}\equiv x(\mathrm{mod}\ n)\tag{8.12}$$

由 $x^e\equiv y(\mathrm{mod}\ n)$ 得 $x^{ed}\equiv y^d(\mathrm{mod}\ n)$. 又由式(8.12)得 $x^{ed}\equiv x(\mathrm{mod}\ n)$,故 $y^d\equiv x(\mathrm{mod}\ n)$;反之,由 $y^d\equiv x(\mathrm{mod}\ n)$ 得 $y^{ed}\equiv x^e(\mathrm{mod}\ n)$. 又由式(8.12)得 $y^{ed}\equiv y(\mathrm{mod}\ n)$,故 $x^e\equiv y(\mathrm{mod}\ n)$. 因此,定理结论成立. 证毕.

注意到,在 RSA 公钥密码方案中 n 和 e 是公开的,由 e 求 d 需要解同余式 $ed\equiv 1(\mathrm{mod}\ \varphi(n))$,但这必须知道 $\varphi(n)=(p-1)(q-1)$ 的值. 由于分解大整数 n 为素数 p,q 的乘积非常困难,故外人无法知道 p,q,从而无法知道 $\varphi(n)$. 而在不知道 $\varphi(n)$ 的情况下由 e 求 d 值是相当困难的. 这就在一定程度上保证了 RSA 公钥密码方案的安全性.

但是,如果已知 $\varphi(n)$,由于 $\varphi(n)=(p-1)(q-1)$,$pq=n$,故 $p+q=n-\varphi(n)+1$,因此,只要求出方程 $x^2+(\varphi(n)-n-1)x+n=0$ 的根,就可较容易地计算出素数 p,q,从而将 n 因子分解. 所以,RSA 公钥密码方案的安全性与因子分解密切相关. 因此,应该选足够大的 n,使得在当今技术条件下将其分解存在客观上的困难. 目前认为选用 1 024 比特至 2 048 比特的 n 和 512 比特的 p,q 较为安全.

下面给出 RSA 公钥密码方案的一个实例. 为简单起见,例子中采用了较小的素数.

例 1　设 RSA 公钥密码方案中 $p=11,q=23$(保密),公开加密密钥为 $e=3$,试描述传送明文 $m=165$ 的过程.

解　因为 $n=pq=11\times 23=253$,所以 $\varphi(n)=(p-1)(q-1)=10\times 22=220$(保密).

显然 $(e,\varphi(n))=(3,220)=1$,令 $3\times d\equiv 1(\mathrm{mod}\ 220)$,解得 $d\equiv 147(\mathrm{mod}\ 220)$(保密). 对

于明文 $x=165$,经过加密得密文 $y=165^3\equiv110(\mathrm{mod}\ 253)$;对密文解密得到明文

$$x\equiv110^{147}\equiv165(\mathrm{mod}\ 253)$$

8.3.3 RSA 公钥密码方案中的数字签名与认证

RSA 公钥密码方案之所以受到广泛关注,除了大大减少了密钥保存量之外,还解决了另一个重大难题,即数字通信中的签名和身份认证问题. 在社会生活中,当处理具体事件时,常需要当事人进行签证(签名),以保证他做出的许诺或送出的信息的可靠性与合法性. 例如,在外交活动中签署文件,商业活动中签订合同,日常书信或银行取款时当事人的签名、盖章、签署日期以及重要的特殊记号等. 传统方式是用手写签名或印鉴,起到认证或核准的作用. 当人们采用数字通信网络进行电子购物和交换文件时,如何进行签名和身份认证呢? 这是一个长期未能很好解决的问题,但 RSA 公钥密码方案较好地解决了这个问题.

1. RSA 数字签名的基本算法

算法过程是:

① 选取两个不同的大素数 p 和 q(保密),计算 $n=pq$ 及 $\varphi(n)=(p-1)(q-1)$.

② 计算 $e_Ad_A\equiv1(\mathrm{mod}\ \varphi(n))$,其中 e_A 和 d_A 分别为 A 的加密密钥和解密密钥,且 n 和 e_A 公开,d_A 由 A 自己秘密保存.

③ A 用自己的解密密钥 d_A 作用于信息 x,即计算 $x^{d_A}\equiv y(\mathrm{mod}\ n)(0\leqslant y\leqslant n-1)$,这就是 A 的签名,A 把 y 发送给 B.

④ B 收到信息 y 后利用密钥 e_A 作用于 y,即计算 $y^{e_A}\equiv(x^{d_A})^{e_A}\equiv x^{e_Ad_A}\equiv x(\mathrm{mod}\ n)$.

从而得到明文 x,这就验证了 A 的身份. 这是因为除了 A 外,别人都不知道 d_A. 所以外人很难伪造 A 的签名.

2. RSA 同时签名和加密的基本算法

算法过程是:

① 选取两个不同的大素数 p 和 q(保密),计算 $n=pq$ 及 $\varphi(n)=(p-1)(q-1)$.

② 计算 $e_Ad_A\equiv1(\mathrm{mod}\ \varphi(n))$,$e_Bd_B\equiv1(\mathrm{mod}\ \varphi(n))$,其中,$e_A$,$e_B$ 和 d_A,d_B 分别为 A,B 的加密密钥和解密密钥,n 和 e_A,e_B 公开,d_A,d_B 分别由 A,B 秘密保存.

③ A 对信息 $x(0\leqslant x\leqslant n-1)$先签名,即计算 $y\equiv x^{d_A}(\mathrm{mod}\ n)(0\leqslant y\leqslant n-1)$;再加密,即计算 $z\equiv y^{e_B}(\mathrm{mod}\ n)(0\leqslant z\leqslant n-1)$;然后将 z 发送给 B.

④ B 收到 z 之后先解密,即计算 $z^{d_B}\equiv(y^{e_B})^{d_B}\equiv y^{e_Bd_B}\equiv y(\mathrm{mod}\ n)(0\leqslant y\leqslant n-1)$;再加密,即计算 $y^{e_A}\equiv(x^{d_A})^{e_A}\equiv x(\mathrm{mod}\ n)(0\leqslant x\leqslant n-1)$.

对于 B 来说,上述认证过程是容易的,因为只有 B 自己才知道解密密钥 d_B. 由于 B 看到明文 x,从而认证了 A 的身份.

例 2 设在 RSA 公钥密码方案中 $n=11\times3$,已知 $e_A=13$,$e_B=7$ 分别为 A,B 的加密密钥,

试分别求出 A,B 的解密密钥 d_A 和 d_B. 如果 A 的签证信息为 $x=4$,试给出 A 向 B 发送签名信息 x 的加密和认证过程.

解　由于 $\varphi(n)=\varphi(11\times 3)=\varphi(11)\times\varphi(3)=20$,通过下面的计算可得 A,B 的解密密钥 d_A 和 d_B.

令 $e_A d_A\equiv 1(\bmod \varphi(n))$,即 $13d_A\equiv 1(\bmod 20)$,解得 $d_A\equiv 17(\bmod 20)$.

令 $e_B d_B\equiv 1(\bmod \varphi(n))$,即 $7d_B\equiv 1(\bmod 20)$,解得 $d_B\equiv 3(\bmod 20)$.

因此取 $d_A=17$,$d_B=3$(A,B 的解密密钥 d_A 和 d_B 由 A,B 各自保密).

A 向 B 发送签名信息 x 的加密和认证过程如下:

① A 将明文 x 先签名,得 $y\equiv x^{d_A}=4^{17}\equiv 16(\bmod 33)$;再加密,得 $z\equiv y^{e_B}=16^7\equiv 25(\bmod 33)$;然后将 $z=25$ 发送给 B.

② B 收到 z 之后,先解密,得 $y\equiv z^{d_B}=25^3\equiv 16(\bmod 33)$;再进行认证,得 $x\equiv y^{e_A}\equiv 16^{13}\equiv 4(\bmod 33)$. B 看到了明文 $x=4$,从而认证了 A 的身份.

习题 8.3

1. 设 RSA 公钥密码方案中公开加密密钥为 $n=943$,$e=9$,试描述明文 $x=100$ 的传送过程.

2. 设 RSA 公钥密码方案中的模数 $n=35$,试证明其加密密钥与解密密钥一定相同.

3. 设 RSA 公钥密码方案中取 $p=13$,$q=7$,又 $e_A=5$,$e_B=11$ 分别为 A,B 的加密密钥,

(1) 试分别求出 A,B 的解密密钥 d_A 和 d_B.

(2) 若 A 的签证信息为 $x=6$,请给出 A 向 B 发送签证信息 x 的加密和认证过程.

8.4 ELGamal 公钥密码方案

除了 RSA 公钥密码方案以外, 1985 年提出的 ELGamal 算法,目前也得到广泛应用. ELGamal公钥密码方案的理论基础是:设 p 为奇素数,g 是模 p 的一个原根,则对每个与 p 互素的整数 β,存在唯一的整数 $d(0\leqslant d\leqslant p-2)$,使得 $g^d\equiv\beta(\bmod p)$. 对于给定的原根 g,由 d 计算 $\beta\equiv g^d(\bmod p)$有好的算法;但是,当素数 p 很大 (比如大于130 位)时,由 β 求 d(离散对数)是较困难的. 因此,对于适当的素数 p,关于模 p 的以 g 为底的指数运算是一个**陷门单向函数**.

定义　设 p 为奇素数,g 是模 p 的一个原根,对于与 p 互素的整数 β,求满足 $g^d\equiv\beta(\bmod p)$ 的唯一的整数 $d(0\leqslant d\leqslant p-2)$,称为**离散对数问题**,记为 $d=\mathrm{ind}_g\beta$.

注　离散对数有许多类似于常用对数的性质,请参见第 6.4 节的相关结论. ELGamal 公钥密码方案建立在离散对数求解困难这个事实基础上.

8.4.1 ELGamal 公钥密码方案的基本算法

算法过程是:

① 取定一大素数 p,求出模 p 的一个原根 g(公开 p,g).

② 随机选取一整数 $d(2\leqslant d\leqslant p-2)$,计算 $\beta\equiv g^d\pmod p$(公开 β),其中 β 是公开的加密密钥,但 d 是保密的解密密钥(由 B 秘密保存).

③ 加密变换. 设 A 要将明文信息 x 传给 B,A 秘密地选择一个正整数 k 满足 $1\leqslant k\leqslant p-2$,再计算 $y_1\equiv g^k\pmod p$,$y_2\equiv x\beta^k\pmod p$($1\leqslant y_1,y_2\leqslant p-1$),然后将密文 $E(x,\beta)=(y_1,y_2)$ 传给 B.

④ 解密变换. B 得到密文(y_1,y_2)后按公式

$$D(y_1,y_2)\equiv y_2(y_1^d)^{-1}\equiv x\pmod p$$

计算即可得到明文.

定理 8.4.1 解密变换 $D(y_1,y_2)\equiv y_2(y_1^d)^{-1}\pmod p$ 能正确地从密文恢复相应的明文.

证明 因为 $D(y_1,y_2)=y_2(y_1^d)^{-1}\equiv(x\beta^k)(g^k)^{-d}=x(\beta g^{-d})^k\equiv x(g^dg^{-d})^k\equiv x\pmod p$,由此可知,$D(y_1,y_2)$确实是收方 B 的解密密钥,它可将密文恢复成明文 x. 证毕.

由于 A 每次可秘密地选择不同的 k 值,而 B 解密时并不需要知道 k 值,这就使外人在不知道 d 和 k 时破译密文(y_1,y_2)变得更为困难.

例 1 利用 ELGamal 公钥密码方案,描述 A 将信息 $x=1\ 299$ 发送给 B 的过程.

解 取素数 $p=2\ 579$ 及其一个原根 $g=2$,又取 $d=765$,则

$$\beta\equiv 2^{765}\equiv 949\pmod{2\ 579}$$

将 p,g,β 公开,而 d 由 B 秘密保存. 发方 A 随机取一个整数 $k=853$,首先计算

$$y_1\equiv 2^{853}\equiv 435\pmod{2\ 579},\quad y_2\equiv 1\ 299\times 949^{853}\equiv 2\ 396\pmod{2\ 579}$$

然后 A 将密文(435,2 396)发给 B,B 收到密文(435,2 396)后按公式

$$x\equiv 2\ 396\times(435^{765})^{-1}\equiv 1\ 299\pmod{2\ 579}$$

计算得出明文.

注 在例 1 中,一次同余方程 $435^{765}\cdot s\equiv 1\pmod{2\ 579}$ 的解 s 即是$(435^{765})^{-1}$的值.

8.4.2 ELGamal 数字签名方案

ELGamal 数字签名方案也是基于有限域上离散对数问题的难解性,其基本算法如下:

① 取大素数 p 及其一个原根 g,再随机取整数 $d(1\leqslant d\leqslant p-2)$由发方 A 秘密保存.

② A 计算 $\beta\equiv g^d\pmod p$,然后将 p,g,β 公开.

③ A 在信息 x 上签名. A 随机选取一个整数 k,使其满足$(k,p-1)=1$,再计算

$$\gamma\equiv g^k\pmod p,\quad \delta\equiv(x-d\gamma)k^{-1}\pmod{(p-1)}$$

其中,$1\leqslant\gamma<p$,$1\leqslant\delta<p-1$,则(γ,δ)就是 A 在信息 x 上的签名,A 再将密文(γ,δ)发送给 B.

④ B 认证 A 的签名的正确性. B 只须验证 $\beta^\gamma\gamma^\delta\equiv g^x\pmod p$成立即可认证 A 签名的正确性.

注 由信息 x 和签名(γ,δ)及公开密钥 p,g,β 可以验证 A 的签名的正确性. 其理由是:由$(k,p-1)=1$ 及 $\delta\equiv(x-d\gamma)k^{-1}\pmod{(p-1)}$,得 $\delta k\equiv x-d\gamma\pmod{(p-1)}$,即

$$\delta k + d\gamma \equiv x(\mathrm{mod}(p-1))$$

又 $\gamma \equiv g^k(\mathrm{mod}\ p)$，从而得到

$$\beta^\gamma \cdot \gamma^\delta \equiv (g^d)^\gamma \cdot (g^k)^\delta = g^{d\gamma + k\delta} \equiv g^x(\mathrm{mod}\ p)$$

8.4.3　ELGamal 数字签名的安全性

现在考查一下这种签名方案的安全性，即在外人不知道解密密钥 d 的情况下，对于给定信息 x 是否能伪造 A 的签名？也就是说，外人能否找出一对整数 (γ, δ)，使得 $\beta^\gamma \gamma^\delta \equiv g^x(\mathrm{mod}\ p)$ 成立？事实上，如果先选择了 γ 再来求 δ，使其满足此同余式，这是一个困难的离散对数问题；如果先选择了 δ 再来求 γ，使其满足此同余式，目前也没有好的算法. 因此，ELGamal 数字签名方案的安全性主要是基于离散对数问题的难解性.

但值得注意的是，A 不能用同一个 k 值对两个不同的信息 x_1 和 $x_2(x_1 \neq x_2)$ 进行签名. 这是因为，若 A 对 x_1 和 x_2 的签名分别为 (γ_1, δ_1) 和 (γ_2, δ_2)，则 $\gamma_1 \equiv g^k \equiv \gamma_2(\mathrm{mod}\ p)$，由于 $1 \leqslant \gamma_1, \gamma_2 < p$，从而 $\gamma_1 = \gamma_2$，记这个公共值为 γ，则

$$k\delta_1 + dr \equiv x_1(\mathrm{mod}\ (p-1)),\quad k\delta_2 + dr \equiv x_2(\mathrm{mod}(p-1))$$

由这两个同余方程可以消去外人不知道的 d，得到

$$k(\delta_1 - \delta_2) \equiv x_1 - x_2(\mathrm{mod}(p-1)) \tag{8.13}$$

令 $d = (\delta_1 - \delta_2, p-1)$，则方程(8.13)给出模 $p-1$ 的 d 个解 k. 于是，利用同余关系式 $\gamma \equiv g^k(\mathrm{mod}\ p)$ 可以得出 $k(\mathrm{mod}\ p-1)$ 的正确值，从而计算出 $d \equiv (x_1 - \delta_1 k)\gamma^{-1}(\mathrm{mod}\ p)$ 的值. 这样一来，一旦 d 的值被破解，外人就可以对任意信息 x 仿造 A 的签名，从而破译了 A 的上述签名方案.

注意到，A 的签名 (γ, δ) 并没有把 d 泄漏出去，因为在 $\delta \equiv (x - d\gamma)k^{-1}(\mathrm{mod}\ p-1)$ 中只有 δ, x, γ 公开. 为求 d 需要知道 k，而从 $\gamma \equiv g^k(\mathrm{mod}\ p)$ 求 k 是一个非常困难的离散对数问题.

例 2　在 ELGamal 公钥密码方案中，设素数 $p = 11$，已知 2 是它的一个原根，$\beta = 3$ 是公开的加密密钥：

① 假设随机整数 $k = 7$，试求明文 $x = 95$ 所对应的密文 $E(x, \beta) = (y_1, y_2)$.

② 假设选取一个不同的随机整数 k，使得明文 $x = 40$ 所对应的密文为 $(9, y_2)$，试确定 y_2.

解　① 因为 $p = 11, g = 2, \beta = 3, k = 7$，根据

$$y_1 \equiv g^k \equiv 2^7 \equiv 7(\mathrm{mod}\ 11),\quad y_2 \equiv x\beta^k \equiv 95 \times 3^7 \equiv 8(\mathrm{mod}\ 11)$$

故明文 $x = 95$ 所对应的密文为 $(y_2, y_1) = (7, 8)$.

② 因为明文所对应的密文为 $(9, y_2)$，又 $p = 11, g = 2, \beta = 3$，根据 $y_1 \equiv g^k(\mathrm{mod}\ p)$，得 $9 \equiv 2^k(\mathrm{mod}\ 11)$，由指数性质得 $k \equiv \mathrm{ind}_2 9(\mathrm{mod}\ 10)$，故 $k = 6$（根据 6.4 节例 2 给出的模 11 的指数表 6.1，查得 $\mathrm{ind}_2 9 = 6$），从而得 $y_2 \equiv x\beta^k \equiv 40 \times 3^6 \equiv 10(\mathrm{mod}\ 11)$，故 $y_2 = 10$.

例 3　设 $p = 11, g = 2$ 是 p 的一个原根，且 $d = 8$，试描述 ELGamal 方案对信息 $m = 5$ 进行签名的具体过程.

解 计算 $\beta \equiv g^d \equiv 2^8 \equiv 3 \pmod{11}$，将 p,g,β 公开，而 $d=8$ 保密.

如果 A 对信息 $m=5$ 进行签名，则 A 首先秘密选取整数 k，使得 $(k,p-1)=1$，如取 $k=9$，由于 $(9,10)=1$，故 9 模 10 的逆一定存在，令 $9\times k^{-1}\equiv 1 \pmod{10}$，解得 $k^{-1}\equiv 9 \pmod{10}$，再计算

$$\gamma \equiv g^k \equiv 2^9 \equiv 6 \pmod{11}, \quad \delta \equiv (m-d\gamma)k^{-1} \equiv (5-8\times 6)\times 9 \equiv 3 \pmod{10}$$

因此，$(\gamma,\delta)=(6,3)$ 为 A 对信息 $m=5$ 的签名.

如果 B 要对信息 $m=5$ 的签名 $(\gamma,\delta)=(6,3)$ 进行认证，则只须验证同余式 $3^6\times 6^3\equiv 2^5 \pmod{11}$，所以，B 可以确认 $(\gamma,\delta)=(6,3)$ 是 A 的有效签名.

以上仅列举了 RSA 与 ELGamal 公钥密码方案中数字签名和身份认证的最简单情形，在实际信息传送领域中还有更复杂的情形要解决. 比如，如何防止 A 否认自己的签名？当通信双方就签名和身份发生争执时，如何仲裁？这种仲裁不仅要保证解决争执，而且在仲裁过程中不能泄露任何双方不应该泄露的信息. 此外，还需要对各种体制的安全性进行更严密的分析. 这些问题的深入研究不仅需要更深刻的数论和代数知识，还需要信息论、计算复杂性理论、概率统计和算法逻辑等方面的知识. 这些实际问题是对数学家和计算机通信学家的巨大挑战.

习题 8.4

1. 设素数 $p=101$，已知它的原根为 2，请随机选取正整数 $d(1<d\leqslant p-2)$ 和 k，描述利用 ELGamal 公钥密码方案传送明文 $m=89$ 的具体过程.

2. 在 ELGamal 公钥密码方案中，设素数 $p=17$，又 3 是它的原根，取整数 $d=10$：

(1) 假设随机整数 $k=6$，试求明文 $x=80$ 所对应的密文 $E(x,\beta)=(y_1,y_2)$.

(2) 假设选取一个不同的随机整数 k，使得明文 $x=80$ 所对应的密文为 $(12,y_2)$，试确定 y_2.

3. 假设 A 利用 ELGamal 数字签名方案对两个信息 m_1 和 m_2 进行签名，分别得到签名 (γ,δ_1) 和 (γ,δ_2)，即两个签名中的 γ 是一样的，如果 $\gcd(\delta_1-\delta_2,p-1)=1$，则：

(1) 说明如何利用已知信息有效地计算 k.

(2) 说明如何利用已知信息有效地计算保密密钥 d.

本章小结

1. 基本概念

本章基本概念主要包括：单循环比赛、公开密钥体制、陷门单向函数、加密密钥与解密密钥、对称(非对称)密钥体制、RSA 公钥密码方案、ELGamal 公钥密码方案、离散对数、数字签名与认证以及 RSA 和 ELGamal 公钥密码方案基本算法.

2. 主要结论

本章介绍的主要结论有：单循环比赛的安排方法、计算星期几的蔡勒公式、RSA 公钥密码方案基本算法、RSA 数字签名基本算法、ELGamal 公钥密码方案和 ELGamal 数字签名基本算法.

3. RSA 及 ELGamal 公钥密码方案的原理及其优缺点

RSA 公钥密码方案的核心算法是建立在大数分解与素数检测的理论基础之上的. 这是因为 RSA 公钥密码方案的安全性是基于数论中的一个事实:将两个大素数相乘构成一个大的合数在计算机上很容易实现,而要将该合数分解为两个大素数因子的乘积则非常困难,即大整数的因子分解是十分困难的. 这是因为其计算量相当巨大,大到甚至在当今技术条件下,在超级计算机上也无法实现. 而素数检测是判断一个给定正整数是否为素数,这相对来讲比较容易. 当今庞大的国际数据通信网络能安全运行,其原因就是依赖于数学家们尚未找到大整数的因子分解的有效方法,同时却有较好的算法能容易地找到大的素数.

ELGamal 公钥密码方案的核心算法是基于在有限域 Z_p 上对离散对数的求解较困难这一事实. 当素数 p 很大 (比如大于 130 位)时,在 $\beta=g^d\ (\mathrm{mod}\ p)$中,由 β 求 d(离散对数)是很困难的.

RSA 和 ELGamal 公钥密码方案的优点是: 它们都具有加密和数字签名功能,易于理解和操作;相对于对称密码系统最突出的优点是,它们解决了大量网络用户密钥管理困难的难题.

这两种公钥密码方案的缺点是: 产生密钥都很麻烦,因而难以做到一次一密.

RSA 公钥密码方案的安全性依赖于大数的因子分解,但并没有人从理论上证明破译它的难度与大数分解难度等价;由于 RSA 的分组长度很大,为了保证安全性,n 至少是 1 024 比特以上,这使运算代价很高,尤其是速度较慢,随着大数分解技术的发展,这个长度还在增加,这样,不利于数据的标准化;ELGamal 公钥密码方案的安全性依赖于在有限域 Z_p 上对离散对数问题的难解性. 为了抵御目前已知的一些对 ELGamal 公钥密码方案的攻击,素数 p 按十进制表示至少应该有 150 位数字,并且 $p-1$ 至少有一个大的素因数. 因此,同样产生运算代价很高、速度较慢的问题.

附录 A 相关阅读材料

A.1 数论(number theory)简介

数论是数学中的一个古老分支. 人类从学会计数开始就一直和自然数打交道,后来由于实践的需要,数的概念得以进一步扩充,自然数又叫做正整数,而把它们的相反数叫做负整数,介于正整数和负整数之间的中性数叫做 0,它们合起来统称为整数.

人们在对整数进行运算的研究中,逐步认识了整数的特性. 比如,整数可分为奇数和偶数两大类(通常称为单数和双数)等,对于整数可以施行加、减、乘、除四则运算,其中加法、减法和乘法这三种运算,在整数范围内可以毫无阻碍地进行. 也就是说,任意两个或两个以上的整数相加、相减、相乘时,它们的和、差、积仍然是一个整数,但是,任意两个整数之间的除法在整数范围内并不一定能够毫无阻碍地进行.

利用整数的一些基本性质,可以进一步探索许多有趣的数学规律,正是这些数学特性的魅力,吸引了古往今来许多数学家不断地探索. 数论这门学科最初就是从研究整数开始的,所以叫做整数论. 后来整数论又进一步拓展,就叫做数论了. 确切地说,数论就是一门研究整数性质的学科.

自古以来,数学家对于整数性质的研究从未间断,但是直到 19 世纪,这些研究成果还只是孤立地记载于各个时期的算术著作中,也就是说,还没有形成完整、统一的学科.

在我国古代,许多著名的数学著作中都记载有数论的相关内容,如,大衍求一术(即孙子定理,也称为中国剩余定理)、勾股数组、百钱买百鸡、韩信点兵问题等. 在古希腊时代,数学家对于数论最基本的整除性问题就有过系统的研究,有关质数、合数、约数、倍数等一系列概念也陆续产生并加以应用. 以后,各个时代的数学家也都对整数性质的研究做出过重大贡献,使数论的基本理论逐步得到完善.

在整数性质的研究中,人们发现素数是构成正整数的基本"材料",而算术基本定理正是深刻地揭示了正整数与素数的重要关系. 因此,深入研究整数的性质就化归为对素数性质的研究,这也是素数的性质备受数学家关注的原因.

高 斯

到了 18 世纪末,历代数学家积累的关于整数性质的零散结论已经十分丰富了,把它们整理加工成为一门系统学科的条件已趋于成熟. 为此,德国数学家**高斯**(C. F. Gauss,1777. 4. 30—1855. 2. 23)集前人之大成,撰写了《算术探讨》一书,于 1800 年寄给了法国科学院;但是,法国科学院拒绝了高斯的这部杰作,高斯只好在 1801 年自已发表了这部著作. 这部著作标志着现代数论新纪元的开始. 在《算术探讨》中,高斯把过去研究整数性质所用的符号标准化了,并将已证明的定理系统化或进行推广，同时，他不仅对研究数论问题的方法进行了分类，还引进了新的研究方法.

数论形成了一门独立的学科之后，随着数学其他分支的发展，研究数论的方法也在不断发展. 因此，如果按照研究方法来说，可以分成初等数论、解析数论、代数数论和几何数论四个不同的分支. 其中初等数论是数论中不求助于其他数学学科的帮助，只依靠初等方法来研究整数性质的分支. 比如，著名的“中国剩余定理”(孙子定理)的证明就是典型的初等方法.

欧　拉

解析数论是使用数学分析作为工具来解决数论问题的分支. 数学分析是以函数作为研究对象、在极限概念的基础上建立起来的数学学科. 用数学分析来解决数论问题是由**欧拉**(Euler，1707.4.15—1783.9.18)奠基的，俄国数学家切比雪夫等也对它的发展做出过贡献. 解析数论是解决数论中艰深问题的强有力工具. 比如，对于“质数有无限多个”这个命题，欧拉给出了解析方法的证明，其中应用了数学分析中有关无穷级数的若干知识. 20 世纪 30 年代，苏联数学家维诺格拉多夫创造性地提出了“三角和方法”，这个方法对于解决某些数论难题有着重要的作用. 我国数学家陈景润在解决“哥德巴赫猜想”问题中使用的也是解析数论方法.

代数数论是把整数的概念推广到代数整数的一个分支. 数学家把整数概念推广到一般代数数域上去，在此代数数域上也相应地建立了素整数和可除性等概念.

几何数论是由德国数学家、物理学家闵科夫斯基等人开创和奠基的. 几何数论研究的基本对象是“空间格网”. 什么是空间格网呢？在给定直角坐标系上，坐标全是整数的点，叫做整点；全部整点构成的组就叫做空间格网. 空间格网对几何学和结晶学有着重大的意义. 由于几何数论涉及的问题比较复杂，必须具有相当的数学基础才能深入研究.

数论是一门高度抽象并有着广泛应用的数学学科；但在以往相当长的时期内，它却被认为是很难有应用价值的. 当时，它的发展处于纯理论的研究状态，虽然它对数学理论的发展起到了积极作用，但对于大多数人来讲并不清楚它的实际意义. 目前，由于近代计算机学科和应用数学学科的发展，数论得到了广泛应用. 比如，在计算方法、代数编码、组合论等方面都广泛使用了初等数论范围内的许多研究成果，特别是 20 世纪中后期，数论在密码学等学科得到广泛应用，改变了人们的看法，数论的研究也增加了新的内容. 有文献报道，现在有些国家应用“孙子定理”来进行测距，用原根和指数来计算离散傅里叶变换等. 此外，数论的许多比较深刻的研究成果也在近似分析、差集合和快速变换等方面得到了应用. 特别是用离散量的计算去逼近连续量而达到所要求的精度已成为可能.

数论在数学中具有独特地位. 高斯曾经说过，“数学是科学的皇后，数论是数学中的皇冠”. 因此，数学家都喜欢把数论中一些悬而未决的疑难问题叫做“皇冠上的明珠”，以鼓励人们去“摘取”. 数论中还有其他的“明珠”，如，孪生素数问题、圆内整点问题和完全数问题等.

华罗庚

陈景润

在我国近代,数论也是发展最早的数学分支之一. 从20世纪30年代开始,我国在解析数论、丢番图方程和一致分布等方面都有过重要贡献,出现了华罗庚、闵嗣鹤和柯召等一流的数论专家. 其中**华罗庚**教授(1910.11.12—1985.06.12)在三角和估值、堆砌素数论方面的研究更是享有盛名. 1949年以后,我国在数论研究方面得到了更大的发展,特别是在"筛法"和"哥德巴赫猜想"方面的研究,已取得了世界领先的优秀成果. 值得一提的是,**陈景润**先生(1933.05.22—1996.03.19)在1966年证明"哥德巴赫猜想"的"一个大偶数可以表示为一个素数和一个不超过两个素数的乘积之和"以后,在国际数学界引起了强烈反响,赞誉陈景润的论文是解析数论的名作,是筛法的光辉顶点,至今,仍是"哥德巴赫猜想"的最好结果.

数论中的数学方法对数学的发展起着重要作用. 许多数论难题的解决是对数学思维方法的极大挑战,由此产生了大量代数的、解析的、初等的、高等的、简单的和高深复杂的数学方法.

目前,数论已经涵盖了初等数论、解析数论、代数数论、几何数论、计算数论、超越数论和组合数论等不同分支.(部分内容引自"百度 百科")

A.2 哥德巴赫猜想(Goldbach conjecture)简介

哥德巴赫(Goldbach,1690—1764)是德国一位中学教师,也是一位著名的数学家,生于1690年,1725年当选为俄国彼得堡科学院院士. 1742年,哥德巴赫在教学中发现,每个不小于6的偶数都是两个素数之和,例如,6=3+3,8=3+5, 10=5+5=3+7,12=5+7,14=7+7=3+11,16=5+11,18=5+13等. 公元1742年6月7日哥德巴赫写信给当时的大数学家欧拉,提出以下猜想:

① 任何一个大于等于6之偶数,都可以表示成两个奇素数之和.

② 任何一个大于等于9之奇数,都可以表示成三个奇素数之和.

这就是著名的哥德巴赫猜想.

1742年6月30日,欧拉在回信中认为这个猜想可能是真的,但他无法证明. 从此,这道数学难题引起了几乎所有数学家的关注. 哥德巴赫猜想由此成为数学皇冠上一颗可望而不可即的"明珠". 用当代语言来叙述,哥德巴赫猜想有两个内容,第一部分叫做奇数的猜想,第二部分叫做偶数的猜想. 奇数的猜想指出,任何一个大于等于9(实际上大于等于7亦成立)的奇数都是三个素数之和. 偶数的猜想指出,任何一个大于等于6(实际上大于等于4亦成立)的偶数一定是两个素数之和.

哥德巴赫猜想貌似简单,要证明它却着实不易,成为数学中一个著名的难题. 18和19世纪，所有数论专家对这个猜想的证明都没有作出实质性的推进，直到20世纪才有所突破. 直接证明哥德巴赫猜想不行，人们采取了“迂回战术”，就是先考虑把偶数表示为两数之和，而每一个数又是若干素数之积. 如果把命题“每一个大偶数可表示为一个素因子个数不超过 a 个数与另一个素因子个数不超过 b 个数之和”，记作“$a+b$”，那么哥氏猜想就是要证明“1＋1”成立.

1900年，20世纪最伟大的数学家希尔伯特，在国际数学会议上把“哥德巴赫猜想”列为23个数学难题之一. 此后，20世纪的数学家们在世界范围内“联手”进攻“哥德巴赫猜想”堡垒，终于取得了辉煌的成果.

到了20世纪20年代，有人开始向它靠近. 1920年，挪威数学家布龙(Brun)用一种古老的筛选法证明，得出了一个结论：每一个比6大的偶数都可以表示为“9＋9”. 这种缩小包围圈的办法很管用，科学家们于是从“9＋9”开始，逐步减少每个数里所含素数因子的个数，直到最后使每个数里都含有一个素数为止，这样就证明了“哥德巴赫猜想”.

下面列出历史上关于“哥德巴赫猜想”证明的一些关键进程.

1920年，挪威的布龙证明了“9＋9”.

1924年，德国的拉德马赫尔(Rademacher)证明了“7＋7”.

1932年，英国的埃斯特曼(Estermann)证明了“6＋6”.

1937年，意大利的蕾西(Ricei)先后证明了“5＋7”，“4＋9”，“3＋15”和“2＋366”.

1938年，苏联的布赫夕太勃(Byxwrao)证明了“5＋5”.

1940年，苏联的布赫夕太勃证明了“4＋4”.

1948年，匈牙利的雷尼(Renyi)证明了“1＋c”，其中 c 是一很大的自然数.

1956年，中国的**王元**(1930.4.30－)证明了“3＋4”.

王　元

1957年，中国的王元先后证明了“3＋3”和“2＋3”.

1962年，中国的潘承洞和苏联的巴尔巴恩(BapoaH)证明了“1＋5”，中国的王元证明了“1＋4”.

1965年，苏联的布赫夕太勃和小维诺格拉多夫(BHHopappB)及意大利的邦别里(Bombieri)证明了“1＋3”.

1966年，陈景润证明了“1＋2”，即“大偶数表示为一个素数及一个不超过二个素数的乘积之和”，用通俗的话说，就是

大偶数＝素数＋素数×素数　或　大偶数＝素数＋素数

到现在为止，它是该领域的最好结果.

20世纪的数学家们研究“哥德巴赫猜想”所采用的主要方法是筛法、圆法、密率法及三角和法等高深的数学方法. 解决这个猜想的思路就像“缩小包围圈”一样，逐步逼近最后的结果.

从1920年布龙证明“9＋9”到1966年陈景润攻下“1＋2”，历经46年. 自“陈氏定理”诞生至今，人类距离“哥德巴赫猜想”的最后结果“1＋1”仅有一步之遥. 但为了实现这最后的一步，

也许还要历经一个漫长的探索过程. 有许多数学家认为,要想证明"1+1",必须创造新的数学方法,以往的路很可能都是走不通的.

1996年3月19日,陈景润教授逝世,解析数论王国的一颗璀璨明星陨落了.

1997年12月27日,陈景润教授逝世仅一年零九个月后,解析数论王国的又一颗巨星,潘承洞教授也与世长辞了.

潘承洞

潘承洞教授(1934.5.26—1997.12.27)在我国解析数论中同样做出过杰出贡献. 早在1962年,对于"哥德巴赫猜想",他就首先证明了命题"1+5"成立(命题"1+5"是数学家对逼近"哥德巴赫猜想"的一种表示方法),并于同年与王元教授证明了"1+4"成立. "1+5"是潘承洞首次对1948年匈牙利数学家兰恩易所得命题"1+c"中,c从定性到定量的结果. 从定性到定量经过十几年的时间,可以说是一个飞跃. 这些结果在当时都处于世界领先地位. "陈氏定理"发表以后的短短几年中,国际上又连续发表了五个简化证明,其中我国学者潘承洞、丁夏畦和王元都给出过实质性的简化证明. (部分内容引自《哥德巴赫猜想与潘承洞》和"百度 百科")

A.3 费马大定理(Fermat's last theorem)简介

17世纪初,欧洲流传着公元3世纪古希腊数学家丢番图所写的《算术》一书. 1621年伟大的业余数学家**彼埃尔·德·费马**(1601—1665)在巴黎买到此书,他利用业余时间对书中的不定方程进行了深入研究. 在读《算术》一书时,费马喜欢在页边空白处写一些简要的注记. 费马在卷II丢番图问题8"给定一个平方数,将其写成其他两个平方数之和"的空白处写道,"另一方面,不可能将一个立方数写成两个立方数之和,或者将一个四次幂写成两个四次幂之和. 一般,对于任何一个数,其幂大于2,就不可能写成同次幂的另外两个数之和. 对此命题我得到了一个真正奇妙的证明,可惜空白太小无法写下来."

用代数术语表达,丢番图问题是想求出方程 $x^2+y^2=z^2$ 的有理数解,这已经由古希腊数学家欧几里得得到,即 $x=2mn$, $y=m^2-n^2$, $z=m^2+n^2$,而费马在页边的注解断言,若 n 是大于2的自然数,则方程

$$x^n+y^n=z^n$$

不存在有理数解. 这就是今天称为费马大定理的由来. 为了获得它的一个肯定或者否定的证明,巴黎科学院曾先后两次提供奖章和奖金,奖励证明费马猜想的人. 布鲁塞尔科学院也悬赏重金,但都无结果. 一代又一代最优秀的数学家都曾研究过,即使用现代电子计算机也只能证明:当 n 小于等于4 100万时,费马大定理是正确的. 由于当时费马声称他已解决了这个问题,但是他没有公布结果,于是留下了这个数学难题中少有的千古之谜.

从费马的另一处注解中,数学史家发现了费马唯一具体的对于 $n=4$ 的情形所做的证明,

在这个证明中，费马发明了一种“无穷递降法”，他利用整数边直角三角形的面积不可能是平方数的结论，假设方程

$$x^4 + y^4 = z^4 \tag{A.1}$$

有一组有理解，令 $a=y^4, b=2x^2z^2, c=z^4+x^4, d=y^2xz$，反复利用熟知的恒等式

$$(s+t)^2 = s^2 + 2st + t^2$$

得到

$$a^2 + b^2 = (z^4 - x^4)^2 + 4x^4z^4 = z^8 - 2x^4z^4 + x^8 + 4x^4z^4 = (z^4 + x^4)^2 = c^2$$

并且有

$$ab/2 = y^4x^2z^2 = (y^2xz)^2 = d^2$$

于是 $a^2+b^2=c^2$，并且 $ab/2=d^2$．但是，这已被证明是不可能的，因此现在就假定 $n=4$ 时方程(A.1)有解是错误的．

对于 $n=3$ 的情形，欧拉后来在 1753 年使用一种有缺陷的方法证明了这个命题．他使用了一种“新数”，即形如 $a+b\sqrt{-3}$的数系，该数系在许多方面与整数有相似之处，且两者都构成一个数环；但它并不具备整数的全部性质．欧拉在证明中用到的最重要的性质是唯一因子分解定理，对于 $a+b\sqrt{-3}$数系，该定理碰巧也成立，所以欧拉的结论是正确的．但是，换成别的形式，比如 $a+b\sqrt{-5}$，则唯一因子分解定理就不成立了．关于对于什么样的数系唯一因子分解定理成立的理论叫做示性类理论．接着，1825 年，20 岁的狄利克雷和 70 岁的勒让德同时证明了 $n=5$ 的情形．

1832 年，法国杰出女数学家索非·热尔曼进行了如下证明：若 p 是奇素数并使得 $2p+1$ 也是素数，则费马大定理成立．1839 年，拉梅证明了 $n=7$ 的情形．

取得突破性进展的是德国数学家 E·库默尔．1847 年，他证明了对于小于 100 的正整数除了 37，59 和 67 这三个所谓非正则素数以外，费马大定理成立．在这一证明过程中，库默尔的最重要贡献不在于费马大定理本身，而是发明了一种全新的概念——理想数，这是一种特别有用的涉及范围极广的概念，他将引出一个更一般的概念——理想，以及整个新的数学分支——理想论，后者的基本原理现在已成为大学一般数学系学生的必修课．

1983 年，29 岁的德国数学家 G·法尔廷斯证明了一个结论：对于每一个大于 2 的指数 n，费马方程

$$x^n + y^n = z^n$$

至多有有限多个解．这一证明使他赢得了1986 年的菲尔兹奖．他把存在无穷多个解的可能性降低到最多只可能有有限多个解，这确实是一个巨大的成就．但是，费马大定理被彻底征服的途径一定会使涉及这一领域的所有前人出乎意外，最后的攻坚路线与费马本人、欧拉和库默尔等人的完全不同，它是现代数学诸多分支(椭圆曲线论、模形式理论和伽罗华表示理论等)综合发挥作用的结果，其中最重要的武器是椭圆曲线论和模形式理论．在 20 世纪 50 年代，日本数

学家谷山丰和志村五郎提出一个猜想(今天一般称之为谷山-志村猜想):有理数域上的每条椭圆曲线都有同构的模形式存在.所谓椭圆曲线是由椭圆积分衍化而来的,它是如下形式的三次曲线:

$$y^2 = Ax^3 + Bx^2 + Cx + D$$

而模形式是解析数论中研究的一种函数运算(模函数是满足某种线性变换的复变函数,而模形式是处处全纯的模函数运算,全纯指函数的模是有限的).通过相似的格,可以将椭圆曲线与模形式联系在一起.

从 20 世纪 60 年代开始,有人将费马方程 $x^n + y^n = z^n$ 和形如

$$y^2 = x(x + A)(x + B) \tag{A.2}$$

的椭圆曲线相联系,其最初的着眼点是利用与费马大定理有关的结论来证明与椭圆曲线有关的结论.1984 年秋,G·弗赖在两者的联系方面迈出了关键性一步,他参加了在德国黑森州奥波沃尔法赫小城举行的一次数学讨论会,在会议演说中提出,假定费马大定理不成立,即存在一组非零整数 a,b,c,使得 $a^n + b^n = c^n (n > 2)$,那么用这组解构造出的形如方程(A.2)的椭圆曲线(即在方程(A.2)中令 $A = a^n, B = -b^n$,现在称这类椭圆曲线为弗赖曲线)不可能是模形式.而这与谷山-志村猜想矛盾.如果弗赖的结论和谷山-志村猜想都被证明是正确的,根据反证法的逻辑可知,“假定费马大定理不成立”是错误的,因而导出费马大定理正确.可惜弗赖本人未能证明自己的论断,但是在 1986 年,K·里贝特按照美国数学家 J·P·赛尔的思想证明了弗赖的论断.于是,证明费马大定理的工作归结为证明谷山-志村猜想.

当时的数学家们普遍认为,要想证明谷山-志村猜想还是很遥远的事情.但是,年轻的英国数学家安德鲁·怀尔斯对这种看法不以为然,他立即集中全部精力证明这个猜想.经过 7 年的艰苦奋斗,怀尔斯于 1993 年 6 月在英国剑桥大学牛顿数学科学研究所举行的数学讨论会上,报告了他对如下结论的证明:对于有理数域上的一大类椭圆曲线(用专业术语称为半稳定的椭圆曲线),谷山-志村猜想成立.由于弗赖曲线恰好属于半稳定的椭圆曲线的范围,因此,费马大定理自然成为怀尔斯的推论.据称怀尔斯的证明长达 200 页.按照数学界的习惯,他的证明在得到确认之前,必须经过其他有关数学家的详细审查,尽管当时许多人相信怀尔斯的证明是经得起推敲的,好事多磨,事情并未就此了结,有关怀尔斯的证明中存在漏洞的传闻不胫而走.1993 年 12 月 4 日,怀尔斯给他的同行们发出了一封电子邮件,承认他的证明中确有漏洞.数学家对待证明的态度是十分严肃的,不容半点含糊.

1994 年 10 月 25 日,美国俄亥俄州立大学的教授 K·鲁宾以电子邮件的形式向数学界的朋友发出了谨慎而乐观的消息,“今天早上,有两篇论文已经发表,它们是‘椭圆模曲线和费马大定理’,作者是安德鲁·怀尔斯;‘某些赫克代数的环论性质’,作者是 R·泰勒和安德鲁·怀尔斯.第一篇是一篇长文,他宣布了费马大定理的一个证明,而这个证明中关键的一步依赖于第二篇短文……”

1995 年 7 月号的“美国数学会通告”上发表了 G·法尔廷斯的文章,题为“R·泰勒和

A·怀尔斯对费马大定理的证明”. 他开宗明义，以肯定的语调宣称，“在本文题目中所提到的猜想于 1994 年 9 月终于被完整地证明了. ”至此，人们相信那个困扰了数学家 385 年的著名的猜想真正成为了一条定理！

1995－1996 年度数学沃尔夫(Wolf)奖由怀尔斯和朗兰兹(Robert P. Langlands)分享，于 1996 年 3 月 24 日在耶路撒冷由以色列总统魏兹曼颁发，奖金 10 万美元.

沃尔夫基金会称，怀尔斯得奖是“由于对数论及相关领域的壮观贡献，由于在若干基本猜想上得到的巨大进展，由于解决了费马大定理”. 美国数学会的报道说，怀尔斯引入深刻的、奇异的方法，对数论中一些长期未决的基本问题的解决作出了巨大贡献. 例如，BSD 猜想、伊瓦萨瓦(Iwasawa)理论主猜想和谷山丰-志村五郎(Taniyama－Shimura)猜想. 他的工作的顶峰是对令人称颂的费马大定理的证明，此定理塑造了过去两个世纪大多数论的形态. 朗兰兹是 60 岁的著名数学家，他的“朗兰兹猜想”影响深远，博大精深.

费马大定理获证的漫长而又艰辛的历程告诫人们，有时候一个数学难题的最终解决，往往是多位数学家、甚至是几代数学家共同努力的结果，科学的道路是崎岖不平的，只有那些在科学研究的道路上实事求是、锲而不舍、敢于攀登、勇于创新、淡泊名利的人，才有希望达到最光辉的顶点.

注 费马在数论领域中的成果是巨大的，其中主要有：

① 全部素数可分为 $4n+1$ 和 $4n+3$ 两种形式.

② 形如 $4n+1$ 的素数，能够且只能够以一种方式表示为两个平方数之和.

③ 没有一个形如 $4n+3$ 的素数，能表示为两个平方数之和.

④ 形如 $4n+1$ 的素数能够且只能够作为一个直角边为整数的直角三角形的斜边；$4n+1$ 的平方是且只能是两个这种直角三角形的斜边；类似地，$4n+1$ 的 m 次方是且只能是 m 个这种直角三角形的斜边.

⑤ 边长为有理数的直角三角形的面积不可能是一个平方数.

⑥ $4n+1$ 的素数与其平方都只能以一种方式表达为两个平方数之和；它的 3 次和 4 次方都只能以两种方式表达为两个平方数之和；5 次和 6 次方都只能以 3 种方式表达为两个平方数之和，以此类推，直至无穷.(部分内容引自“百度　百科”)

A.4 梅森素数(Mersenne prime)简介

马林·梅森(Marin Mersenne，1588－1648)是 17 世纪法国著名数学家和修道士，也是当时欧洲科学界一位独特的中心人物. 他与大科学家伽利略、笛卡儿、费马、帕斯卡、罗伯瓦、迈多治等是密友.

梅森对科学所做的主要贡献是他起到了一个极不平常的思想通道作用. 17 世纪时，科学刊物和国际会议等还远远没有出现，甚至连科学研究机构都没有创立，交往广泛、热情诚挚和德高望重的梅森就成了欧洲科学家之间联系的桥梁. 许多科学家都乐于将成果寄给他，然后再由他转告给更多的人. 因此,他被人们誉为"有定期学术刊物之前的科学信息交换站". 梅森和巴黎数学家笛卡儿、费马、罗伯瓦、迈多治等曾每周一次在梅森住所聚会,轮流讨论数学、物理等问题,这种民间学术组织被誉为"梅森学院",它就是法兰西科学院的前身.

1640年6月,费马在给梅森的一封信中写道,"在艰深的数论研究中,我发现了三个非常重要的性质. 我相信它们将成为今后解决素数问题的基础". 这封信中讨论了形如 2^p-1 的数(其中 p 为素数). 早在公元前300多年,古希腊数学家欧几里得就开创了研究 2^p-1 的先河,他在名著《几何原本》第九章中论述完美数时指出:如果 2^p-1 是素数,则 $2^{p-1}(2^p-1)$ 是完美数.

梅森在欧几里得、费马等人有关研究的基础上,对 2^p-1 做了大量计算和验证工作,并于1644年在他的《物理数学随感》一书中断言:对于 $p=2,3,5,7,13,17,19,31,67,127,257$ 的数,2^p-1 是素数;而对于其他所有小于257的数,2^p-1 是合数. 前面的7个数(即2,3,5,7,13,17和19)属于被证实的部分,是他整理前人工作得到的;而后面的4个数(即31,67,127和257)属于被猜测的部分. 不过,人们对其断言仍深信不疑,连大数学家莱布尼兹和哥德巴赫都认为它是对的.

虽然梅森的断言中包含着若干错误(后文详述),但他的工作极大地激发了人们研究 2^p-1 型素数的热情,使其摆脱作为"完美数"的附庸地位. 可以说,梅森的工作是素数研究的一个转折点和里程碑. 由于梅森学识渊博,才华横溢,为人热情以及最早系统而深入地研究 2^p-1 型的数,为了纪念他,数学界就把这种数称为"梅森数",并以 M_p 记之(其中 M 为梅森姓名的首字母),即 $M_p=2^p-1$. 如果梅森数为素数,则称之为"梅森素数"(即 2^p-1 型素数).

梅森素数貌似简单,但研究难度却很大. 它不仅需要高深的理论和纯熟的技巧,而且需要进行艰巨的计算,即使属于"猜测"部分中最小的 $M_{31}=2^{31}-1=2\ 147\ 483\ 647$,也具有10位数. 可以想象,它的证明是十分艰巨的. 正如梅森推测,"一个人,使用一般的验证方法,要检验一个15位或20位的数字是否为素数,即使终生的时间也是不够的. "是啊,枯燥、冗长、单调、刻板的运算会耗尽一个人的毕生精力,谁愿让生命的风帆永远在黑暗中颠簸!人们多么想知道梅森猜测的根据和方法啊,然而,年迈力衰的他来不及留下记载,4年之后就去世了;人们的希望与梅森的生命一起泯灭在流逝的时光之中. 看来,伟人的"猜测"只有等待后来的伟人来解决了.

于是,人们为了寻找这些"数海明珠",进行了艰难的探索.

1772年,瑞士数学家欧拉在双目失明的情况下,靠心算证明了 M_{31} 是一个素数,它共有10位数,堪称当时世界上已知的最大素数. 欧拉的毅力与技巧都令人赞叹不已,他因此获得了"数学英雄"的美誉. 这是寻找已知最大素数的先声. 欧拉还证明了欧几里得关于完美数的定理的逆定理,即:每个偶完美数都具有形式 $2^{p-1}(2^p-1)$,其中 2^p-1 是素数. 这就使得偶完美数完全成了梅森素数的"副产品". 欧拉的艰辛给人们以提示:在伟人难以突破的困惑面前要想确定更大的梅森素数,只有另辟蹊径了.

100 年后，法国数学家鲁卡斯提出了一个用来判别 M_p 是否是素数的重要定理——鲁卡斯定理. 鲁卡斯的工作为梅森素数的研究提供了有力的工具. 1883 年，数学家波佛辛利用鲁卡斯定理证明了 M_{61} 也是素数——这是梅森漏掉的. 梅森还漏掉另外两个素数：M_{89} 和 M_{107}，它们分别在 1911 年与 1914 年被数学家鲍尔斯发现.

1903 年，在美国数学学会的大会上，数学家柯尔做了一个一言不发的报告，他在黑板上先算出 $2^{67}-1$，接着又算出 193 707 721×761 838 257 287，两个结果相同. 这时全场观众站了起来为他热烈鼓掌，这在美国数学学会开会的历史上是绝无仅有的一次. 他第一个否定了"M_{67} 为素数"这一自梅森断言以来一直被人们相信的结论. 这短短几分钟的报告却花了柯尔 3 年的全部星期天. 1922 年，数学家克莱契克进一步验证了 M_{257} 并不是素数，而是合数(但他没有给出这一合数的因子，直到 20 世纪 80 年代人们才知道它有 3 个素因子).

1930 年，美国数学家雷默改进了鲁卡斯的工作，给出了一个针对 M_p 的新的素性测试方法，即鲁卡斯-雷默方法：$M_p>3$ 是素数的充分必要条件是 $L_p-2=0$，其中 $L_0=4$，$L_{n+1}\equiv L_n-2 (\bmod M_p)$. 这一方法直到今天的"计算机时代"仍发挥着重要作用.

"手算笔录时代"，人们历尽艰辛，仅找到 12 个梅森素数. 而计算机的产生使寻找梅森素数的研究者如虎添翼. 1952 年，数学家鲁宾孙等人将鲁卡斯-雷默方法编制成计算机程序，使用 SWAC 型计算机在短短几小时之内就找到了 5 个梅森素数：M_{521}，M_{607}，$M_{1\,279}$，$M_{2\,203}$ 和 $M_{2\,281}$. 其后，$M_{3\,217}$ 在 1957 年被黎塞尔证明是素数；$M_{4\,253}$ 和 $M_{4\,423}$ 在 1961 年被赫维兹证明是素数. 1963 年，美国数学家吉里斯证明 $M_{9\,689}$ 和 $M_{9\,941}$ 是素数. 1963 年 9 月 6 日晚上 8 点，当第 23 个梅森素数 $M_{11\,213}$ 通过大型计算机被找到时，美国广播公司(ABC)中断了正常节目播放，以第一时间发布了这一重要消息；发现这一素数的美国伊利诺伊大学数学系全体师生感到无比骄傲，以至于把所有从系里发出的信件都盖上了"$2^{11\,213}-1$ 是个素数"的邮戳.

1971 年 3 月 4 日晚，美国哥伦比亚广播公司(CBS)中断了正常节目播放，发布了塔可曼使用 IBM 360－91 型计算机找到新的梅森素数 $M_{19\,937}$ 的消息. 1978 年 10 月，世界几乎所有的大新闻机构(包括我国的新华社)都报道了以下消息：两名年仅 18 岁的美国高中生诺尔和尼科尔使用 CYBER 174 型计算机找到了第 25 个梅森素数：$M_{21\,701}$.

随着素数 p 值的增大，每一个梅森素数 M_p 的产生都艰辛无比；而各国科学家及业余研究者们仍乐此不疲，激烈竞争. 1979 年 2 月 23 日，当美国克雷研究公司的计算机专家史洛温斯基和纳尔逊宣布他们找到第 26 个梅森素数 $M_{23\,209}$ 时，人们告诉他们：在两个星期前诺尔已得到这一结果. 为此，史洛温斯基潜心发愤，花了一个半月时间，使用 CRAY—1 型计算机找到了新的梅森素数 $M_{44\,497}$. 这个记录成了当时不少美国报纸的头版新闻. 之后，这位计算机专家乘胜前进，使用经过改进的 CRAY－XMP 型计算机在 1983 年至 1985 年间找到了 3 个梅森素数：$M_{86\,243}$，$M_{132\,049}$ 和 $M_{216\,091}$，但他未能确定 $M_{86\,243}$ 和 $M_{216\,091}$ 之间是否还存在异于 $M_{132\,049}$ 的梅森素数. 到了 1988 年，科尔魁特和韦尔什使用 NEC－FX2 型超高速并行计算机果然捕捉到了一条"漏网之鱼"——$M_{110\,503}$. 沉寂 4 年之后，1992 年 3 月 25 日，英国原子能技术权威机构——哈威尔实验室的一个研究小组宣布他们找到了新的梅森素数 $M_{756\,839}$. 1994 年 1 月 14 日，史洛温斯基和盖奇为其公司再次夺回发现“已知最大素数”的桂冠，这一素数就是 $M_{859\,433}$. 而下一个梅森素数 $M_{1\,257\,787}$ 仍是他们的成果，该素数是使用 CRAY－794 型超级计算机在 1996 年取得的. 史洛温斯基由于发现 7 个梅森素数，而被人们誉为“素数大王”.

使用超级计算机寻找梅森素数的游戏实在太昂贵了. 1996 年美国数学家及程序设计师乔治·沃特曼编制了一个梅森素数寻找程序，并把它放在网页上供数学家和数学爱好者免费使用，这就是著名的“因特网梅森素数大搜索”(GIMPS)项目. 1997 年美国数学家及程序设计师斯科特·库尔沃斯基和其他一些人建立了“素数网”(PrimeNet)，使分配搜索区间和向 GIMPS 发送报告自动化. 现在，只要人们去 GIMPS 主页下载那个免费程序，就可立即参加 GIMPS 项目来搜寻梅森素数. 目前，全球有近 7 万名志愿者参加该项目，并动用 20 多万台计算机联网进行大规模的分布式计算，以寻找新的梅森素数. 看来，通过因特网联网的个人计算机将与高功能超级计算机在计算技术上一决高低了. 从 1996 年到 2004 年 5 月 15 日，GIMPS 项目发现了 7 个梅森素数：$M_{1\,398\,269}$，$M_{2\,976\,221}$，$M_{3\,021\,377}$，$M_{6\,972\,593}$，$M_{13\,466\,917}$，$M_{20\,996\,011}$ 和 $M_{24\,036\,583}$，它们都是使用奔腾型计算机得到的结果.

2004 年 5 月 15 日，美国国家海洋和大气局顾问、数学爱好者乔希·芬德利(Josh Findley)，用一台装有 2.4 GHz 奔腾处理器的个人计算机找到了第 41 个梅森素数. 该素数为 $2^{24\,036\,583}-1$，有 7 235 733 位数，如果用普通字号将该数字连续写下来，其长度可达 3 万米！

2005 年 2 月 28 日，美国奥兰多的梅森素数搜索组织正式公布，德国一名数学爱好者近日发现了梅森素数家族的第 42 位成员，该素数有 780 多万位，是 $M_{25\,964\,951}$.

2005 年 12 月 15 日，美国密苏里州立中央大学数学研究小组发现了第 43 个梅森素数 $M_{30\,402\,457}$，它有 9 152 052 位数.

时至今日，人们已经发现了 44 个梅森素数，如表 A.1 所列.

探寻梅森素数在当代具有十分丰富的理论意义和实用价值.

自古希腊时代直至 17 世纪，人们寻找梅森素数的意义似乎只是为了寻找完美数；但自梅森提出其著名断言以来，特别是欧拉证明了欧几里得关于完美数定理的逆定理以来，完美数已仅仅是梅森素数的一种“副产品”了.

由表 A.1 可见，梅森素数的分布极不规则，甚至可以看到，连找到梅森素数的时间分布也极不规则，有时许多年未能找到一个，而有时则一下找到好几个. 探索梅森素数的分布规律似乎比寻找新的梅森素数更为困难. 数学家们在长期的摸索中提出了一些猜想，英国数学家香克斯、美国数学家吉里斯、法国数学家托洛塔和德国数学家伯利哈特就曾分别给出过关于梅森素数分布的猜测，但他们的猜测有一个共同点，就是都以近似表达式给出；而它们与实际情况的接近程度均未尽如人意. 中国数学家及语言学家周海中经过多年研究，于 1992 年首先给出了梅森素数分布的精确表达式，为人们寻找这一素数提供了方便；后来这一科研成果被国际数学界命名为“周氏猜测”. 著名的《科学》杂志上有一篇评论文章指出，这是梅森素数研究中的一项重大突破.

表 A.1

序　号	梅森素数	位　数	发现时间	序　号	梅森素数	位　数	发现时间
1	M_2	1	公元前 300	23	$M_{11\,213}$	3 376	1963
2	M_3	1	公元前 300	24	$M_{19\,937}$	6 002	1971
3	M_5	2	公元前 100	25	$M_{21\,701}$	6 533	1978
4	M_7	3	公元前 100	26	$M_{23\,209}$	6 987	1979
5	M_{13}	4	15 世纪中叶	27	$M_{44\,497}$	13 395	1979
6	M_{17}	6	1603	28	$M_{86\,293}$	25 962	1983
7	M_{19}	6	1603	29	$M_{110\,503}$	33 265	1988
8	M_{31}	10	1772	30	$M_{132\,049}$	39 751	1983
9	M_{61}	19	1883	31	$M_{216\,091}$	65 050	1985
10	M_{89}	27	1911	32	$M_{756\,839}$	227 832	1992
11	M_{107}	33	1914	33	$M_{859\,433}$	258 716	1995
12	M_{127}	39	1876	34	$M_{1\,257\,787}$	378 632	1996
13	M_{521}	157	1952	35	$M_{1\,398\,269}$	420 921	1996
14	M_{607}	183	1952	36	$M_{2\,976\,221}$	895 933	1997
15	$M_{1\,279}$	386	1952	37	$M_{3\,021\,377}$	909 526	1998
16	$M_{2\,203}$	664	1952	38	$M_{6\,972\,593}$	2 098 960	1999
17	$M_{2\,281}$	687	1952	39	$M_{13\,466\,917}$	4 053 946	2001
18	$M_{3\,217}$	969	1957	40	$M_{20\,996\,011}$	6 320 430	2003
19	$M_{4\,253}$	1 281	1961	41	$M_{24\,036\,583}$	7 235 733	2004
20	$M_{4\,423}$	1 332	1961	42	$M_{25\,964\,591}$	7 816 230	2005
21	$M_{9\,689}$	2 917	1963	43	$M_{30\,402\,457}$	9 152 052	2005
22	$M_{9\,941}$	2 993	1963	44	$M_{32\,582\,657}$	9 808 358	2006

周氏猜测是发现已知最大素数的最有效途径，自欧拉证明 M_{31} 为当时最大的素数以来，在发现已知最大素数的世界性竞赛中，梅森素数几乎囊括了全部冠军；它推动了数学皇后——数论的研究，也促进了计算数学、程序设计技术、网格技术以及密码技术的发展. 探寻梅森素数的方法还可用来测试计算机硬件运算是否正确. 因此，科学家们认为，对于梅森素数的探寻能力如何，已在某种意义上标志着一个国家的科技水平.

不久前，国际电子新领域基金会(IEFF)宣布了由一位匿名者资助的、为通过GIMPS项目来寻找新的更大的梅森素数而设立的奖金. 它规定向第一个找到超过一千万位数的个人或机构颁发10万美元. 后面的奖金依次为：超过1亿位数，15万美元；超过10亿位数，25万美元. 但据悉，绝大多数研究者参与该项目不是为了金钱而是出于乐趣、荣誉感和探索精神. 可以相信，梅森素数这颗数海明珠正以其独特魅力，吸引着更多有志者去寻找和研究.(部分内容引自“百度　百科”)

附录 B　习题参考答案及提示

第 1 章

习题 1.1

1. 因为 $n^4+4n^2+11=(n^2-1)(n^2+5)+16$，又 n 是奇数，有 $8\mid(n^2-1)$，由此及 $2\mid(n^2+5)$，得 $16\mid(n^2-1)(n^2+5)$，从而 $16\mid(n^4+4n^2+11)$.

2. 因为 $n-T(n)=a_k(10^k-(-1)^k)+\cdots+a_i(10^i-(-1)^i)+\cdots+a_1(10+1)$，又由于 $11\mid(10^i-(-1)^i)(i=0,\cdots,k)$，所以 $11\mid(n-T(n))$，故 $11\mid n\Leftrightarrow 11\mid T(n)$.

3. $n=12$.

4. 由条件得 $2\nmid a$，且 $3\nmid a$，因此，$8\mid(a^2-1)$，且 $3\mid(a^2-1)$，从而 $24\mid(a^2-1)$，故 $24\mid(a^2+23)=(a^2-1)+24$.

5. 由 $mq+np=(mn+pq)-(m-p)(n-p)$ 及条件 $(m-p)\mid(mn+pq)$ 可知结论成立.

6. 由于 $a^5-5a^3+4a=a(a-1)(a^2-4)$ 是五个连续整数之积，因而它是 $5!=120$ 的倍数. 同理 b^5-5b^3+4b，c^5-5c^3+4c 都是 120 的倍数. 因此，$a^5+b^5+c^5+4(a+b+c)-5(a^3+b^3+c^3)$ 是 120 的倍数. 又 $(a^3+b^3+c^3)$ 是 24 的倍数，故 $(a^5+b^5+c^5)+4(a+b+c)$ 是 120 的倍数.

7. 如果 $2\nmid n$，则 n，a_1，a_2，$\cdots$，a_n 都是奇数. 于是 a_1+a_2，$\cdots$，$+a_n$ 是奇数个奇数之和，不可能等于零，这与题设矛盾，所以 $2\mid n$，即在 a_1，a_2，$\cdots$，a_n 中至少有一个偶数. 如果只有一个偶数，不妨设为 a_1，那么 $2\nmid a_i(2\leqslant i\leqslant n)$. 此时有等式 $a_2+\cdots+a_n=-a_1$，在此式中，左端是 $(n-1)$ 个奇数之和，其和为奇数，右端是偶数，这是不可能的，因此，在 a_1，a_2，$\cdots$，a_n 中至少有两个偶数，即 $4\mid n$.

8. 利用"任何奇数的平方减 1 都能被 8 整除"这一结论易证 $8\mid M$. 类似可证得推广结论：若 $M=a^e+b^f+c^g+d^h$，其中 $a,b,c,d(a<b<c<d)$ 是任意四个连续奇数，$e,f,g,h(e<f<g<h)$ 是任意四个连续自然数，且 $a=2m+1(m\in\mathbf{Z})$，则当 m 是偶数、e 是奇数（或 m 是奇数、e 是偶数）时，$8\mid M$.

习题 1.2

1. 令 $a=3q_1+r_1$，$b=3q_2+r_2$，$r_i=0,1,2(i=1,2)$，则 $a^2+b^2=3q+r_1^2+r_2^2(q\in\mathbf{Z})$，故 $3\mid(a^2+b^2)\Leftrightarrow 3\mid(r_1^2+r_2^2)\Leftrightarrow r_1=r_2=0$.

2. 记 $n=10q+r(r=0,1,\cdots,9)$，则 $n^{k+4}-n^k$ 与 $r^{k+4}-r^k=r^k(r^4-1)$ 被 10 除的余数相同. 对 $r=0,1,\cdots,9$ 进行验证即证得结论.

3. 设 a 个相邻的整数是 $m,m+1,\cdots,m+a-1$，令 $m=aq+r_0(0\leqslant r_0\leqslant a-1)$，则 $m+j=aq+(r_0+j)=aq_j+r_j(0\leqslant r_j<a;j=0,1,\cdots,a-1)$. 若 $r_0=0$，则 $a\mid m$，且对于 $1\leqslant j\leqslant a-1$，有

$a\nmid(m+j)$. 若 $r_0\neq0$,则当 $j+r_0<a$ 时,$r_j=j+r_0$;当 $j+r_0\geqslant a$ 时,$r_j=j+r_0-a$,此时取 $j_0=a-r_0$,则 $r_{j_0}=0$,有 $a\mid(m+r_{j_0})$. 除此之外 $0<r_j<a$,均有 $a\nmid(m+j)(1\leqslant j<a,j\neq j_0)$. 因而结论得证.

4. 对于任何整数 n,m,考察等式 $n^2+(n+1)^2=m^2+2$ 的左右两边被 4 除的余数,得出等式不可能成立.

5. 设 n 个整数为 $a_1,a_2,\cdots,a_n$,作 $s_1=a_1,s_2=a_1+a_2,\cdots,s_n=a_1+a_2+\cdots+a_n$,如果 s_i 中有一个被 n 整除,则结论已真;否则,存在 $s_i,s_j(i<j)$,使得 s_i 与 s_j 被 n 除的余数相等,于是 $n\mid(s_j-s_i)=a_{i+1}+\cdots+a_j$.

6. (1) 若 $2^k\mid a$,则存在整数 q,使得 $a=2^kq$. 显然 q 只可能是 0 或 1,此时 $a=0$ 或 2^k,这都是不可能的,所以 $2^k\nmid a$.

(2) 若 $3^k\mid(2b-1)$,则存在整数 q,使得 $2b-1=3^kq$,显然 q 只可能是 0,1 或 2,此时 $2b-1=0,3^k$或 $2\cdot3^k$,这都是不可能的,所以 $3^k\nmid(2b-1)$.

习题 1.3

1. (ⅰ) 令 $d=(a,b),d_1=(ma,mb)$,利用最大公因数表示定理易证得 $d_1\mid md$ 及$(md)\mid d_1$,因此 $d_1=md$,即$(ma,mb)=m(a,b)(m>0)$.

(ⅱ) 在(ⅰ)中令 $m=\delta=(a,b)$,则 $\delta\left(\frac{a}{\delta},\frac{b}{\delta}\right)=(a,b)=\delta$,故$\left(\frac{a}{(a,b)},\frac{b}{(a,b)}\right)=1$.

2. 由于$(-3)\cdot(12n+5)+4\cdot(9n+4)=1$,故$(12n+5,9n+4)=1$.

3. 因为 $4\cdot(2x+3y)+(9x+5y)=17(x+y)$,故 $17\mid(9x+5y)$.

4. 由$(a,b)=1$,得$(a^2,b)=1$,由此得$(a^2+b^2,b)=(a^2,b)=1$;同理$(a^2+b^2,a)=(b^2,a)=1$,因此$(a^2+b^2,ab)=1$.

5. 由 $9\mid(a^2+ab+b^2)$,即 $9\mid(a-b)^2+3ab\Rightarrow3\mid(a-b)^2+3ab\Rightarrow3\mid(a-b)^2\Rightarrow3\mid a-b\Rightarrow 9\mid(a-b)^2$,因而 $9\mid3ab\Rightarrow3\mid ab$,由此得 $3\mid a$ 或 $3\mid b$. 若 $3\mid a$,由 $3\mid(a-b)$ 得 $3\mid b$;若 $3\mid b$,由 $3\mid(a-b)$得 $3\mid a$. 因此,总有 $3\mid a$ 且 $3\mid b$,由此推出 $3\mid(a,b)$.

6. 设$(2^m-1,2^n+1)=d$,则存在 $s,t\in\mathbf{Z}$,使得 $2^m=sd+1,2^n=td-1$,由此得 $2^{mn}=(sd+1)^n=(td-1)^m$,由二项展开式得 $2^{mn}=pd+1=qd-1(p,q\in\mathbf{Z})$,所以$(q-p)\cdot d=2$,故 $d\mid2$,因此,$d=1$ 或 2. 又因为 $2^m-1,2^n+1$ 都是奇数,所以 $d=1$.

7. 设$\left(\frac{n}{m}\right)^k=l((m,n)=1;m,k\in\mathbf{N};n,l\in\mathbf{Z})$,则 $n^k=l\cdot m^k$,所以 $m\mid n^k$. 又$(m,n)=1$,因此 $m\mid n$,从而 $1=(m,n)=m$. 设 $f(x)=\pm x^n+a_{n-1}x^{n-1}+\cdots+a_1x+a_0$,若 $f\left(\frac{t}{s}\right)=0$,其中$(s,t)=1(s\in\mathbf{N},t\in\mathbf{Z})$,则$\pm t^n=-(a_{n-1}t^{n-1}+\cdots+a_1ts^{n-2}+a_0s^{n-1})\cdot s$,由此得 $s\mid t^n$,又$(s,t)=1$,因此 $s\mid t$,从而 $1=(s,t)=s$.

习题 1.4

1. 利用性质$(b,a+b)=(a,b)$即可证明.

2. $a=48, b=72$ 或 $a=72, b=48$.

3. 因为$[a,b]\geqslant a\geqslant(a,b)$, $[a,b]\geqslant b\geqslant(a,b)$, 所以 $a=(a,b)=[a,b]=b$.

4. 利用最大公因数与最小公倍数的关系证明.

5. 因为$[a,b,c]^2=\dfrac{a^2b^2c^2}{(ab,bc,ca)^2}$, 又$[a,b][b,c][c,a]=\dfrac{a^2b^2c^2}{(a,b)(b,c)(c,a)}$, 故所证结论等价于验证$(a,b,c)(ab,bc,ca)=(a,b)(b,c)(c,a)$成立.

6. (1) 由于$[(a,b),(a,c)]=\dfrac{(a,b)(a,c)}{(a,b,c)}$, 又$(a,[b,c])=\dfrac{(ab,ac,bc)}{(b,c)}$, 故所证结论等价于验证$\dfrac{(a,b)(a,c)}{(a,b,c)}=\dfrac{(ab,ac,bc)}{(b,c)}$, 此与第5题后一部分的结论相同.

(2) 用类似(1)的方法分析证明.

7. 必要性. 由于$(a_1,a_2)=1$, 故 $[a_1,a_2]=\dfrac{a_1a_2}{(a_1,a_2)}=a_1a_2$. 再由$(a_1,a_3)=(a_2,a_3)=1$知$(a_1a_2,a_3)=1$, 故$[a_1,a_2,a_3]=[[a_1,a_2],a_3]=[a_1a_2,a_3]=a_1a_2a_3$. 如此继续下去即得结论.

充分性. 设$[a_1,a_2,\cdots,a_n]=a_1a_2\cdots a_n$, 当 $n=2$ 时, 由$[a_1,a_2]=a_1a_2$易得$(a_1,a_2)=1$. 假设 $n=k$ 时充分性成立. 令$[a_1,\cdots,a_k,a_{k+1}]=[m_k,a_{k+1}]$, 其中 $m_k=[a_1,\cdots,a_k]$. 若$[a_1,a_2,\cdots,a_k,a_{k+1}]=a_1a_2\cdots a_ka_{k+1}$, 由于$[a_1,a_2,\cdots,a_k,a_{k+1}]=[m_k,a_{k+1}]=\dfrac{m_ka_{k+1}}{(m_k,a_{k+1})}$, 因此

$$\frac{m_k}{(m_k,a_{k+1})}=a_1a_2\cdots a_k \tag{B.1}$$

显然 $m_k\leqslant a_1a_2\cdots a_k$, $(m_k,a_{k+1})\geqslant1$. 若式(B.1)成立, 必有 $(m_k,a_{k+1})=1$, 且 $m_k=a_1a_2\cdots a_k$. 于是$(a_i,a_{k+1})=1(1\leqslant i\leqslant k)$, 由此及归纳假设得$(a_i,a_j)=1(1\leqslant i,j\leqslant k,i\neq j)$. 因此, 当 $n=k+1$ 时, 结论成立. 由归纳原理, 充分性得证.

习题 1.5

1. $(27\,090,21\,672,11\,352)=258$.

2. $1\,387\times73-162\times625=1=(1\,387,162)$.

3. 每颗手榴弹的质量一定是 $(126,99)=9$(kg)的约数, 又每颗手榴弹的质量超过 1 kg 且小于 3.5 kg, 故每颗手榴弹的质量为 3 kg.

4. 由于$(135,243,558)=9$, 又$\dfrac{135}{9}+\dfrac{243}{9}+\dfrac{558}{9}=104$, 故每小段长 0.9 m, 共截成 104 段.

5. 设除数为 d, 余数为 r, 依题意得 $d\mid(4\,582-2\,863)=1\,746$, $d\mid(5\,164-4\,582)=582$, $d\mid(6\,522-5\,164)=1\,358$, 因此得 $d\mid(1\,746,582,1\,358)=194$, d 是 194 的约数, 由此得 $d=97$, $r=23$ 或 $d=194$, $r=120$. 当 $d=2$ 时, 余数 $r=0$, 不合题意, 故舍去。

习题 1.6

1. $(a^2,b)=p,p^2$；$(a^3,b)=p,p^2,p^3$；$(a^2,b^3)=p^2,p^3$.

2. 当 $a=1,2$ 时，a^4-3a^2+9 是素数；当 $a\geqslant 3$ 时，a^4-3a^2+9 是合数.

3. 反证法.

4. 已知关系式等价于

$$(a-b)(2a+2b+1)=b^2 \tag{B.2}$$

令 $d=(a-b,2a+2b+1)$. 若 $d>1$，则 d 有素因数 p，从而由方程(B.2)知 $p\mid b^2$. 因 p 是素数，故 $p\mid b$. 结合 $p\mid(a-b)$ 知 $p\mid a$. 再由 $p\mid(2a+2b+1)$ 导出 $p\mid 1$，这不可能，故 $d=1$. 从而由方程(B.2)知 $a-b$ 和 $2a+2b+1$ 都是完全平方数.

5. 由 $ab=cd$，可设 $\frac{a}{c}=\frac{d}{b}=\frac{m}{n}$（$(m,n)=1$；$m,n\in\mathbf{N}$），因此存在正整数 u，使得 $a=mu$，$c=nu$；同理，存在正整数 v，使得 $b=nv$，$d=mv$. 因此 $a+b+c+d=(m+n)(u+v)$ 是两个大于 1 的正整数之积，从而 $a+b+c+d$ 不是素数.

6. 若 n 为偶数，则 n^4+4^n 大于 2 且均被 2 整除，因此它们都不是素数. 若 n 为奇数，$n=2k+1(k\geqslant 1)$，则

$$n^4+4^n=n^4+4\cdot 4^{2k}=n^4+4\cdot(2^k)^4=(n^2+2\cdot 2^{2k})^2-(2\cdot n\cdot 2^k)^2=$$
$$(n^2+2^{k+1}n+2^{2k+1})(n^2-2^{k+1}n+2^{2k+1})$$

此式右边第一个因数显然大于 1，而第二个因数 $n^2-2^{k+1}n+2^{2k+1}=(n-2^k)^2+2^{2k}(k\geqslant 1)$ 也大于 1，故当 $n>1$ 时 n^4+4^n 均为合数.

7. 显然存在无穷多个正整数 k，使得 $2k+1$ 是合数. 下面证明对于这样的 k，$(k+1)^2$ 不能表示为 a^2+p 的形式. 事实上，若 $(k+1)^2=a^2+p$，则 $(k+1-a)(k+1+a)=p$. 于是 $k+1-a=1$，$k+1+a=p$，即 $p=2k+1$，此与 p 为素数矛盾. 因而所证结论成立.

习题 1.7

1. $82\ 798\ 848=2^8\times 3^5\times 11^3$.

2. 对于任意整数 $i(1\leqslant i\leqslant 2n)$，令 $i=2^{\alpha_i}q_i$，$2\nmid q_i$，则 q_i 为 $1,2,\cdots,2n$ 中的奇数，即 q_i 只能取 n 个数值. 因此由抽屉原理，所取出的 $n+1$ 个数中必有两个数 i,j 满足 $q_i=q_j(i\neq j)$，从而 i 与 j 成倍数关系.

3. 如下 n 个正整数 $(n+1)!+2,(n+1)!+3,\cdots,(n+1)!+(n+1)$ 是连续的 n 个合数.

4. 类似于 1.7 节例 4 的证明.

5. 令 $n=2^k\cdot q(k\geqslant 0,q$ 为奇数)，由此推证必有 $q=1$.

6. 设 $a>1$，$b>1$，且它们的标准分解式为 $a=p_1^{\alpha_1}p_2^{\alpha_2}\cdots p_k^{\alpha_k}$，$b=p_1^{\beta_1}p_2^{\beta_2}\cdots p_k^{\beta_k}$，令

$$a_2=p_1^{\gamma_1}p_2^{\gamma_2}\cdots p_k^{\gamma_k},\quad \gamma_i=\begin{cases}\alpha_i, & \alpha_i=\max\{\alpha_i,\beta_i\}\\ 0, & \text{其他}\end{cases},\qquad a_1=\frac{a}{a_2}$$

$$b_2=p_1^{\delta_1}p_2^{\delta_2}\cdots p_k^{\delta_k},\quad \delta_i=\begin{cases}\beta_i, & \beta_i=\max\{\alpha_i,\beta_i\}\neq\alpha_i\\ 0, & \text{其他}\end{cases},\quad b_1=\frac{b}{b_2}$$

则 a_1,a_2,b_1,b_2 使得 $a=a_1a_2,b=b_1b_2,(a_2,b_2)=1$,并且$[a,b]=a_2b_2$.

习题 1.8

1. $20!=2^{18}\cdot 3^8\cdot 5^4\cdot 7^2\cdot 11\cdot 13\cdot 17\cdot 19$.

2. 100!的十进制表示中末尾连续的零有 24 个.

3. $k=2\ 054$.

4. (1) 令 $x=[x]+\alpha(0\leqslant\alpha<1)$,则只须证明$\left[\alpha+\frac{1}{2}\right]=[2\alpha]$.

① 若 $0\leqslant\alpha<\frac{1}{2}$,则$[2\alpha]=0$,$\left[\alpha+\frac{1}{2}\right]=0$,从而$\left[\alpha+\frac{1}{2}\right]=[2\alpha]$;

② 若$\frac{1}{2}\leqslant\alpha<1$,则$[2\alpha]=1$,$\left[\alpha+\frac{1}{2}\right]=1$,从而$\left[\alpha+\frac{1}{2}\right]=[2\alpha]$.

(2) 由(1)得 $\sum\limits_{r=1}^{\infty}\left[\frac{n+2^{r-1}}{2^r}\right]=\sum\limits_{r=1}^{\infty}\left[\frac{n}{2^r}+\frac{1}{2}\right]=\sum\limits_{r=1}^{\infty}\left(\left[\frac{n}{2^{r-1}}\right]-\left[\frac{n}{2^r}\right]\right)=[n]=n$.

5. 因为

$$[\sqrt{n}+\sqrt{n+1}]\leqslant\sqrt{n}+\sqrt{n+1}=\sqrt{2n+1+2\sqrt{n(n+1)}}<\sqrt{2n+1+2n+1}=\sqrt{4n+2}$$

所以

$$[\sqrt{n}+\sqrt{n+1}]\leqslant[\sqrt{4n+2}]\tag{B.3}$$

下面证明式(B.3)只有等号成立. 反证法. 若式(B.3)中的等号不成立,即

$$[\sqrt{n}+\sqrt{n+1}]<[\sqrt{4n+2}]\tag{B.4}$$

则存在整数 a,使得$[\sqrt{n}+\sqrt{n+1}]<a\leqslant[\sqrt{4n+2}]$,因此

$$2n+1+2\sqrt{n\cdot(n+1)}<a^2\leqslant 4n+2$$

即 $2\sqrt{n^2+n}<a^2-2n-1\leqslant 2n+1$,因此有$(2n+1)^2-1<(a^2-2n-1)^2\leqslant(2n+1)^2$,所以

$$a^2-2n-1=2n+1\Rightarrow a^2=4n+2\tag{B.5}$$

但是,无论 $2\mid a$ 或 $2\nmid a$,式(B.5)都不能成立,这个矛盾说明式(B.4)不能成立,即式(B.3)的等号成立.

6. 令 $n=a_1+\cdots+a_n$,则 $n!=\prod\limits_{p\leqslant n}p^{\sum\limits_{r=1}^{\infty}\left[\frac{n}{p^r}\right]}$,$a_i!=\prod\limits_{p\leqslant a_i}p^{\sum\limits_{r=1}^{\infty}\left[\frac{a_i}{p^r}\right]}$ $(i=1,2,\cdots,n)$,由于$\left[\frac{n}{p^r}\right]\geqslant\left[\frac{a_1}{p^r}\right]+\left[\frac{a_2}{p^r}\right]+\cdots+\left[\frac{a_n}{p^r}\right]$,故 $a_1!\cdots a_n!\mid n!$,从而$\frac{(a_1+\cdots+a_n)!}{a_1!\cdots a_n!}\in\mathbf{Z}$.

7. 当 a,b 至少有一个为零时,结论显然成立. 当 $a\neq 0,b\neq 0$ 时,因为

$$\sum_{r=1}^{\infty}\left(\left[\frac{2a}{p^r}\right]+\left[\frac{2b}{p^r}\right]\right)\geqslant\sum_{r=1}^{\infty}\left(\left[\frac{a}{p^r}\right]+\left[\frac{b}{p^r}\right]+\left[\frac{b+a}{p^r}\right]\right)$$

故$\dfrac{(2a)!(2b)!}{a!b!(a+b)!}$是整数.

第 2 章

习题 2.1

1. s 除以 3 的余数为 1.

2. $7|a \Rightarrow 7|(\overline{a_2a_1a_0}-\overline{a_5a_4a_3}+\overline{a_8a_7a_6}-\cdots)$;$7|1\ 123\ 456\ 789$.

3. 只须证明 $4^{2n+1}+3^{n+2}\equiv 0 \pmod{13}$.

4. 由于 $240=2^4\times 3\times 5$,且 3,5,16 两两互素,只须证明 $a^{4b+d}-a^{4c+d}$分别能被 3,5,16 整除.

5. 推广结论:设 m,n 是任意两个正奇数,则当 a,b 是任意两个连续奇数或连续偶数时,有$(a+b)|(a^m+b^n)$. 特别地,若 a,b 是两个连续的正奇数,则$(a+b)|(a^a+b^b)$,且$(a+b)|(a^b+b^a)$.

证明 设 $a>b$,则 $a=b+2,a-1=b+1,a+b=2b+2$. 又由于

$$a^m+b^n=(a^m-1)+(b^n+1)=$$
$$(a-1)\Big(\sum_{i=0}^{m-1}a^i\Big)+(b+1)\Big[\sum_{i=0}^{n-1}b^i(-1)^i\Big]=$$
$$(b+1)\Big[\sum_{i=0}^{m-1}a^i+\sum_{i=0}^{n-1}b^i(-1)^i\Big]$$

且 $m-1,n-1$ 都为偶数,故 $\Big[\sum_{i=0}^{m-1}a^i+\sum_{i=0}^{n-1}b^i(-1)^i\Big]$ 是偶数,设为 $2k(k\in\mathbf{Z})$,于是 $a^m+b^n=(b+1)\cdot 2k=(a+b)\cdot k$,所以$(a+b)|(a^m+b^n)$.

6. 对任意整数 x,$x\equiv r \pmod m$ $(1\leqslant r\leqslant m)$,由推论 2.1.1 之(ⅲ)及所给条件知 $f(x)\equiv f(r)\not\equiv 0 \pmod m$,所以方程 $f(x)\neq 0$,故 $f(x)=0$ 没有整数解.

7. 利用同余式性质即可证明.

8. 只须证明适合题设条件的 x,y,z 必满足 $x\equiv y\equiv z \pmod 3$,由此,27 整除等式左端,从而整除等式右端. 反证法. 若不然,分两种情况讨论:① x,y,z 中恰有两个数关于模 3 同余;② x,y,z 模 3 的余数两两互不同余.

习题 2.2

1. 模 20 的最小非负完全剩余系为$\{0,1,\cdots,19\}$;绝对最小完全剩余系为$\{-10,-9,\cdots,-1,0,1,\cdots,9\}$或$\{-9,\cdots,-1,0,1,\cdots,9,10\}$.

2. 根据定义直接验证即可.

3. 由 Wilson 定理$-1\equiv(2p)!\equiv p!(p+1)\cdots(2p)\equiv(-1)^p(p!)^2 \pmod{2p+1}$即可证得.

4. 由 Wilson 定理知$(p-1)!\equiv -1\equiv p-1 \pmod p$,显然$(p-1)!\equiv p-1 \pmod{p-1}$,而

$(p,p-1)=1$，于是$(p-1)!\equiv p-1(\bmod\ p(p-1))$，又$m=\dfrac{p(p-1)}{2}$，有$m\mid p(p-1)$，故$(p-1)!\equiv p-1(\bmod\ m)$.

5. 反证法. 若n是合数，则$n=n_1\cdot n_2(1<n_1,n_2<n)$，于是由$(n-1)!\equiv-1(\bmod\ n)$，得$(n-1)!\equiv-1(\bmod\ n_1)$，但是，显然$(n-1)!\equiv 0(\bmod\ n_1)$，矛盾. 故$n$是素数.

6. 因为x取遍模m的完全剩余系$0,1,\cdots,m-1$，所以ax也取遍模m的完全剩余系，因此$\sum\limits_{x=0}^{m-1}\left\{\dfrac{ax}{m}\right\}=\dfrac{1}{2}(m-1)$，所以$\sum\limits_{x=1}^{m-1}\left[\dfrac{ax}{m}\right]=\sum\limits_{x=0}^{m-1}\left[\dfrac{ax}{m}\right]=\sum\limits_{x=0}^{m-1}\dfrac{ax}{m}-\sum\limits_{x=0}^{m-1}\left\{\dfrac{ax}{m}\right\}=\dfrac{(a-1)(m-1)}{2}$.

7. 利用完全剩余系的定义证明即可.

8. (1) 因为$210=2\times3\times5\times7$，所以$(k,210)=1\Leftrightarrow(k,2)=(k,3)=(k,5)=(k,7)=1$，$k$必为奇数. 由于在任何11个连续正整数中，存在5个连续奇数或6个连续奇数两种情形，故只须证明在任意5个连续奇数中，一定有一个数k，使得$(k,210)=1$. 易知，5个连续奇数一定是模5的完全剩余系，这样，5个连续奇数中一定只有一个是模5的倍数. 同理，任意3个连续奇数一定是模3的完全剩余系. 由于5个连续奇数中包含了一个模3的完全剩余系，这样，5个连续奇数中最多只有两个是模3的倍数. 同理，5个连续奇数中最多只有一个是模7的倍数. 因此，任意5个连续奇数中至少有一个数不是3,5,7的倍数，设此数是k，它即为所求之数.

(2) 最多4个，只须分“如果11个连续整数只存在5个连续奇数和只存在6个连续奇数”两种情况讨论.

习题 2.3

1. 模20的最小非负简化剩余系为$\{1,3,7,9,11,13,17,19\}$，模20的绝对最小简化剩余系为$\{-1,-3,-7,-9,1,3,7,9\}$.

2. $\varphi(1\ 000)=400$；$\varphi(9\ 450)=2\ 160$.

3. 利用定理2.3.3的结论，对k进行归纳.

4. 因为$x_1,x_2,\cdots,x_{\varphi(m)}$是模$m$的简化剩余系，故$ax_1,ax_2,\cdots,ax_{\varphi(m)}$是模$m$的简化剩余系，令$ax_i=q_im+r_i(0\leqslant r_i<m,1\leqslant i\leqslant\varphi(m))$，$(r_i,m)=1$，即$r_1,r_2,\cdots,r_{\varphi(m)}$也是模$m$的简化剩余系，利用2.3节例1的结论得$\sum\limits_{i=1}^{\varphi(m)}\left\{\dfrac{ax_i}{m}\right\}=\sum\limits_{i=1}^{\varphi(m)}\left\{\dfrac{r_i}{m}\right\}=\dfrac{1}{m}\sum\limits_{i=1}^{\varphi(m)}r_i=\dfrac{1}{m}\cdot\dfrac{1}{2}m\varphi(m)=\dfrac{1}{2}\varphi(m)$.

5. 利用m,n的标准分解式及欧拉函数计算公式进行证明.

6. 设$a=p_1^{\alpha_1}\cdots p_k^{\alpha_k}m_1$，$b=p_1^{\beta_1}\cdots p_k^{\beta_k}n_1$，其中$p_i\nmid m_1$，$p_i\nmid n_1(1\leqslant i\leqslant k)$，$(m_1,n_1)=1$，取$n=p_1^{\alpha_1}\cdots p_k^{\alpha_k}m_1^2n_1k_1$，$m=p_1^{\beta_1}\cdots p_k^{\beta_k}m_1n_1^2k_1$，$(k_1,a)=(k_1,b)=1$，则$m,n$有相同的素因数，于是$\dfrac{\varphi(m)}{\varphi(n)}=\dfrac{b}{a}$，即$a\varphi(m)=b\varphi(n)$.

7. (1) 当$n=1$时，$\varphi(1)>\dfrac{1}{2}$；当$n=2^\alpha(\alpha\geqslant1)$时，$\varphi(2^\alpha)=2^{\alpha-1}>\dfrac{1}{2}\sqrt{2^\alpha}$；当$n=p^\alpha(\alpha\geqslant1$，$p$为奇素数)时，$\varphi(p^\alpha)=p^\alpha-p^{\alpha-1}>\sqrt{p^\alpha}(\alpha\geqslant1)$；设$n=2^\alpha p_1^{\alpha_1}\cdots p_k^{\alpha_k}$，则$\varphi(n)=\varphi(2^\alpha)\varphi(p_1^{\alpha_1})\cdots$

$\varphi(p_k^{\alpha_k})>\frac{1}{2}\sqrt{2^{\alpha}}\sqrt{p_1^{\alpha_1}}\cdots\sqrt{p_k^{\alpha_k}}=\frac{1}{2}\sqrt{n}.$

(2) 设 $n(n>1)$ 是合数，p_0 为 n 的最小素因数，则 $p_0\leqslant\sqrt{n}$，于是，

$$\varphi(n)=n\prod_{p\mid n}\left(1-\frac{1}{p}\right)\leqslant n\left(1-\frac{1}{p_0}\right)\leqslant n\left(1-\frac{1}{\sqrt{n}}\right)=n-\sqrt{n}$$

习题 2.4

1. (1) 当 $n=2k+1(k=0,1,\cdots)$ 时，$2^n\equiv-1(\mathrm{mod}\ 3)$；(2) 当 $n=4k(k=0,1,\cdots)$ 时，$2^n\equiv1(\mathrm{mod}\ 5)$；(3) 当 $n=4k+1$ 或 $4k+2(k=0,1,\cdots)$ 时，$1^n+2^n+3^n+4^n\equiv0(\mathrm{mod}\ 5)$.

2. 再过 $10^{10^{10}}$ 天是星期五.

3. 令 $n=3q+r(r=0,1,2)$，则 $2^n\equiv2^r\equiv1,2,4(\mathrm{mod}\ 7)$，因而 $2^n+1\equiv2,3,5(\mathrm{mod}\ 7)$，故对任何正整数 n，2^n+1 都不是 7 的倍数.

4. 由费马小定理知 $10^{30}\equiv1(\mathrm{mod}\ 31)$，故对任意正整数 k，有 $10^{30k}\equiv1(\mathrm{mod}\ 31)$，从而 $\frac{1}{3}(10^{30k}-1)\equiv0(\mathrm{mod}\ 31)$，这表明，$30k$ 个数码 3 组成的数能被 31 整除，因而这个数乘以 100 后再加上 31 所得的数也被 31 整除，即数列中第 $30k+2(k\in\mathbf{Z})$ 个数能被 31 整除.

5. 利用欧拉定理验算 $a^{560}\equiv1(\mathrm{mod}\ i)$，其中 $i=3,11,17$，即可证得结论.

6. (1) 因为 $(p,q)=1$，则 $p^{\varphi(q)}\equiv1(\mathrm{mod}\ q)$，$q^{\varphi(p)}\equiv1(\mathrm{mod}\ p)$，所以 $p^{\varphi(q)}+q^{\varphi(p)}\equiv1(\mathrm{mod}\ q)$，$p^{\varphi(q)}+q^{\varphi(p)}\equiv1(\mathrm{mod}\ p)$，故 $p^{q-1}+q^{p-1}\equiv1(\mathrm{mod}\ pq)$.

(2) 类似可证.

7. 当 $p=2$ 时结论显然成立. 设 $p>2$，则由费马小定理得 $2^{p-1}\equiv1(\mathrm{mod}\ p)$，从而对任意正整数 m，有

$$2^{m(p-1)}\equiv1(\mathrm{mod}\ p)\tag{B.6}$$

取 $m\equiv-1(\mathrm{mod}\ p)$，即 $m=pt-1(t\in\mathbf{Z})$ 时，由式(B.6)得 $2^{m(p-1)}-m(p-1)\equiv1+m\equiv0(\mathrm{mod}\ p)$. 因此，若 $n=(tp-1)(p-1)(t\in\mathbf{Z})$，则 2^n-n 被 p 整除，故数列 $\{2^n-n\}(n\geqslant1)$ 有无穷多项被 p 整除.

习题 2.5

1. 设 $n=p_1^{\alpha_1}p_2^{\alpha_2}\cdots p_k^{\alpha_k}$，则 n 的正因数可表示为 $d=p_1^{\gamma_1}p_2^{\gamma_2}\cdots p_k^{\gamma_k}(0\leqslant\gamma_i\leqslant\alpha_i,1\leqslant i\leqslant k)$，于是 $d(n)=\sum_{d\mid n}1=\sum_{i=1}^{k}\sum_{0\leqslant\gamma_i\leqslant\alpha_i}1=(1+\alpha_1)(1+\alpha_2)\cdots(1+\alpha_k)$，由此知 $d(n)$ 是积性函数；但 $d(4)=3\neq4=d(2)d(2)$，故 $d(n)$ 不是完全积性函数.

2. 若不恒为零的数论函数 $f(n)$ 是完全积性函数，则它必为积性函数，故 $f(1)=1$，且

$$f(p_1^{\alpha_1}p_2^{\alpha_2}\cdots p_k^{\alpha_k})=f(p_1)^{\alpha_1}f(p_2)^{\alpha_2}\cdots f(p_k)^{\alpha_k}$$

反之，若 m,n 中有一个等于 1，显然有 $f(mn)=f(m)f(n)$，当 $m>1,n>1$ 时，若 $m=p_1^{\alpha_1}\cdots p_k^{\alpha_k}$，$n=p_1^{\beta_1}\cdots p_k^{\beta_k}$，则

$$f(mn)=f(p_1^{\alpha_1+\beta_1}\cdots p_k^{\alpha_k+\beta_k})=f(p_1)^{\alpha_1+\beta_1}\cdots f(p_k)^{\alpha_k+\beta_k}=$$
$$f(p_1)^{\alpha_1}\cdots f(p_k)^{\alpha_k}f(p_1)^{\beta_1}\cdots f(p_k)^{\beta_k}=f(m)f(n)$$

3. $\sum\limits_{d\mid n}\frac{1}{d}=\frac{1}{n}\sum\limits_{d\mid n}\left(\frac{n}{d}\right)=\frac{1}{n}\sum\limits_{d\mid n}d=\frac{\sigma(n)}{n}$.

4. (1) 当 $n=1$ 时,右边的连乘理解为1,等式成立. 当 $n>1$ 时,设 $n=p_1^{\alpha_1}\cdots p_k^{\alpha_k}$,则有

$$\sum_{d\mid n}\mu(d)f(d)=\prod_{\substack{p_i\mid n\\1\leqslant i\leqslant k}}(1+\mu(p_i)f(p_i)+\cdots+\mu(p_i^{\alpha_i})f(p_i^{\alpha_i}))=\prod_{p\mid n}(1-f(p))$$

(2) 当 $n=1$ 时,右边的连乘理解为1,等式成立. 当 $n>1$ 时,设 $n=p_1^{\alpha_1}\cdots p_k^{\alpha_k}$,则有

$$\sum_{d\mid n}\mu^2(d)f(d)=\prod_{\substack{p_i\mid n\\1\leqslant i\leqslant k}}(1+\mu^2(p_i)f(p_i)+\cdots+\mu^2(p_i^{\alpha_i})f(p_i^{\alpha_i}))=\prod_{p\mid n}(1+f(p))$$

5. 当 $n=1$ 时,$\sum\limits_{d\mid n}\varphi(d)=1$;当 $n>1$ 时,设 $n=p_1^{\alpha_1}\cdots p_k^{\alpha_k}$,则

$$\sum_{d\mid n}\varphi(d)=\sum_{d_1\mid p_1^{\alpha_1}}\varphi(d_1)\cdots\sum_{d_k\mid p_k^{\alpha_k}}\varphi(d_k)=p_1^{\alpha_1}\cdots p_k^{\alpha_k}=n$$

第3章

习题3.1

1. (1) $\begin{cases}x=3t\\y=-5+2t\end{cases}$ $(t=0,\pm1,\cdots)$; (2) 因 $(903,731)=43\nmid 1\ 106$,故无解;

(3) $\begin{cases}x=6-5t\\y=3t\end{cases}$ $(t=0,\pm1,\cdots)$; (4) $\begin{cases}x=4+15t\\y=3+19t\end{cases}$ $(t=0,\pm1,\cdots)$.

2. (1) $x=4+7t,y=3-5t$,其中 $t=0,\pm1,\cdots$. 正整数解为 $x=4,y=3$.

(2) $x=3t,y=41-7t$,其中 $t=0,\pm1,\cdots$. 全部正整数解由 $t=1,2,3,4,5$ 给出;其非负整数解再加上 $t=0$.

3. (1) $x=-100+4u,y=200-7u,z=3u$,其中 $u=0,\pm1,\cdots$.

(2) $x=t,y=50-3t,z=3t,w=50-t$,其中 $t=0,\pm1,\cdots$.

4. 因为 $\gcd(a,b)=1$,故方程 $ax+by=n$ 的整数解为 $\begin{cases}x=x_0-bt\\y=y_0+at\end{cases}$ $(t=0,\pm1,\pm2,\cdots)$,

其中 x_0 与 y_0 满足方程 $ax_0+by_0=n$,于是,由 $x\geqslant0,y\geqslant0$ 得 $-\frac{y_0}{a}\leqslant t\leqslant\frac{x_0}{b}$,但区间 $\left[-\frac{y_0}{a},\frac{x_0}{b}\right]$ 的长度为 $\frac{n}{ab}$,故此区间内的整数个数为 $\left[\frac{n}{ab}\right]$ 或 $\left[\frac{n}{ab}\right]+1$.

5. 由于直线 $ax+by=c$ 上的坐标都是整数的点 (x_t,y_t) 的坐标,即 $\begin{cases}x_t=x_0+bt\\y_t=y_0-at\end{cases}$ $(t=0,$

$\pm1,\pm2,\cdots$)，其中(x_0, y_0)是直线$ax+by=c$上的整数点. 由于$\gcd(a, b) = 1$，故点(x_0, y_0)存在. 对于任意的$t\in\mathbf{Z}$，记P_t是以(x_t, y_t)为坐标的点，则P_{t+1}与P_t之间的距离$\overline{P_{t+1}P_t} = \sqrt{(x_{t+1}-x_t)^2+(y_{t+1}-y_t)^2}=\sqrt{a^2+b^2}$. 从而推出所证结论.

6. (1) 因为$\gcd(a,b)=1$，故$ax+by=n$的整数解为$\begin{cases}x=x_0+bt\\y=y_0-at\end{cases}$，其中$t=0,\pm1,\pm2,\cdots$.
又因为x_0与y_0满足方程

$$n = ax + by \tag{B.7}$$

由式(B.7)及$n>ab-a-b$有

$$ax = n-by = n-b(y_0-at) > ab-a-b-b(y_0-at) \tag{B.8}$$

取整数t，使得$0\leqslant y=y_0-at\leqslant a-1$，则由式(B.8)得到$ax>ab-a-b-b(a-1)=-a$，故$x>-1$，即$x\geqslant0$，于是$n=ax+by$，且$x\geqslant0,y\geqslant0$.

(2) 设有$x\geqslant0,y\geqslant0$，使得

$$ax+by = ab-a-b \tag{B.9}$$

则

$$a(x+1)+b(y+1) = ab \tag{B.10}$$

所以$a|b(y+1)$. 但$(a,b) = 1$，于是必有$a|(y+1)$，故$y+1\geqslant a$. 同理可证$x+1\geqslant b$，从而$a(x+1)+b(y+1)\geqslant 2ab$，这与式(B.10)矛盾，故式(B.9)不可能成立.

习题 3.2

1. $\frac{17}{60}=\frac{3}{4}+\frac{1}{3}-\frac{4}{5}=-\frac{1}{4}+\frac{1}{3}+\frac{1}{5}=\frac{3}{4}-\frac{2}{3}+\frac{1}{5}$.

2. (1) $\begin{cases}x=-1-4u+2v\\y=1+4u-v\\z=1-u\end{cases}$ $(u,v=0,\pm1,\cdots)$；(2) $\begin{cases}x=-70+9u+36v\\y=70-10u-36v\\z=10-5v\end{cases}$ $(u,v=0,\pm1,\cdots)$.

3. 原方程的通解为

$$\begin{cases}x_1 = 5-6v-2u\\x_2 =-5+6v+3u\\x_3 = 6+5v\end{cases}\quad(u,v=0,\pm1,\cdots)$$

原方程的全部非负整数解是$(x_1,x_2,x_3)=(1,1,6),(3,1,1,),(1,4,1)$.

4. $\begin{cases}x_1=8+14s+5t\\x_2=-4-7s-3t\\x_3=1+2s+2u\\x_4=1+2s+3u\end{cases}$ $(u,s,t=0,\pm1,\cdots)$.

习题 3.3

1. 所求本原解为$(x,y,z)=(3,4,5),(15,8,17),(5,12,13),(21,20,29),(7,24,25)$.

2. 因为$x^2+y^2=z^2$,故$x^2=(z+y)(z-y)$,又由x是素数得$z+y=x^2,z-y=1$,即$2z-1=x^2,2(x+y+1)=(x+1)^2$都是平方数.

3. 由于$x>y>z$,设$x-y=a^2,y-z=b^2,x-z=c^2$,则$a^2+b^2=c^2$,由此得

$$x=(u^2+v^2)^2+t,\quad y=(u^2-v^2)^2+t,\quad z=t\quad (u,v,t=0,\pm 1,\cdots)$$

或

$$x=(u^2+v^2)^2+t,\quad y=4u^2v^2+t,\quad z=t\quad (u,v,t=0,\pm 1,\cdots)$$

4. 必有$2\nmid x,2\nmid z$及$2\mid y$,所以$\gcd(z+x,z-x)=1$或2. 又x,z只能为奇数,故$\gcd(z+x,z-x)=2$,进而$z+x,z-x$不可能同时为4的倍数. ① 如果$4\nmid(z+x)$,则$2\nmid\frac{z+x}{2}$,从而$\gcd\left(\frac{z+x}{2},z-x\right)=1$. 由$y^2=\frac{z+x}{2}\cdot(z-x)$知,奇数$\frac{z+x}{2}$和偶数$z-x$均为平方数,因此,令$\frac{z+x}{2}=a^2,z-x=(2b)^2$,则$x=(a^2-2b^2),y=2ab,z=a^2+2b^2$,其中$a>0,b>0$,$\gcd(a,b)=1,2\nmid a$. ② 如果$4\nmid(z-x)$,类似可得$x=-(a^2-2b^2),y=2ab,z=a^2+2b^2$,其中$a>0,b>0$,且$\gcd(a,b)=1,2\nmid a$.

反之易证$x=\pm(a^2-2b^2),y=2ab,z=a^2+2b^2$,其中$a>0,b>0$,且$\gcd(a,b)=1,2\nmid a$是$x^2+2y^2=z^2$的满足$\gcd(x,y,z)=1$的整数解.

5. 设x,y,z是$x^2+y^2=z^4$的满足$\gcd(x,y)=1$且$2\mid x$的正整数解,则$x=2ab,y=a^2-b^2$,$z^2=a^2+b^2$,其中$a>b>0,\gcd(a,b)=1,a,b$一奇一偶. 再由$z^2=a^2+b^2$得$a=2uv,b=u^2-v^2$,$z=u^2+v^2$或$a=u^2-v^2,b=2uv,z=u^2+v^2$,其中$\gcd(u,v)=1,u>v>0,u,v$一奇一偶. 于是得

$$x=4uv(u^2-v^2),\quad y=|u^4+v^4-6u^2v^2|,\quad z=u^2+v^2 \tag{B.11}$$

其中,$\gcd(u,v)=1,u>v>0,u,v$一奇一偶.

反之,易证式(B.11)是原不定方程的正整数解,且满足$\gcd(x,y)=1,2\mid x$.

6. 反证法. 设原方程$x^2+y^2=x^2y^2$有满足$xy\neq 0$的整数解(x,y),不妨设$x>0,y>0$. 显然$2\mid x,2\mid y$. 因此有

$$\left(\frac{x}{2}\right)^2+\left(\frac{y}{2}\right)^2=4\left(\frac{x}{2}\right)^2\left(\frac{y}{2}\right)^2\quad\left(\frac{x}{2},\frac{y}{2}\in\mathbf{N}\right) \tag{B.12}$$

在式(B.12)中$\frac{x}{2}$与$\frac{y}{2}$必都是偶数;否则,若它们都是奇数,则有$\left(\frac{x}{2}\right)^2+\left(\frac{y}{2}\right)^2\equiv 2\pmod 8$,$4\left(\frac{x}{2}\right)^2\left(\frac{y}{2}\right)^2\equiv 4\pmod 8$,矛盾. 因此,$2\left|\frac{x}{2},2\right|\frac{y}{2}$. 由式(B.12),又有

$$\left(\frac{x}{2^2}\right)^2+\left(\frac{y}{2^2}\right)^2=4^2\left(\frac{x}{2^2}\right)^2\left(\frac{y}{2^2}\right)^2\quad\left(\frac{x}{2^2},\frac{y}{2^2}\in\mathbf{N}\right)$$

重复上面的讨论与分析，可以知道，对于任意正整数 k，有

$$\left(\frac{x}{2^k}\right)^2+\left(\frac{y}{2^k}\right)^2=4^k\left(\frac{x}{2^k}\right)^2\left(\frac{y}{2^k}\right)^2\quad\left(\frac{x}{2^k},\frac{y}{2^k}\in\mathbf{N}\right)$$

但是，由于 x,y 是固定的正整数，当 k 充分大时，$\frac{x}{2^k}$ 与 $\frac{y}{2^k}$ 不可能是正整数. 矛盾. 这个矛盾说明原方程不能有满足 $xy\neq 0$ 的整数解.

习题 3.4

1. $\begin{cases}x_1=2\\y_1=-1\end{cases}$ 或 $\begin{cases}x_2=-2\\y_2=-1\end{cases}$.

2. $(x,y)=(-3,-5),(-8,-9),(9,10),(-1,-4),(2,5),(4,6),(-3,6),(4,-5),(9,-9),(-8,10),(-1,5),(2,-4)$.

3. 反证法. 设存在整数 x,y，使得 $x(x+1)(x+2)(x+3)=y^2$，则 $(x^2+3x+1)^2-y^2=1$，即 $(x^2+3x+1+y)(x^2+3x+1-y)=1$，由于此式第一个因式显然大于 1，因此导出矛盾. 故所证命题成立.

4. 设 $(x,\ y,\ z)$ 是原方程的整数解，容易证明：$x\geqslant 0,y\geqslant 0,z\geqslant 0$. 若 $x>0$，则原方程 $5^y+7^z\equiv 1(\bmod 3)$，即 $2^y+1\equiv 1(\bmod 3)$，也即 $2^y\equiv 0(\bmod 3)$，因此，$3\mid 2^y$，这是不可能的. 所以必有 $x=0$，于是原方程即

$$5^y+7^z=2\tag{B.13}$$

由于 $y\geqslant 0,z\geqslant 0$，所以由式(B.13)推出 $y=z=0$. 故命题结论成立.

5. 当 $y=1$ 时，$x=2$. 若 $y\geqslant 2,x\geqslant 3$，则 $-3^y\equiv 1(\bmod 8)$，这是不可能的，故原方程的正整数解只有 $(x,y)=(2,1)$.

6. 显然 $x>z,y>z$，令 $x=z+s,y=z+t(s,t\in\mathbf{N})$，代入原方程可得 $z^2=st$，于是 $s=a^2d,t=b^2d,z=abd$，其中 $a,b,d\in\mathbf{N},\gcd(a,b)=1$，由此即得

$$x=abd+a^2d,\quad y=abd+b^2d,\quad z=abd\tag{B.14}$$

反之，易证式(B.14)是原方程的正整数解.

7. 不妨设 $x\leqslant y$，当 $p=2$ 时，$(x,y)=(2,2)$. 下设 p 是奇素数，令 $2x=p+s,2y=p+t\ (s,t\in\mathbf{Z},s\leqslant t)$，代入原方程可得 $p^2=st$，由此得 $s=1,t=p^2$，或者 $s=p,t=p$，或者 $s=-p^2$，$t=-1$，故原方程的三个整数解为 $(x,y)=\left(\frac{p+1}{2},\frac{p(p+1)}{2}\right),(p,p),\left(\frac{p(p-1)}{2},\frac{(p-1)}{2}\right)$.

8. 从方程组中消去 z，得 $8-9x-9y+3x^2+6xy+3y^2-x^2y-xy^2=0$，变形为 $(3-x)(3x+3y-xy-y^2)=8$，故 $(3-x)\mid 8$，从而 $3-x=\pm 1,\pm 2,\pm 4,\pm 8$，即 $x=-5,-1,1,2,4,5,7,11$. 故整数解为 $(x,y,z)=(1,1,1),(-5,4,4),(4,-5,4),(4,4,-5)$.

9. 设 $x_k=2m(m\in\mathbf{Z})$，则 $x_k^4=(2m)^4\equiv 0(\bmod 16)$；当 x_k 为奇数时，设 $x_k=2m+1\ (m\in\mathbf{Z})$，易证 $x_k^4\equiv 1(\bmod 16)$. 因此 $x_1^4+x_2^4+\cdots+x_{14}^4\equiv r(\bmod 16)$，且 $0\leqslant r\leqslant 14$，而

$$1\ 599=16\times100-1\equiv15(\bmod 16)$$

且 $r\neq15$，所以原方程没有整数解.

第4章

习题 4.1

1. (1) $x\equiv8(\bmod 11)$； (2) $(6,36)=6\nmid22$，无解； (3) $x\equiv3(\bmod 17)$；
(4) $x\equiv-14(\bmod 337)$； (5) $x\equiv3,8,13(\bmod 15)$； (6) $x\equiv62(\bmod 105)$.

2. $\begin{cases}x\equiv11(\bmod 47)\\ y\equiv1(\bmod 47)\end{cases}$.

3. 由 $(a,p)=1$ 知 $ax\equiv b(\bmod p)$ 只有一解. 易知 $b(-1)^{a-1}\dfrac{(p-1)(p-2)\cdots(p-a+1)}{a!}$ 是整数，故只须将它代入 $ax\equiv b(\bmod p)$ 验证即可.

4. 必要性. 若 $a_1x'_1+\cdots+a_nx'_n\equiv b(\bmod m)$，故 $a_1x'_1+\cdots+a_nx'_n+mt=b(t\in\mathbf{Z})$，因而 $(a_1,a_2,\cdots,a_n,m)=d|b$.

充分性. 设 $(a_1,a_2,\cdots,a_n,m)=d|b$ 成立，下面对 n 进行归纳. 当 $n=1$ 且 $(a_1,m)=d|b$ 时，$a_1x\equiv b(\bmod m)$ 有 d 个解. 假设 $n=k$ 时结论成立. 设 $a_1x_1+\cdots+a_kx_k+a_{k+1}x_{k+1}\equiv b(\bmod m)$，令 $(a_1,\cdots,a_k,m)=d_1$，$(d_1,a_{k+1})=d$，因为同余方程 $a_{k+1}x_{k+1}\equiv b(\bmod d_1)$ 有解，其解数为 d，$(\bmod d_1)$. 令 $m=d_1m_1$，则解数为 dm_1，$(\bmod m)$. 现在固定其中的一个解 x_{k+1}，由归纳假设 $a_1x_1+\cdots+a_kx_k\equiv b-a_{k+1}x_{k+1}(\bmod m)$ 有解，其解数为 d_1m^{k-1}，$(\bmod m)$，从而 $a_1x_1+\cdots+a_kx_k+a_{k+1}x_{k+1}\equiv b(\bmod m)$ 有解，其解数为 $dm_1\cdot d_1m^{k-1}=d\cdot m^k$，$(\bmod m)$. 由归纳原理知，命题对一切 $n\geqslant1$ 成立.

5. $\begin{cases}x\equiv-1-7t+6s(\bmod 12)\\ y\equiv1+2t(\bmod 12)\end{cases}$ $(t=0,1,2,3,4,5;s=0,1)$.

6. $\begin{cases}x\equiv0(\bmod 3)\\ y\equiv4(\bmod 7)\end{cases}$； $\begin{cases}x\equiv1(\bmod 3)\\ y\equiv2(\bmod 7)\end{cases}$； $\begin{cases}x\equiv2(\bmod 3)\\ y\equiv1(\bmod 7)\end{cases}$.

习题 4.2

1. (1) $x\equiv37(\bmod 187)$； (2) $x\equiv1\ 837(\bmod 2\ 310)$；
(3) $x\equiv-29(\bmod 120)$； (4) $x\equiv-8,77(\bmod 170)$.

2. $x\equiv13,55,58,100(\bmod 105)$.

3. 士兵有 58 人.

4. 令 $n=2^\alpha3^\beta5^\gamma$，由条件得 $\alpha\equiv1(\bmod 2)$，$\alpha\equiv0(\bmod 3)$，$\alpha\equiv0(\bmod 5)$；$\beta\equiv0(\bmod 2)$，$\beta\equiv1(\bmod 3)$，$\beta\equiv0(\bmod 5)$；$\gamma\equiv0(\bmod 2)$，$\gamma\equiv0(\bmod 3)$，$\gamma\equiv1(\bmod 5)$. 由孙子定理得 $\alpha\equiv15(\bmod 30)$，$\beta\equiv10(\bmod 30)$，$\gamma\equiv6(\bmod 30)$，故 $n=2^{15}3^{10}5^6$.

5. 同余方程组 $x\equiv-k(\bmod p_k)(k=1,2,\cdots,n)$ 的解 x 即为所求.

习题 4.3

1. (1) $x\equiv 1,6,11,-17,-12,-7 \pmod{45}$； (2) $x\equiv 10,16 \pmod{33}$；

(3) $x\equiv -65\cdot u+66\cdot v \pmod{143}\,(u=1,3,5;v=1,3,5)$.

2. (1) $x\equiv 22 \pmod{27}$； (2) 无解；

(3) $x\equiv 23 \pmod{7^3}$； (4) $x\equiv 2+9j \pmod{3^3}\,(j=0,\pm 1)$.

3. 对任意的 $l(l\in\mathbf{N})$，原同余方程的解为 $x\equiv -1,1 \pmod{p^l}$ 且解数为 2.

4. 令 $m=p_1^{\alpha_1}p_2^{\alpha_2}\cdots p_k^{\alpha_k}$（$\alpha_i\geqslant 1$，$p_i(i=1,2,\cdots,k)$ 为奇素数），$x^2\equiv 1 \pmod{m}$ 等价于方程组 $x^2\equiv 1 \pmod{p_i^{\alpha_i}}\,(i=1,\cdots,k)$. 由第 3 题的结论知 $x^2\equiv 1 \pmod{p_i^{\alpha_i}}\,(1\leqslant i\leqslant k)$ 的解数为 $T_i=2$，因而 $x^2\equiv 1 \pmod{m}$ 的解数 $T=T_1T_2\cdots T_k=2^k$，当 k 充分大时，必有 $2^k>n$.

习题 4.4

1. (1) 无解； (2) $x\equiv \pm 1 \pmod{5}$.

2. (1) 此方程少于 3 个解；

(2) 由于此同余方程的模为 5，因此最多只有 5 个解，不可能有 6 个解.

3. 设 x_1 是 $x^k\equiv a \pmod{m}$ 的任意一解，即 $x_1^k\equiv a \pmod{m}$. 因为 $(x_0^k,m)=(a,m)=1$，$(x_0,m)=1$，则 $x_0y\equiv x_1 \pmod{m}$ 有解 y. 再由 $y^ka\equiv y^kx_0^k\equiv (yx_0)^k\equiv x_1^k\equiv a \pmod{m}$ 及 $(a,m)=1$，得 $y^k\equiv 1 \pmod{m}$，即 $x_1\equiv yx_0 \pmod{m}$，其中 y 满足同余方程 $y^k\equiv 1 \pmod{m}$.

反之，设 x 可以表示成 $x\equiv yx_0 \pmod{m}$，其中 y 满足同余方程 $y^k\equiv 1 \pmod{m}$，则 $x^k\equiv (yx_0)^k\equiv y^kx_0^k\equiv x_0^k\equiv a \pmod{m}$，因而 x 是 $x^k\equiv a \pmod{m}$ 的解.

4. 因为 $k\mid(p-1)$，故 $x^p-x=x\cdot((x^k)^{\frac{p-1}{k}}-1)=(x^k-1)\cdot x\cdot h(x)$，其中 $h(x)$ 是 x 的整系数多项式，因此 $x^k\equiv 1 \pmod{p}$ 恰有 k 个解. 又由于 $k\mid n$，因此 $x^k\equiv 1 \pmod{p}$ 的这 k 个解都是 $x^n\equiv 1 \pmod{p}$ 的解. 下面只须证明 $x^n\equiv 1 \pmod{p}$ 的任一解必是 $x^k\equiv 1 \pmod{p}$ 的解. 事实上，若 x_0 是 $x^n\equiv 1 \pmod{p}$ 的解，则 $x_0^n\equiv 1 \pmod{p}$ 且 $x_0^{p-1}\equiv 1 \pmod{p}$. 因为 $(n,p-1)=k$，选取整数 $s,t\,(st<0)$，使得 $k=sn+t(p-1)$. 当 $s>0,t<0$ 时，$x_0^k\equiv x_0^k\cdot x_0^{-t(p-1)}=x_0^{sn}\equiv 1 \pmod{p}$.

当 $s<0,t>0$ 时，$x_0^k\equiv x_0^{sn+t(p-1)}\equiv x_0^{sn}(x_0^{p-1})^t\equiv 1 \pmod{p}$，因此，$x_0$ 也是 $x^k\equiv 1 \pmod{p}$ 的解.

5. 令 $f(x)=(x-1)(x-2)\cdots(x-p+1)=x^{p-1}-a_{p-2}x^{p-2}+\cdots+a_2x^2-a_1x+a_0$，其中 $a_{p-2}=1+2+\cdots+(p-1)=\dfrac{p(p-1)}{2}$ 是 p 的倍数. 考虑同余方程 $f(x)\equiv 0 \pmod{p}$，即 $f(x)\equiv x^{p-1}-a_{p-2}x^{p-2}+\cdots-a_1x+a_0\equiv x^{p-1}+a_{p-3}x^{p-3}-\cdots-a_1x+a_0\equiv 0 \pmod{p}$，由于同余方程 $f(x)\equiv 0 \pmod{p}$ 有 $p-1$ 个解，故由定理 4.4.4 知，$x^p-x=x\cdot f(x)+r(x)$ 中的余式 $r(x)=-a_{p-3}x^{p-2}+\cdots-a_2x^3+a_1x^2-(a_0+1)x$ 中每项的系数都是 p 的倍数. 从而 $f(x)=(x-1)(x-2)\cdots(x-p+1)$ 的展开式中除首项及常数项外，所有的系数都是 p 的倍数.

第5章

习题5.1

1. (1) 无解；　(2) 两解；　(3) 无解；　(4) 无解.

2. 模19的二次剩余是1,−2,−3,4,5,6,7,−8,9;二次非剩余是−1,2,3,−4,−5,−6,−7,8,−9.

3. 利用二次剩余及二次非剩余的定义.

4. (1)和(2)利用Wilson定理及欧拉判别法的结论证明.

(3) $1^2+2^2+\cdots+\left(\frac{p-1}{2}\right)^2\equiv\frac{1}{3}\cdot\frac{p-1}{2}\cdot\frac{p}{2}\cdot\frac{p+1}{2}\equiv\begin{cases}1\pmod p, & p=3\\ 0\pmod p, & p>3\end{cases}$.

(4) 模 p 的所有二次非剩余之和 $\equiv[1+2+\cdots+(p-1)]-\left[1+2^2+\cdots+\left(\frac{p-1}{2}\right)^2\right]\equiv$ $\frac{p(p-1)}{2}-\frac{1}{3}\cdot\frac{p-1}{2}\cdot\frac{p}{2}\cdot\frac{p+1}{2}\equiv\begin{cases}-1\pmod p, & p=3\\ 0\pmod p, & p>3\end{cases}$.

5. (1)和(2)均利用已知条件及欧拉判别法证明.

习题5.2

1. 有四解.

2. 由 $\left(\frac{a}{p}\right)=1$,得 $a^{\frac{p+1}{2}}\equiv a\pmod p$,即 $\left(\pm a^{\frac{p+1}{4}}\right)^2\equiv a\pmod p$,故结论得证.

3. 必要性. 若 $x^2\equiv a\pmod{p^\alpha}$,则 $x^2\equiv a\pmod p$ 有解,即 $\left(\frac{a}{p}\right)=1$.

充分性. 若 $\left(\frac{a}{p}\right)=1$,即 $x^2\equiv a\pmod p$ 有解 $x\equiv x_0\pmod p$,又 $(a,p)=1$,因此 $(x_0,p)=1$,所以 $p\nmid(2x_0)$. 因此,由定理4.3.1知,由解 $x\equiv x_0\pmod p$ 可导出 $x^2\equiv a\pmod{p^\alpha}$ 的一个解 $x\equiv x_\alpha\pmod{p^\alpha}$,所以 $x^2\equiv a\pmod{p^\alpha}$ 有解.

4. 因为 $p\equiv1\pmod 4$,所以 $\left(\frac{-1}{p}\right)=1$,于是 $\left(\frac{p-r}{p}\right)=\left(\frac{r}{p}\right)$,由此知,$r$ 与 $p-r$ 同为模 p 的二次剩余或二次非剩余. 对任一 $r(1\leqslant r\leqslant p-1)$,将 r 与 $p-r$ 配对,所以 $\sum_{r=1}^{p-1}r\cdot\left(\frac{r}{p}\right)=np+(-np)=0$.

5. 反证法. 如果原方程有整数解 x,y,则 x 必为奇数(为什么). 将原方程改写成

$$y^2+1=x^3+8=(x+2)((x-1)^2+3)\tag{B.15}$$

因为 $(x-1)^2+3\equiv3\pmod 4$,故 $((x-1)^2+3)$ 必有一个素因数 $p\equiv3\pmod 4$. 于是式(B.15)即 $y^2+1\equiv0\pmod p$,所以 $\left(\frac{-1}{p}\right)=1$,于是 $p\equiv1\pmod 4$. 矛盾.

习题 5.3

1. (1) 有解；　　　　(2) 有解.

2. (1) $p\equiv 1\pmod 6$；　　(2) $p\equiv 1\pmod{12}$；　　(3) $p\equiv 5\pmod{12}$；(4) $p\equiv -1\pmod{12}$；

3. $\left(\frac{6}{p}\right)=1$ 的充分必要条件是 $p\equiv\pm 1,\pm 5\pmod{24}$.

4. 由 $\left(\frac{11}{p}\right)=1$ 推出 $(-1)^{\frac{p-1}{2}}\left(\frac{p}{11}\right)=1$，即 $\begin{cases}(-1)^{\frac{p-1}{2}}=1\\ \left(\frac{p}{11}\right)=1\end{cases}$ 或 $\begin{cases}(-1)^{\frac{p-1}{2}}=-1\\ \left(\frac{p}{11}\right)=-1\end{cases}$，也即

$$\begin{cases}p\equiv 1\pmod 4\\ p\equiv 1,3,4,5,9\pmod{11}\end{cases}\quad\text{或}\quad\begin{cases}p\equiv -1\pmod 4\\ p\equiv -1,-3,-4,-5,-9\pmod{11}\end{cases}$$

利用孙子定理求解得 $p\equiv\pm 1,\pm 5,\pm 7,\pm 9,\pm 19\pmod{44}$.

5. 设奇素数 $p\mid(x^2-3y^2)$，即 $x^2\equiv 3y^2\pmod p$，由 $(x,y)=1$ 及 $p>3$ 得 $(3y^2,p)=1$. 于是 $\left(\frac{3y^2}{p}\right)=\left(\frac{3}{p}\right)=1$，由此得 p 的一般形式为 $p\equiv\pm 1\pmod{12}$.

6. 反证法.（类似于 5.3 节例 5 的证明，只须令 $M=(2p_1p_2\cdots p_k)^2+1$ 即可）

7. 当 $p=4k+1(k\in\mathbf{Z})$ 时，$x^2\equiv -1\pmod p$ 有解；当 $p=8k+3(k\in\mathbf{Z})$ 时，$x^2\equiv -2\pmod p$ 有解；当 $p=8k+7(k\in\mathbf{Z})$ 时，$x^2\equiv 2\pmod p$ 有解. 从而总存在整数 n，使得 $p\mid(n^2+1)(n^2+2)(n^2-2)$.

习题 5.4

1. (1) 无解；　　　　(2) 有两解.

2. 由于 $\left(\frac{\pm 1}{p}\right)=1$，令 $d=\pm 2^k d_1$（d_1 为正奇数，k 为非负整数），则 $\left(\frac{d}{p}\right)=\left(\frac{2}{p}\right)^k\left(\frac{d_1}{p}\right)$. 对 $k=0$ 及 $k\geqslant 1$，再分 $d_1=1$，$d_1>1$ 两种情况讨论.

3. 反证法. 设 (x_0,y_0) 是原方程的整数解，则 $x_0^2\equiv 17\pmod{23}$，即 $\left(\frac{17}{23}\right)=1$，但经计算 $\left(\frac{17}{23}\right)=-1$. 矛盾.

4. 因为 $p=10n-1\ (n\in\mathbf{N})$，故 $\left(\frac{5}{p}\right)=\left(\frac{p}{5}\right)=\left(\frac{-1}{5}\right)=1$，因此存在整数 g，使得 $5\equiv g^2\pmod p$，从而 $5^{5n-1}\equiv(g^2)^{5n-1}\equiv g^{\varphi(p)}\equiv 1\pmod p$，因此 $p\mid(5^{5n-1}-1)$.

5. 若 a 为奇数，有

$$\left(\frac{a}{4ac-b}\right)=(-1)^{\frac{a-1}{2}\cdot\frac{4ac-b-1}{2}}\left(\frac{-b}{a}\right)=(-1)^{\frac{a-1}{2}\cdot\frac{b-1}{2}}\left(\frac{b}{a}\right)=\left(\frac{a}{b}\right)$$

若 a 为偶数，于是 $4ac-b$ 与 b 同为 $8k\pm 1$ 或同为 $8k\pm 3$ 型，有 $\left(\frac{2}{4ac-b}\right)=\left(\frac{2}{b}\right)$. 设 $a=2^{\alpha}a_1$，a_1

为奇数,则

$$\left(\frac{a}{4ac-b}\right)=\left(\frac{2}{4ac-b}\right)^{\alpha}\left(\frac{a_1}{4ac-b}\right)=$$

$$\left(\frac{2}{b}\right)^{\alpha}(-1)^{\frac{a_1-1}{2}\cdot\frac{4ac-b-1}{2}}\left(\frac{-b}{a_1}\right)=\left(\frac{2}{b}\right)^{\alpha}\left(\frac{a_1}{b}\right)=\left(\frac{a}{b}\right)$$

习题 5.5

1. (1) $x\equiv\pm53 \pmod{125}$; (2) $x\equiv\pm13,\pm45 \pmod{64}$; (3) 无解;
(4) $x\equiv3 \pmod{13}$; (5) $x\equiv17,39 \pmod{44}$.

2. (1) 由欧拉判别条件知 $a^{2m+1}\equiv1 \pmod p$,所以 $(a^{m+1})^2\equiv a \pmod p$,由于 $a^{m+1}\not\equiv -a^{m+1} \pmod p$,从而 $x\equiv\pm a^{m+1} \pmod p$ 是同余方程(1)的解.

(2) 由欧拉判别条件知 $a^{4m+2}\equiv1 \pmod p$,所以 $a^{2m+1}\equiv\pm1 \pmod p$,故 $a^{2m+2}\equiv\pm a \pmod p$,又 $\left(\frac{2}{p}\right)=-1$,故 $2^{4m+2}\equiv-1 \pmod p$,于是,当 $a^{2m+2}\equiv a \pmod p$ 时,$x\equiv\pm a^{m+1} \pmod p$ 是同余方程(2)的解;当 $a^{2m+2}\equiv -a \pmod p$ 时,$x\equiv\pm a^{m+1}\cdot2^{2m+1} \pmod p$ 是同余方程(2)的解.

(3) 因为 $p=8m+1$,故可令 $p=2^kh+1(k\geqslant3)$,$2\nmid h$. 由于 $\left(\frac{a}{p}\right)=1$,由欧拉判别条件知 $a^{2^{k-1}h}\equiv1 \pmod p$,所以 $a^{2^{k-2}h}\equiv\pm1 \pmod p$. 又已知 M 是模 p 的二次非剩余,故由欧拉判别条件知 $M^{2^{k-1}h}\equiv-1 \pmod p$,所以存在非负整数 s_2 ($s_2=0$ 或 $s_2=1$),使得 $a^{2^{k-2}h}M^{2^{k-1}s_2}\equiv1 \pmod p$,从而有 $a^{2^{k-3}h}M^{2^{k-2}s_2}\equiv\pm1 \pmod p$,…,如此继续下去,最后可得到 $a^hM^{2s_t}\equiv1 \pmod p$ $(t\in\mathbf{N},s_t\in\mathbf{Z})$,所以 $(a^{\frac{h+1}{2}})^2(M^{s_t})^2\equiv a \pmod p$ (注意到 h 是奇数),从而可知 $x\equiv\pm a^{\frac{h+1}{2}}M^{s_t} \pmod p$ 是同余方程的两个解.

第6章

习题 6.1

1. 模 11 的最小非负简化剩余系中各数的阶如下表所列.

i	1	2	3	4	5	6	7	8	9	10
$\delta_{11}(i)$	1	10	5	5	5	10	10	10	5	2

2. 先求模 14 的最小非负简化剩余系中各数的阶,由此求出 14 的全部原根为 3 和 5.

3. 由于 $\delta_p(a)=3$,所以 $a^3\equiv1 \pmod p$,$a\not\equiv1 \pmod p$,$a^2\not\equiv1 \pmod p$,因此 $a\not\equiv\pm1 \pmod p$,从而有 $a^2+a+1\equiv0 \pmod p$,故 $1+a\not\equiv1 \pmod p$,$(1+a)^2\equiv1+2a+a^2\equiv a\not\equiv1 \pmod p$,$(1+a)^3\equiv-1 \pmod p$. 从而 $\delta_p(1+a)=6$.

4. 利用推论 6.1.4 的结论证明.

5. 利用定理 6.1.1 及 a 模 p 的阶的性质证明.

6. 必要性. 因为 $\delta_p(g)=p-1$，由 6.1 节例 3 的(3)知 $\delta_p(-g)=\frac{p-1}{2}$.

充分性. 若 $\delta_p(-g)=\frac{p-1}{2}$，则 $(-g)^{\frac{p-1}{2}}\equiv 1 \pmod p$，故 $g^{\frac{p-1}{2}}\equiv -1 \pmod p$，$g^{p-1}\equiv 1 \pmod p$，由此及 $\frac{\delta_p(g)}{(\delta_p(g),2)}=\delta_p(g^2)=\delta_p((-g)^2)=\frac{\delta_p(-g)}{(\delta_p(-g),2)}=\frac{p-1}{2}$ 推得 $\delta_p(g)=p-1$.

习题 6.2

1. 经计算知，2 不是 43 的原根，3 是 43 的原根，且 $3^{42}\equiv 1+2\times 43 \pmod{43^2}$，由于 $43\nmid 2$，由定理 6.2.4 知，3 是所有 43^α 的原根. 又 3 为奇数，根据定理 6.2.5 知，3 也是所有 $2\times 43^\alpha$ $(\alpha\geqslant 1)$ 的原根.

2. (1) 由已知条件得 $q\equiv 3 \pmod 8$，$(2,q)=1$，故 $2^{2p}\equiv 1 \pmod q$. 只须证明 $2^2\not\equiv 1 \pmod q$ 及 $2^p\not\equiv 1 \pmod q$，即得 2 是模 q 的原根. 用类似(1)的方法论证(2)和(3).

3. 设 g 是模 p 的二次非剩余，$g^{\frac{p-1}{2}}\equiv g^{2^{n-1}}\equiv -1 \pmod p$，因此 $g^{2^n}\equiv 1 \pmod p$. 易证对任意 $2^s(s<n-1)$ 都有 $g^{2^s}\not\equiv 1 \pmod p$，因此 g 是模 p 的原根. 反之，若 g 是模 p 的原根，则 $g^{2^n}\equiv 1 \pmod p$，且对任意 $2^s(s\leqslant n-1)$ 都有 $g^{2^s}\not\equiv 1 \pmod p$. 因此由 $(g^{2^n}-1)(g^{2^{n-1}}+1)\equiv 0 \pmod p$ 必有 $g^{2^{n-1}}+1\equiv 0 \pmod p$，即 g 是模 p 的一个二次非剩余.

习题 6.3

1. (1) 经计算得 3 是 7 的最小原根. 又 $\varphi(7)=6$，因为 $\{0,1,\cdots,5\}$ 与 6 互素的数只有 1 和 5 两个，所以，由于 $3^1\equiv 3 \pmod 7$，$3^5\equiv 5 \pmod 7$，于是模 7 的全部原根是 $x\equiv 3,5 \pmod 7$；类似可得模 13 的全部原根是 $x\equiv 2,6,7,11 \pmod{13}$.

(2) 利用定理 6.2.5 知，模 14 的全部原根是 $x\equiv 3,5 \pmod{14}$；模 26 的全部原根是 $x\equiv 7,11,15,19 \pmod{26}$.

2. 因为 $\varphi(29)=28=2^2\times 7$，又 $2^{\frac{\varphi(29)}{2}}=2^{14}\not\equiv 1 \pmod{29}$，$2^{\frac{\varphi(29)}{7}}=2^4\not\equiv 1 \pmod{29}$，故 2 是模 29 的最小正原根. 因为 $2^{29-1}=2^{28}\equiv 1+1\times 29 \pmod{29^2}$，$29\nmid 1$，由定理 6.2.4 知，2 是模 29^3 的原根. 由定理 6.2.5 及 2 是偶数知，$2+29^3$ 是模 $2\cdot 29^3$ 的原根.

3. (1) 因为 $a^{\frac{F_n-1}{2}}\equiv -1 \pmod{F_n}$，故 $a^{F_n-1}\equiv 1 \pmod{F_n}$. 若 a 不是 F_n 的原根，令 a 关于模 F_n 的阶为 δ，则 $\delta\mid(F_n-1)=2^{2^n}$，设 $\delta=2^k(k<2^n)$，因而 $a^{\frac{F_n-1}{2}}\equiv 1 \pmod{F_n}$，从而 a 是 F_n 的二次剩余，矛盾.

(2) 经计算得 $\left(\frac{3}{F_n}\right)=\left(\frac{-3}{F_n}\right)=-1$，由(1)知，它们都是 F_n 的原根.

4. 利用欧拉定理得 $a^{\varphi(a^n-1)}\equiv 1 \pmod{(a^n-1)}$ 及 a 模 a^n-1 的阶为 n 即可证得结论.

5. 反证法. 设存在大于 1 的正整数 n，使得 $n\mid(2^n-1)$. 又设 d 是满足 $n\mid(2^n-1)$ 的最小正整数，令 $\delta_d(2)=r$，则 $r\mid d$. 易证 $1<r<d$，且 $2^r\equiv 1 \pmod r$. 这与 d 的取法矛盾.

习题 6.4

1. (1) 3 是模 17 的最小正原根. a 关于模 17 的以 3 为底的指数表如下表所列.

a	1	2	3	4	5	6	7	8
$\mathrm{ind}_3(a)$	16	14	1	12	5	15	11	10
a	9	10	11	12	13	14	15	16
$\mathrm{ind}_3(a)$	2	3	7	13	4	9	6	8

(2) 6 是模 41 的最小正原根. a 关于模 41 的以 6 为底的指数表如下表所列.

a	1	2	3	4	5	6	7	8	9	10
$\mathrm{ind}_6(a)$	0	26	15	12	22	1	39	38	30	8
a	11	12	13	14	15	16	17	18	19	20
$\mathrm{ind}_6(a)$	3	27	31	25	37	24	33	16	9	34
a	21	22	23	24	25	26	27	28	29	30
$\mathrm{ind}_6(a)$	14	29	36	13	4	17	5	11	7	23
a	31	32	33	34	35	36	37	38	39	40
$\mathrm{ind}_6(a)$	28	10	18	19	21	2	32	35	6	20

2. (1) $x\equiv 1 \pmod 5$；　(2) $x\equiv 8,10,31,33 \pmod{41}$；

(3) $x\equiv 7 \pmod{17}$；　(4) $x\equiv \pm 26,\pm 59,\pm 70,\pm 15 \pmod{187}$；

(5) $x\equiv 4 \pmod{16}$；

(6) $x\equiv 10,18,16,37 \pmod{41}$.（提示：从 $x^5\equiv 1 \pmod{41}$ 的解中去掉 $x\equiv 1 \pmod{41}$ 即所求）

3. 当 $a=1,10,16,18,37$ 时，同余方程 $10^x\equiv a \pmod{41}$ 有解.

4. 必要性. 若 $p=2$，则由 $a^3\equiv b^3 \pmod 2$ 知 a,b 同为奇数或同为偶数，因此 $a\equiv b \pmod 2$. 若 $p>2$，由 $a^3\equiv b^3 \pmod p$ 知，当 $p\mid a$ 时，显然 $a\equiv b \pmod p$；当 $p\nmid a$ 时，则 $p\nmid b$，又 p 是奇素数，因此其原根存在，设为 g，从而由 $a^3\equiv b^3 \pmod p$ 得 $3\cdot \mathrm{ind}_g a\equiv 3\cdot \mathrm{ind}_g b \pmod{p-1}$，又 $p=2 \pmod 3$，所以 $p-1\equiv 1 \pmod 3$，即 $(3,p-1)=1$，故 $\mathrm{ind}_g a\equiv \mathrm{ind}_g b \pmod{p-1}$，因此 $a\equiv b \pmod p$. 充分性显然成立.

5. 若 $x^2+ay^2=p$ 有整数解 (x,y)，则必有 $p\nmid y$；否则，若 $p\mid y$，则 $p\mid x^2$，但 p 是素数，由此得 $p\mid x$，从而 $p^2\mid p$，矛盾. 令 $x=dx_1$，$y=dy_1$，且 $(x_1,y_1)=1$，则 $d^2(x_1^2+ay_1^2)=p$，于是 $d\mid p$，从而 $d=1$ 或 $d=p$. 若 $d=p$，则 $p^2\mid p$ 矛盾. 故 $d=1$，即 $(x,y)=1$. 再由 $x^2\equiv -ay^2 \pmod p$ 知，$(-ay^2)$ 是模 p 的二次剩余，所以 $1=\left(\dfrac{-ay^2}{p}\right)=\left(\dfrac{-a}{p}\right)$.

第 7 章

习题 7.1

1. $789=(1100010101)_2=(11124)_5$.

2. $\frac{8}{21}=0.\dot{3}80\ 95\dot{2}$.

3. $n=(a_k\cdots a_1a_0)_7=a_k\cdot 7^k+\cdots+a_1\cdot 7+a_0\equiv a_k+\cdots+a_1+a_0\pmod 2$,由此可推得结论.

4. 若$\frac{m}{n}=(0.a_{-1}a_{-2}\cdots a_{-k})_b=a_{-1}\cdot\frac{1}{b}+a_{-2}\cdot\frac{1}{b^2}+\cdots+a_{-k}\cdot\frac{1}{b^k}$,$(m,n)=1$,则 $b^k\cdot m=n\cdot(a_{-1}\cdot b^{k-1}+\cdots+a_{-(k-1)}\cdot b+a_{-k})$,即 $n|b^km\Rightarrow n|b^k$,故 n 的每个素因数都是 b 的素因数.反之,若 n 的每个素因数都是 b 的素因数,则必存在正整数 k,使得 $n|b^k$,即 $b^k=n\cdot n_1$,故 $\frac{m}{n}=\frac{m\cdot n_1}{b^k}=\frac{1}{b^k}\cdot(a_lb^l+\cdots+a_1b+a_0)(0\leqslant a_i\leqslant b-1;i=0,1,\cdots,l)$,因此,$\frac{m}{n}$的 b 进制小数 $\frac{m}{n}=(0.a_{-1}a_{-2}\cdots)_b$ 为有限小数.

习题 7.2

1. $\langle -2,1,2/3,2,1/2,3\rangle=-143/95$.

2. (1) $\alpha=\langle 3,2,1,2,3\rangle=91/27$;　　(2) $\beta=\langle 4,4,8,4,8,4,8,\cdots\rangle=3\sqrt{2}$.

3. 通过列表求得各个渐近分数依次为$\frac{2}{1},\frac{3}{1},\frac{8}{3},\frac{11}{4},\frac{19}{7},\frac{87}{32},\frac{106}{39},\frac{193}{71},\frac{1\,264}{456}$.

4. (1) 令$\frac{a}{b}=\langle a_1,a_2,\cdots,a_n\rangle=\frac{p_n}{q_n}$,记 $a=(a,b)a_1$,$b=(a,b)b_1$,则$(a_1,b_1)=1$. 由于$(p_n,q_n)=1$,因此 $p_n=a_1$,$q_n=b_1$,故 $a=p_n(a,b)$,$b=q_n(a,b)$. 再由定理 7.2.2,有 $p_nq_{n-1}-p_{n-1}q_n=(-1)^n$,即 $aq_{n-1}-bp_{n-1}=(-1)^n(a,b)$.

(2) 因为$\frac{13}{17}=\langle 0,1,3,4\rangle$,于是 $n=4$,经列表计算得 $p_3=3$,$q_3=4$. 由(1)的结论知 $13\times 4-17\times 3=(-1)^4=1$,因此 $x=20$,$y=-15$ 是原方程的特解. 所以,原方程的解是 $\begin{cases}x=20+17t\\ y=-15-13t\end{cases}$ $(t=0,\pm 1,\cdots)$.

习题 7.3

1. $\frac{121}{21}=\langle 5,1,3,5\rangle$;$-\frac{19}{29}=\langle -1,2,1,9\rangle$;$2.23=\langle 2,4,2,1,7\rangle$.

2. $\sqrt{13}=\langle 3,1,1,1,1,6,1,1,1,1,6,\cdots\rangle$.

3. 经计算得 $2+\sqrt{3}=\langle 3,1,2,1,2,\cdots\rangle$,利用下表得到 $2+\sqrt{3}$的各个渐近分数,通过计算得

k	1	2	3	4	5	6	7	8	9	10	11
a_k	3	1	2	1	2	1	2	1	2	1	2
p_k	3	4	11	15	41	56	153	209	571	780	2 131
q_k	1	1	3	4	11	15	41	56	153	209	571

$\left|2+\sqrt{3}-\frac{780}{209}\right|<\frac{1}{209\times 571}<\frac{1}{10^5}$，故$\frac{780}{209}$即为所求.

4. $\sin 18°=\frac{\sqrt{5}-1}{4}=\langle 0,3,4,4,4,\cdots\rangle$，类似第 3 题列表求值得$\frac{72}{233}$为所求.

5. 类似第 3 题通过列表求值计算得$\frac{355}{113}$是满足要求的最佳有理逼近.

6. 经计算得$\frac{1+\sqrt{5}}{2}=\langle 1,1,1,1,1,\cdots\rangle$，由定理 7.1.1 的递推关系式及归纳法即证得结论.

习题 7.4

1. 由于 $x=\langle b,a,b,a,\cdots\rangle=\langle b,a,x\rangle=b+\cfrac{1}{a+\cfrac{1}{x}}=b+\frac{x}{ax+1}$，于是 $ax^2-abx-b=0$，即 $x^2-bx-c=0$，解之得 $x=\frac{b+\sqrt{b^2+4c}}{2}$.

2. 令 $\alpha=\langle 1,1,1,\cdots\rangle$，则 $\alpha=1+\frac{1}{\alpha}$，且 $\alpha>0$，即 $\alpha^2-\alpha-1=0$，则 $\alpha=\frac{1+\sqrt{5}}{2}$. 所以 $\beta=2+\cfrac{1}{3+\cfrac{1}{\alpha}}=2+\cfrac{1}{3+\cfrac{2}{1+\sqrt{5}}}=\frac{25-\sqrt{5}}{10}$.

3. 方程 $3x^2+2x-2=0$ 的正实根为$\frac{\sqrt{7}-1}{3}$，且$\frac{\sqrt{7}-1}{3}=\langle 0,1,1,4,1,1,1,4,1,\cdots\rangle$.

4. $\sqrt{a^2+1}=a+\sqrt{a^2+1}-a=a+\frac{1}{\sqrt{a^2+1}+a}=\langle a,\ \sqrt{a^2+1}+a\rangle=\langle a,2a+\sqrt{a^2+1}-a\rangle=\left\langle a,2a,\ \frac{1}{\sqrt{a^2+1}-a}\right\rangle=\langle a,2a,\ \sqrt{a^2+1}+a\rangle=\cdots$，所以 $\sqrt{a^2+1}=\langle a,2a,2a,2a,\cdots\rangle=\langle a,2\dot{a}\rangle$.

5. 必要性. $\sqrt{d}=\langle a_1,\dot{a}_2,\cdots,a_n,2\dot{a}_1\rangle=\langle a_1,\cdots,a_n,a_1+\sqrt{d}\rangle=\frac{(a_1+\sqrt{d})p_n+p_{n-1}}{(a_1+\sqrt{d})q_n+q_{n-1}}$，由此得

$(dq_n - a_1 p_n - p_{n-1}) + (a_1 q_n + q_{n-1} - p_n)\sqrt{d} = 0$，由于 d 是无理数，故 $p_n = a_1 q_n + q_{n-1}$，$dq_n = a_1 p_n + p_{n-1}$.

充分性. 若 $p_n = a_1 q_n + q_{n-1}$，$dq_n = a_1 p_n + p_{n-1}$，则

$$\alpha = \langle a_1, \dot{a}_2, \cdots, a_n, 2\dot{a}_1 \rangle = \langle a_1, a_2, \cdots, a_n, a_1 + \alpha \rangle = \frac{(a_1 + \alpha) p_n + p_{n-1}}{(a_1 + \alpha) q_n + q_{n-1}}$$

即得 α 满足方程 $q_n \alpha^2 + (a_1 q_n + q_{n-1} - p_n)\alpha - (a_1 p_n + p_{n-1}) = 0$，此即 $q_n \alpha^2 - dq_n = 0$，故 $\alpha^2 = d$，因而 $\alpha = \sqrt{d}$.

第 8 章

习题 8.1

1.

场次 \ 球队编号	1	2	3	4	5	6	7	8	9	10
1	9	8	7	6	10	4	3	2	1	5
2	10	9	8	7	6	5	4	3	2	1
3	2	1	9	8	7	10	5	4	3	6
4	3	10	1	9	8	7	6	5	4	2
5	4	3	2	1	9	8	10	6	5	7
6	5	4	10	2	1	9	8	7	6	3
7	6	5	4	3	2	1	9	10	7	8
8	7	6	5	10	3	2	1	9	8	4
9	8	7	6	5	4	3	2	1	10	9

2.

场次 \ 球队编号	1	2	3	4	5	6	7	8	9
1	9	8	7	6		4	3	2	1
2		9	8	7	6	5	4	3	2
3	2	1	9	8	7		5	4	3
4	3		1	9	8	7	6	5	4
5	4	3	2	1	9	8		6	5
6	5	4		2	1	9	8	7	6
7	6	5	4	3	2	1	9		7
8	7	6	5		3	2	1	9	8
9	8	7	6	5	4	3	2	1	

3. (1) 在第 2 轮比赛中，当 n 为偶数时，若 $r=n$，则第 n 队与第 1 队比赛，若 $r=2,\cdots,n-1$，设第 r 队与第 x_r 队比赛，由于 $r+x_r\equiv 2(\bmod(n-1))$，亦即 $x_r\equiv(n+1)-r(\bmod(n-1))$，因此，在第 2 轮比赛中，第 $1,2,\cdots,n$ 队分别与第 $n,n-1,\cdots,1$ 队进行比赛.

(2) 在第 2 轮比赛中，当 $n(n\geqslant 3)$ 为奇数时，添加第 $n+1$ 队，共有偶数个队. 由(1)知，在第 2 轮比赛中，第 $1,2,\cdots,n,n+1$ 队分别与第 $n+1,n,n-1,\cdots,1$ 队进行比赛，因此，第 $2,3,\cdots,n$ 队分别与第 $n,n-1,\cdots,2$ 队进行比赛，第 1 队轮空.

4. 当 n 为偶数时，总共比赛 $n-1$ 轮. 第 $r(1\leqslant r<n-1)$ 轮时，第 r 队与第 $n-1$ 队比赛；第 $n-1$ 轮时，第 $n-1$ 队与第 n 队比赛. 当 n 为奇数时，总共比赛 n 轮. 第 $r(1\leqslant r\leqslant n-1)$ 轮时，第 r 队与第 n 队比赛；第 $r=n$ 轮时，第 $r=n$ 队轮空.

习题 8.2

1. 星期三.
2. 星期五.
3. 星期六.
4. 星期五.

习题 8.3

1. 由于 $n=943=23\times 41$，故 $p=23,q=41,\varphi(n)=22\times 40=880$，令 $ed\equiv 1(\bmod\ \varphi(n))$，即 $9d\equiv 1(\bmod\ 880)$，解之得 $d=489$，因此，通过加密 $E\equiv x^e=100^9\equiv 262(\bmod\ 943)$，得到密文 262，此密文经解密 $x\equiv 262^{489}\equiv 100(\bmod\ 943)$ 还原成明文 100.

2. 因为 $n=35=5\times 7$，所以 $\varphi(n)=24$，设加密密钥与解密密钥分别为 e,d，则 $ed\equiv 1(\bmod\ 24)$，此即 $ed\equiv 1(\bmod\ 3)$，$ed\equiv 1(\bmod\ 8)$，由于 $(e,\varphi(n))=(e,24)=1$，故 $(e,8)=(e,3)=1$，因此这两个同余式关于 d 都只有唯一解. 由于当 $e\equiv 1(\bmod\ 3)$ 时 $ed\equiv 1(\bmod\ 3)$ 的解为 $d\equiv 1(\bmod\ 3)$，而当 $e\equiv -1(\bmod\ 3)$ 时 $ed\equiv 1(\bmod\ 3)$ 的解为 $d\equiv -1(\bmod\ 3)$，因而总有 $d\equiv e(\bmod\ 3)$. 又 e 必须是奇数，而任一奇数的平方模 8 与 1 同余，因而也有 $d\equiv e(\bmod\ 8)$，故 $d\equiv e(\bmod\ 24)$；又 $1<e,d<24$，从而 $d=e$，即加密密钥与解密密钥一定相同.

3. (1) $d_A=29,d_B=59$.

(2) A 向 B 发送签证 x 的加密和认证过程如下：

① A 将明文 $x=6$ 先签名，即计算 $y\equiv x^{d_A}=6^{29}\equiv 41(\bmod\ 91)$，再加密得

$$z\equiv y^{e_B}\equiv 41^{11}\equiv 20(\bmod\ 91)$$

然后将 $z=20$ 发送给 B.

② B 收到 $z=20$ 之后，先解密得 $y\equiv z^{d_B}=20^{59}\equiv -50\equiv 41(\bmod\ 91)$，再进行认证得 $x\equiv y^{e_A}\equiv 41^5\equiv 6(\bmod\ 91)$. B 看到了明文 $x=6$，从而认证了 A 的身份.

习题 8.4

1. 由于素数 $p=101$，其原根为 $g=2$，随机取正整数 $d=10,k=5$. 由 ELGamal 公钥密码

方案知 $\beta \equiv g^d \equiv 2^{10} \equiv 14 \pmod{101}$，计算 $y_1 \equiv g^k \equiv 2^5 \equiv 32 \pmod{101}$，$y_2 \equiv m \cdot \beta^k \equiv 89 \times 14^5 \equiv 12 \pmod{101}$，因此，由明文 $m=89$ 得到密文为(32,12). B 对密文进行如下计算即可得出明文：

$$y_2(y_1^d)^{-1} \equiv 12 \times (32^{10})^{-1} \equiv 89 \pmod{101}$$

2. (1) 因为 $p=17, g=3, d=10$，故 $\beta \equiv g^d \equiv 3^{10} \equiv 8 \pmod{17}$（公开），又 $k=6$，计算 $y_1 \equiv g^k \equiv 3^6 \equiv 15 \pmod{17}$，$y_2 \equiv x\beta^k \equiv 80 \times 3^6 \equiv 10 \pmod{17}$，因此，明文 $x=80$ 加密后的密文为(15,10).

(2) 因为明文 $x=80$ 的密文为$(12, y_2)$，由 $p=17, g=3, \beta=8$ 以及 $y_1 \equiv g^k \pmod{p}$，得 $12 \equiv 3^k \pmod{17}$，由此得 $k \equiv \mathrm{ind}_3 12 \pmod{16}$（根据习题 6.4 第 1 题模 17 的指数表得 $\mathrm{ind}_3 12 = 13$），即 $k=13$，从而由 $y_2 \equiv x\beta^k \equiv 80 \times 8^{13} \equiv 6 \pmod{17}$，得 $y_2=6$.

3. (1) 因为若 A 对两个信息 m_1 和 m_2 的签名分别为(γ, δ_1)和(γ, δ_2)，由题意得 $\gamma \equiv g^k \pmod{p}$，且满足 $k\delta_1 + d\gamma \equiv m_1 \pmod{p-1}$，$k\delta_2 + d\gamma \equiv m_2 \pmod{p-1}$，因此，从这两个方程消去保密的密钥 d，得

$$k(\delta_1 - \delta_2) \equiv m_1 - m_2 \pmod{p-1} \tag{B.16}$$

又由于 $\gcd(\delta_1 - \delta_2, p-1) = 1$，因而方程(B.16)关于模 $p-1$ 只有唯一解 k，解此同余式即可求得 k 的值.

(2) 利用(1)的方法求得 k 的值，再利用关系式 $d \equiv (m_1 - \delta_1 k)\gamma^{-1} \pmod{p}$ $(1 < d \leqslant p-2)$ 即可求得保密密钥 d 的值.

附录C 4 000以内的素数及其最小原根表

p	g	p	g	p	g	p	g	p	g	p	g	p	g
2	1	179	2	419	2	661	2	947	2	1 229	2	1 523	2
3	2	181	2	421	2	673	5	953	3	1 231	3	1 531	2
5	2	191	19	431	7	677	2	967	5	1 237	2	1 543	5
7	3	193	5	433	5	683	5	971	6	1 249	7	1 549	2
11	2	197	2	439	15	691	3	977	3	1 259	2	1 553	3
13	2	199	3	443	2	701	2	983	5	1 277	2	1 559	19
17	3	211	2	449	3	709	2	991	6	1 279	3	1 567	3
19	2	223	3	457	13	719	11	997	7	1 283	2	1 571	2
23	5	227	2	461	2	727	5	1 009	11	1 289	6	1 579	3
29	2	229	6	463	3	733	6	1 013	3	1 291	2	1 583	5
31	3	233	3	467	2	739	3	1 019	2	1 297	10	1 597	11
37	2	239	7	479	13	743	5	1 021	10	1 301	2	1 601	3
41	6	241	7	487	3	751	3	1 031	14	1 303	6	1 667	5
43	3	251	6	491	2	757	2	1 033	5	1 307	2	1 609	7
47	5	257	3	499	7	761	6	1 039	3	1 319	13	1 613	3
53	2	263	5	503	5	769	11	1 049	3	1 321	13	1 619	2
59	2	269	2	509	2	773	2	1 051	7	1 327	3	1 621	2
61	2	271	6	521	3	787	2	1 061	2	1 361	3	1 627	3
67	2	277	5	523	2	797	2	1 063	3	1 367	5	1 637	2
71	7	281	3	541	2	809	3	1 069	6	1 373	2	1 657	11
73	5	283	3	547	2	811	3	1 087	3	1 381	2	1 663	3
79	3	293	2	557	2	821	2	1 091	2	1 399	13	1 667	2
83	2	307	5	563	2	823	3	1 093	5	1 409	3	1 669	2
89	3	311	17	569	3	827	2	1 097	3	1 423	3	1 693	2
97	5	313	16	571	3	829	2	1 103	5	1 427	2	1 697	3
101	2	317	2	577	5	839	11	1 109	2	1 429	6	1 699	3
103	5	331	3	587	2	853	2	1 117	2	1 433	3	1 709	3
107	2	337	10	593	3	857	3	1 123	2	1 439	7	1 721	3
109	6	347	2	599	7	859	2	1 129	11	1 447	3	1 723	3
113	3	349	2	601	7	863	5	1 151	17	1 451	2	1 733	2
127	3	353	3	607	3	877	2	1 153	5	1 453	2	1 741	2
131	2	359	7	613	2	881	3	1 163	5	1 459	5	1 747	2
137	3	367	6	617	3	883	2	1 171	2	1 471	6	1 753	7
139	2	373	2	619	2	887	5	1 181	7	1 481	3	1 759	6
149	2	379	2	631	3	907	2	1 187	2	1 483	2	1 777	5
151	6	383	5	641	3	911	17	1 193	3	1 487	5	1 783	10
157	5	389	2	643	11	919	7	1 201	11	1 489	14	1 787	2
163	2	397	5	647	5	929	3	1 213	2	1 493	2	1 789	6

续表

p	g	p	g	p	g	p	g	p	g	p	g	p	g
167	5	401	3	653	2	937	5	1 217	3	1 499	2	1 801	11
173	2	409	21	659	2	941	2	1 223	5	1 511	11	1 811	6
1 823	5	2 129	3	2 417	3	2 729	3	3 049	11	3 373	5	3 691	2
1 831	3	2 131	2	2 423	5	2 731	3	3 061	6	3 389	3	3 697	5
1 847	5	2 137	10	2 437	2	2 741	2	3 067	2	3 391	3	3 701	2
1 861	2	2 141	2	2 441	6	2 749	6	3 079	6	3 407	5	3 709	2
1867	2	2 143	3	2 447	5	2 753	3	3 083	2	3 413	2	3 719	7
1 871	14	2 153	3	2 459	2	2 767	3	3 089	3	3 433	5	3 727	3
1 873	10	2 161	23	2 467	2	2 777	3	3 109	6	3 449	3	3 733	2
1 877	2	2 179	7	2 473	5	2 789	2	3 119	7	3 457	7	3 739	7
1 879	6	2 203	5	2 477	2	2 791	6	3 121	7	3 461	2	3 761	3
1 889	3	2 207	5	2 503	3	2 797	2	3 137	3	3 463	3	3 767	5
1 901	2	2 213	2	2 521	17	2 801	3	3 163	3	3 467	2	3 769	7
1 907	2	2 221	2	2 531	2	2 803	2	3 167	5	3 469	2	3 779	2
1 913	3	2 237	2	2 539	2	2 819	2	3 169	7	3 491	2	3 793	5
1 931	2	2 239	3	2 543	5	2 833	5	3 181	7	3 499	2	3 797	2
1 933	5	2 243	2	2 549	2	2 837	2	3 187	2	3 511	7	3 803	2
1 949	2	2 251	7	2551	6	2 843	2	3 191	11	3 517	2	3 821	3
1 951	3	2 267	2	2 557	2	2 851	2	3 203	2	3 527	5	3 823	3
1 973	2	2 269	2	2 579	2	2 857	11	3 209	3	3 529	17	3 833	3
1 979	2	2 273	3	2 591	7	2 861	2	3 217	5	3 533	2	3 847	5
1 987	2	2 281	7	2 593	7	2 879	7	3 221	10	3 539	2	3 851	2
1 993	5	2 287	19	2 609	3	2 887	5	3 229	6	3 541	7	3 853	2
1 997	2	2 293	2	2 617	5	2 897	3	3 251	6	3 547	2	3 863	5
1 999	3	2 297	5	2 621	2	2 903	5	3 253	2	3 557	2	3 877	2
2 003	5	2 309	2	2 633	3	2 909	2	3 257	3	3 559	3	3 881	13
2 011	3	2 311	3	2 647	3	2 917	5	3 259	3	3 571	2	3 889	11
2 017	5	2 333	2	2 657	3	2 927	5	3 271	3	3 581	2	3 907	2
2 027	2	2 339	2	2 659	2	2 939	2	3 299	2	3 583	3	3 911	13
2 029	2	2 341	7	2 663	5	2 953	13	3 301	6	3 593	3	3 917	2
2 039	7	2 347	3	2 671	7	2 957	2	3 307	2	3 607	5	3 919	3
2 053	2	2 351	13	2 677	2	2 963	2	3 313	10	3 613	2	3 923	2
2 063	5	2 357	2	2 683	2	2 969	3	3 319	6	3 617	3	3 929	3
2 069	2	2 371	2	2 687	5	2 971	10	3 323	2	3 623	5	3 931	2
2 081	3	2 377	5	2 689	19	2 999	17	3 329	3	3 631	21	3 943	3
2 083	2	2 381	3	2 693	2	3 001	14	3 331	3	3 637	2	3 947	2
2 087	5	2 383	5	2 699	2	3 011	2	3 343	5	3 643	2	3 967	6
2 089	7	2 389	2	2 707	2	3 019	2	3 347	2	3 659	2	3 989	2
2 099	2	2 393	3	2 711	7	3 023	5	3 359	11	3 671	13		
2 111	7	2 399	11	2 713	5	3 037	2	3 361	22	3 673	5		
2 113	5	2 411	6	2 719	3	3 041	3	3 371	2	3 677	2		

参考文献

[1] [美]KENNETH H ROSEN. ELEMENTARY NUMBER THEORY：英文版[M]. 第 4 版. 北京：机械工业出版社，2004.

[2] Melvyn B Nathanson. Elementary Methods in Number Theory[M]. 北京：世界图书出版公司，2003.

[3] [加] 盖茨 R K. 数论中未解决的问题[M]. 第 2 版. 北京：科学出版社，2004.

[4] 潘承洞，潘承彪. 初等数论[M]. 第 2 版. 北京：北京大学出版社，2004.

[5] 华罗庚. 数论导引[M]. 北京：科学出版社，1979.

[6] 柯召，孙琦. 数论讲义[M]. 北京：高等教育出版社，1999.

[7] 周显. 初等数论[M]. 上海：华东师范大学出版社，1984.

[8] 冯克勤，余红兵. 初等数论[M]. 合肥：中国科学技术出版社，1989.

[9] 王杰官. 初等数论[M]. 福州：福建科学技术出版社，1987.

[10] 闵嗣鹤，严士建. 初等数论[M]. 第 3 版. 北京：高等教育出版社，2001.

[11] 于秀源，瞿维建. 初等数论[M]. 济南：山东教育出版社，2001.

[12] 乐茂华. 初等数论[M]. 广州：广东教育出版社，1995.

[13] Apostol T M. Introduction to Analytic Number Theory[M]. New York：Spring-Verlag，1976.

[14] Guy R K. Unsolved Problems in Number Theory[M]. New York：Springer-Verlag，1981.

[15] Rosen K H. Elementary Number Theory and Its Applications[M]. Reading Massachusetts：Addison - Wesley，1984.

[16] [英]辛格(Singh S). 费马大定理：一个困惑了世间智者 385 年的谜[M]. 薛密，译. 上海：上海译文出版社，2005.

[17] 岑成德. 数海明珠[J]. SCIENTIFIC CHINESE，1998(12).

[18] 方成. 魅人的梅森素数[J]. 知识就是力量，2005(2)：43-47.

[19] [英]Mao Wenbo. 现代密码学理论与实践[M]. 王继林，等，译. 北京：电子工业出版社，2006.

[20] [美]Garrett Paul. 密码学导引[M]. 吴世忠，等，译. 北京：机械工业出版社，2006.

[21] 陈鲁生，沈世镒. 现代密码学[M]. 北京：科学出版社，2002.